普通高等院校计算机基础教育“十三五”规划教材

# Visual C#.NET基础实践教程


主　编　陈海建

副主编　赵国辉

中国铁道出版社有限公司

CHINA RAILWAY PUBLISHING HOUSE CO., LTD.

## 内 容 简 介

本书基于 Microsoft Visual Studio 2017 开发平台，以.NET Framework 4.0 为基础，详细介绍了C#编程基础、流程控制、数组、界面设计、面向对象基础、程序调试与异常处理、文件操作和简单数据库编程等内容。本书采用模块化结构，每个模块遵循“知识提纲”、“知识导读”、“任务驱动”和“实践提高”的路径逐层线性递进，所举案例层次分明、简单实用，每个任务都有详细的操作方案和操作步骤，思路清晰明了，知识点阐述通俗易懂。

本书可作为高等院校计算机及相关专业的教材，也可作为计算机培训教材，同时还可作为无基础又想快速掌握 C#编程的初学者的自学用书。

**图书在版编目（CIP）数据**

Visual C#.NET 基础实践教程/陈海建主编.—北京：中国铁道出版社有限公司，2019.11(2023.7重印)
普通高等院校计算机基础教育“十三五”规划教材
ISBN 978-7-113-25899-3

Ⅰ.①V… Ⅱ.①陈… Ⅲ.①C 语言-程序设计-高等学校-教材 Ⅳ.①TP312.8

中国版本图书馆 CIP 数据核字(2019)第 174572 号

**书　　名**：Visual C#.NET 基础实践教程
**作　　者**：陈海建

**策　　划**：曹莉群　　**编辑部电话**：（010）51873202
**责任编辑**：刘丽丽
**封面设计**：付　巍
**责任校对**：张玉华
**责任印制**：樊启鹏

**出版发行**：中国铁道出版社有限公司（100054，北京市西城区右安门西街 8 号）
**网　　址**：http://www.tdpress.com/51eds/
**印　　刷**：河北宝昌佳彩印刷有限公司
**版　　次**：2019 年 11 月第 1 版　2023 年 7 月第 3 次印刷
**开　　本**：787 mm×1 092 mm 1/16　**印张**：17.5　**字数**：386 千
**书　　号**：ISBN 978-7-113-25899-3
**定　　价**：45.80 元

# 前　言

.NET 是一个面向未来的高度集成的技术平台。近些年，它由封闭走向开放、开源，拥抱多平台、多技术，提供平台化的技术方案开放的开源社区。.NET 的开发速度以及效率是所有平台无法与之相比的，这使得越来越多的企业纷纷使用.NET 技术开发，还有部分企业把原有的开发转移到了.NET 平台，使.NET 开发及应用变得空前广泛。

Visual C# .NET 是微软公司推出的.NET 开发平台上一种面向对象的编程语言。利用这种面向对象的可视化编程语言，结合事件驱动的模块设计，可以使程序设计变得高效快捷。Visual Studio 2017 是一套完整的工具，用于生成高性能的 Windows 桌面应用程序和企业级 Web 应用程序。

本书详细介绍了 C#编程基础、流程控制、数组、界面设计、面向对象基础、程序调试与异常处理、文件操作和简单数据库编程等内容。本书采用模块化结构，每个模块遵循“知识提纲”、“知识导读”、“任务驱动”和“实践提高”的路径逐层线性递进，所举案例层次分明、简单实用，每个任务都有详细的操作方案和操作步骤，思路清晰明了，知识点阐述通俗易懂。全书分为 10 个模块，各模块具体内容如下：

模块一　导学，主要讲解 Visual C# .NET 的系统集成开发环境和基本操作知识，以及如何搭建开发环境。

模块二　C#的编程基础，主要讲解窗体（Form）、基本控件的使用、数据类型及转换、运算符与表达式、运算符的优先级、常用函数。

模块三　流程控制，主要讲解选择结构、循环结构以及它们之间的嵌套结构，中断控制语句，选择控件的使用。

模块四　数组，主要讲解数组的概念、特点和引用，重点强调数组的遍历和应用。

模块五　界面设计，主要讲解用户界面设计中的一些美化的高级控件，包括：菜单、工具栏、状态栏、对话框等，同时介绍了通用对话框、MDI 界面设计。

模块六　面向对象基础，主要讲解面向对象程序设计的基本概念，类的定义及成员，对象的创建和使用，继承、接口的定义及实现。

模块七　程序调试与异常处理，主要讲解 C# .NET 程序调试的方法、软件测试原理、非结构化异常处理和结构化异常处理。

模块八　文件操作，主要讲解文件和流的基本概念，文件存储管理操作，文件流的操作。

模块九　简单数据库编程，主要讲解数据库基础，SQL 基础知识，ADO.NET 数据库访问、数据绑定和数据绑定控件。

模块十　综合实例，结合前面所学内容，搭建“学生成绩管理”系统。

本书由陈海建任主编，赵国辉任副主编，参加编写的有梁正礼、黄晓冬。其中陈海建编写模块一、模块九和模块十，赵国辉编写模块四、模块五和模块七，梁正礼编写模块二和模块六，黄晓冬编写模块三和模块八。全书由赵国辉修订、审稿和校对，陈海建完成统稿。

在本书的编写过程中，编者参阅了大量的文献资料，在此向这些文献的作者表示深深的敬意和谢意！

本书所有内容和思想凝聚了众多教师的心得并经过充分的提炼和总结，虽然我们力求完美，但由于时间仓促，编者水平有限，书中难免存在疏漏和不足之处，敬请广大读者不吝赐教，编者的 E-mail 地址：chenhaijian@sou.edu.cn。

编　者<br>2019 年 5 月

# 目 录

# 模块一

## 导 学 >>>

### 知识提纲

- 安装 Microsoft Visual Studio 2017。
- 熟悉 Microsoft Visual Studio 2017 的开发环境。
- 应用 Microsoft Visual Studio 2017 创建第一个实例。
- 认识窗体（Form）、标签控件（Label）和按钮控件（Button），并能在窗体中添加控件。
- 初步认识面向对象思想：属性和函数。
- 能修改窗体（Form）、标签控件（Label）和按钮控件（Button）的属性。
- 为“退出”按钮编写语句。
- 产生的 exe 文件需要在.NET Framework 4.7 的环境下运行。

### 知识导读

#### 一、C#介绍

C#（发音为“C sharp”）是微软推出的一种基于.NET 框架的、面向对象的高级编程语言，它是由 C 语言和 C++衍生出来的。C#在继承 C 和 C++强大功能的同时去掉了一些它们的复杂特性（例如没有宏和模版，不允许多重继承）。C#综合了 VB 简单的可视化操作和 C++的高运行效率，以其强大的操作能力、优雅的语法风格、创新的语言特性和便捷的面向组件编程的支持等优势成为.NET 开发的首选语言。同时 C#与 Java 有诸多相似之处，包括单一继承、接口、编译成中间代码再运行的过程。

.NET 是微软推出的软件开发和运行平台，允许应用程序通过 Internet 进行通信和共享数据。不管应用程序使用的是哪种操作系统、设备、编程语言，对用户来讲，不管使用的是手机还是计算机，都可以方便地使用应用程序。对软件开发者来讲，.NET 平台与语言无关，我们可以使用自己熟悉的编程语言来实现快速开发，而 C#是.NET 平台较为优秀的编程语言。

.NET 的核心框架是.NET Framework，是它赋予了.NET 丰富而强大的功能，现在最新的版本是.NET Farmework 4.7（见表 1-1）。本书采用 Visual Studio 2017 作为开发环境。

表 1-1 C#、.NET 及 Visual Studio 的版本

| 版　　本 | 日　　期 | .NET 框架的版本 | Visual Studio 的版本 |
| --- | --- | --- | --- |
| C# 1.0 | 2002 年 1 月 | .NET Framework 1.0 | Visual Studio .NET 2002 |
| C# 1.2 | 2003 年 4 月 | .NET Framework 1.1 | Visual Studio .NET 2003 |
| C# 2.0 | 2005 年 11 月 | .NET Framework 2.0 | Visual Studio 2005 |
| C# 3.0 | 2006 年 11 月 | .NET Framework 3.5 | Visual Studio 2008 |
| C# 4.0 | 2010 年 4 月 | .NET Framework 4.0 | Visual Studio 2010 |
| C# 5.0 | 2012 年 4 月 | .NET Framework 4.5 | Visual Studio 2012 |
| | | .NET Framework 4.5.1 | Visual Studio 2013 |
| C# 6.0 | 2015 年 7 月 | .NET Framework 4.6 | Visual Studio 2015 |
| C# 7.0 | 2017 年 3 月 | .NET Framework 4.7 | Visual Studio 2017 |

C#的主要特点如下：

（1）完全面向对象。

（2）支持分布式：之所以有 C#，是因为微软相信分布式应用程序是未来的趋势，即处理过程分布在客户机和服务器上。所以 C#一经推出就注定了能很好地解决分布式问题。

（3）跟 Java 类似，C#代码经过编译后，成为一种中间语言（Intermediate Language，IL）。在运行时，再把 IL 编译为平台专用的代码。

（4）健壮：C#在检查程序错误和编译与运行时错误方面一点也不逊于 Java，C#也用了自动管理内存机制。

（5）C#不像 Java 那样完全摒弃了指针和手动内存管理。默认情况下 C#是不能使用指针的，在有必要时程序员可以打开指针来使用。这样可以保证编程的灵活性。

（6）安全性：C#的安全性是由.NET 平台来提供的。C#代码编译后成为 IL 语言，是一种受控代码。.NET 提供类型安全检查等机制保证代码是安全的。

（7）可移植性：由于 C#使用类似 Java 的中间语言机制，使得 C#也跟 Java 类似，可以很方便地移植到其他系统。在运行时，再把中间代码编译为适合特定机器的代码。

（8）解释性：C#也是一种特殊的解释性语言。

（9）高性能：C#把代码编译成中间语言后，可以高效地执行程序。

（10）多线程：与 Java 类似，可以由一个主进程分出多个执行小任务的多线程。

（11）组件模式：C#很适合组件开发。各个组件可以由其他语言实现，然后集成在.NET 中。

## 二、Visual Studio 2017 集成开发环境简介

### 1．新建 C# 项目

要创建新的 C#项目，需要在“项目类型”中选中“C#项目”，在“模板”选中“Windows 窗体应用”。然后在“位置”文本框中输入项目保存的位置，在“名称”文本框中输入项

目的名称。然后单击“确定”按钮，将会出现如图 1-1 所示的 Visual Studio 2017 集成开发环境。集成开发环境主要包括以下几个组成部分：标题栏、菜单栏、工具栏、工具箱、“窗体设计”窗口、“解决方案资源管理器”窗口、“属性”窗口，等等。

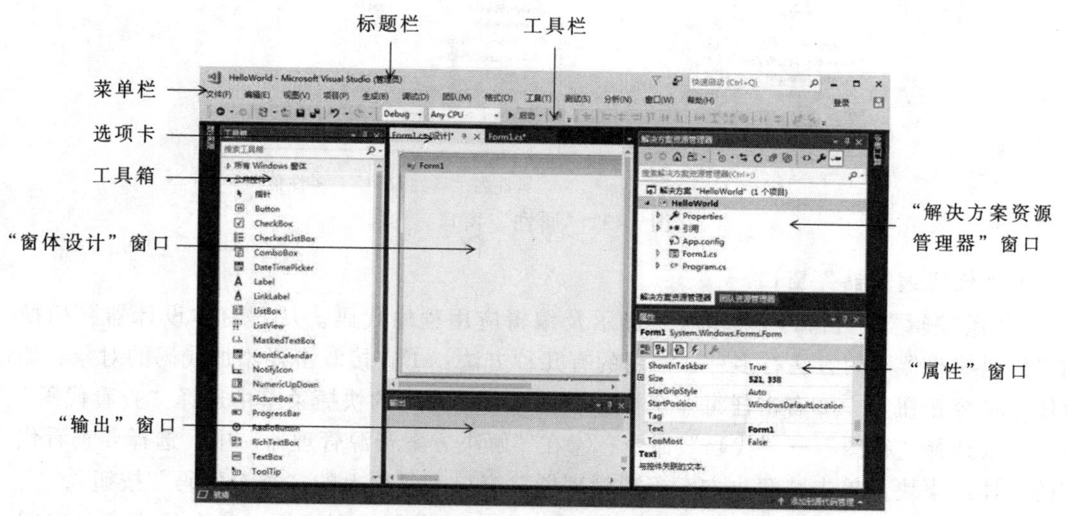


图 1-1 Visual Studio 2017 中 C#集成开发环境

### 2.“工具箱”窗口

“工具箱”窗口如图 1-2 所示。如果集成环境中没有出现“工具箱”窗口，可通过执行菜单中“视图”→“工具箱”命令来显示该窗口。

### 3.“属性” 窗口

“属性”窗口如图 1-3 所示。如果集成环境中没有出现该窗口，可通过执行菜单“视图”→“属性”命令来显示该窗口。

“属性”对话框用于设置选中对象（如：某个窗体或者控件）的属性。属性定义了控件的信息，例如大小、颜色和位置等。每个控件都有自己的一组属性。

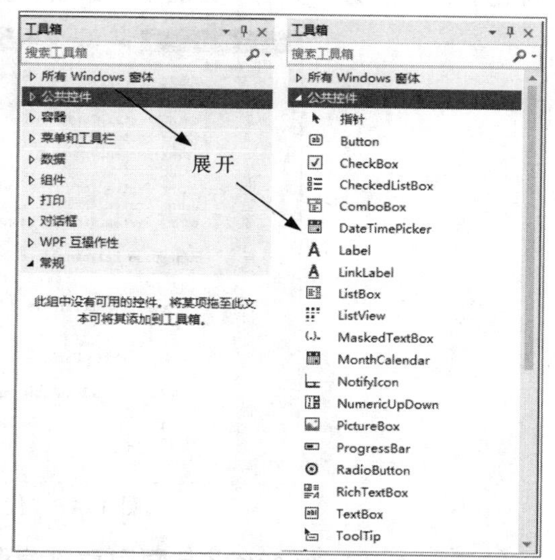


图 1-2 “工具箱”窗口

“属性”对话框左边一栏显示了窗体或控件的属性名，右边一栏显示属性的当前值。可以单击“按字母排序图标”按钮使属性名按照字母顺序排序，单击“分类排序图标”按钮使属性名按照分类顺序排序。

在“属性”的顶部是一个下拉列表，被称为控件（或组件）列表框。此列表框显示当前正在修改的控件，可以使用该列表框来选择一个控件进行编辑。例如，如果一个图形用户界面（Graphical User Interface，GUI）包含若干个按钮，可以在此选择指定按钮的名称来进行编辑。

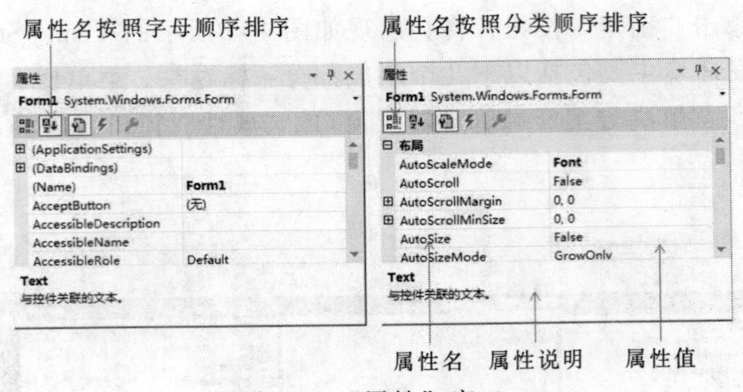


图 1-3 “属性”窗口

#### 4.“代码编辑器”窗口

“代码编辑器”窗口用来输入、显示及编辑应用程序代码。从“窗体设计器”切换到“代码编辑器”的方法有多种，常用的有几种方法：①直接双击要添加代码的对象，如窗体、命令按钮等；②右击任意一个控件或窗体，在弹出的快捷菜单中选择“查看代码”命令；③选择“视图”→“代码”命令；④在“解决方案资源管理器”中，选择要查看代码的窗体或模块，单击“解决方案资源管理器”窗口工具栏上的“查看代码”按钮。

“代码编辑器”窗口如图 1-4 所示，其上方有三个下拉列表框，最左侧为命名空间列表框，中间为“类名”列表框，最右侧为“方法名称”列表框。

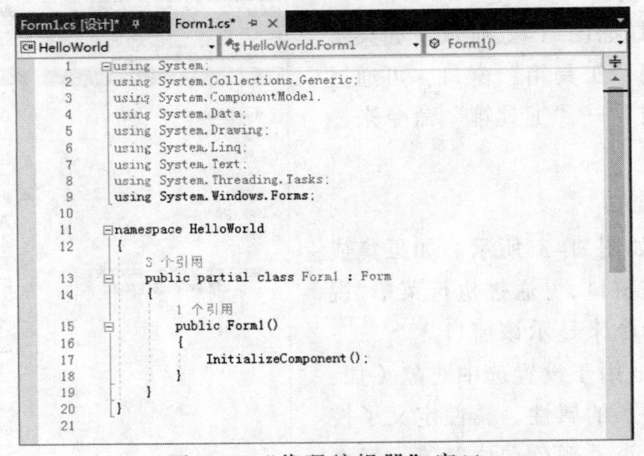

图 1-4 “代码编辑器”窗口

## 三、.NET Framework 与面向对象编程

.NET Framework 是支持生成和运行下一代应用程序和 XML Web Service 的内部 Windows 组件，是用于生成、部署和运行 XML Web Service 与应用程序的多语言环境。从结构体系来看，.NET Framework 主要包括：公共语言运行库（Common Language Runtime，CLR）、.NET Framework 类库。Visual Studio 2017 环境下所开发的各类程序需要.NET Framework 4.6 以上版本的支持。

Visual Studio 2017 完全支持面向对象编程。对象是具体存在的实体，由对象抽象为类。类是对象的模板，它定义了对象的特征和行为规则，对象是由类产生的。类和对象都包含属性和函数。属性用于描述静态的特征和行为规则，函数用于描述动态的功能和响应。函数在 Visual Studio 2017 中被分为方法和事件。

下面介绍面向对象编程的几个基本概念。

### 1. 类

具有相同特性（数据元素）和行为（功能）的对象的抽象就是类。因此，对象的抽象是类，类的具体化就是对象。也可以说类的实例是对象，类实际上就是一种数据类型。类具有属性，它是对象的状态的抽象。用数据结构来描述类的属性具有操作性，它是对象的行为的抽象，用操作名和实现该操作的方法来描述。

### 2. 对象

对象是人们要进行研究的任何事物。从最简单的整数到复杂的飞机等均可看作对象，它不仅能表示具体的事物，还能表示抽象的规则、计划或事件。对象具有状态，一个对象用数据值来描述它的状态。对象还有操作，用于改变对象的状态。对象及其操作就是对象的行为。对象实现了数据和操作的结合，使数据和操作封装于对象的统一体中。

### 3. 属性

属性（Attribute）是实体的描述性性质或特征，具有数据类型、域、默认值三种性质。属性也往往用于对控件特性的描述，如对按钮控件的名称、显示的文字、背景色、背景图片等。大多数控件都具有的属性称为公共属性，如名称、标题、背景色、前景色等。属性是编程语言结构的任意特性。属性在其包含的信息和复杂性等方面变化很大。属性的典型例子有：变量的数据类型、表达式的值、存储器中变量的位置、程序的目标代码、数的有效位数。在学习 Visual Studio 2017 的过程中要注意记住属性名，理解属性名的含义。Visual Studio 2017 中的每个控件都有一个系列的属性，在许多场合都可以通过可视化的手段或编程的方法改变属性的值。

### 4. 方法

方法指的是控制对象动作行为的方式。它是对象本身内含的函数或过程。它也是一个动作，是一个简单的不必知道细节的无法改变的事件，但不称作事件；同样，方法也不是随意的，一些对象有一些特定的方法。在 C#中方法的调用形式是：对象名.方法名()。实际上方法就是封装在类里面的特定过程，这些过程的代码，一般用户很难看到，这就是类的“封装性”。方法由方法名来标识，标准控件的方法名一般也是系统规定好了的。

### 5. 事件

事件是发生在对象上的动作。事件的发生不是随意的，某些事件仅发生在某些对象上。事件可看作对象的一种操作。事件由事件名标识，控件的事件名也是系统规定好的。在学习 C#过程中，也要注意记住事件名、含义及其发生的场合。在 C#中，事件一般都是由用户通过输入手段或者是系统某些特定的行为产生的。例如：鼠标器在某对象上单击一次，产生一个 Click 事件；定时器的时间间隔到，会产生定时器对象的 Tick 事件。在 C#中事件的调用形式如下：

```
Private void对象名_事件名()
{
```

```
    (事件内容)
}
```

### 6. 事件驱动模型

在传统的或“过程化”的应用程序中，应用程序自身控制了执行哪一部分代码和按何种顺序执行代码。应用程序通常从第一行代码执行程序并按应用程序中预定的路径执行，必要时调用过程。

在事件驱动的应用程序中，代码不是按照预定的路径执行，而是在响应不同的事件时执行不同的代码片段。事件可以由用户操作触发，也可以由来自操作系统或其他应用程序的消息触发，甚至由应用程序本身的消息触发。这些事件的顺序决定了代码执行的顺序，因此应用程序每次运行时所经过的代码的路径都是不同的。

因为事件的顺序是无法预测的，所以在代码中必须对执行时的“各种状态”做一定的假设。当做出某些假设时（例如，假设在运行处理某一输入字段的过程之前，该输入字段必须包含确定的值），应该组织好应用程序的结构，以确保该假设始终有效（例如，在输入字段中有值之前禁止使用启动该处理过程的命令按钮）。

在执行中代码也可以触发事件。例如，在程序中改变文本框中的文本将引发文本框的 Change 事件。如果 Change 事件中包含有代码，则将导致该代码的执行。如果原来假设该事件仅能由用户的交互操作所触发，则可能会产生意料之外的结果。正因为这一原因，所以在设计应用程序时理解事件驱动模型并牢记在心是非常重要的。

C#可以用来开发应用程序、移动程序、类库等。本课程主要学习应用 C#开发应用程序。应用程序是以项目的方式组织，以文件夹的形式存在的。此项目文件夹中含有多个文件，这是一个项目的整体内容，不可单独移动或删除。

C#程序设计的一般步骤为：

（1）创建项目。

（2）向项目中添加窗体或删除窗体。

（3）设计窗体界面。

（4）设置属性。

（5）编写代码。

（6）运行程序。

## 任务驱动

### 任务一　安装 Visual Studio 2017 开发环境

操作任务：安装 Visual Studio 2017 开发环境

操作方案：从微软网站下载安装包，安装 Visual Studio 2017。

操作步骤：

（1）微软发布的 Visual Studio 2017（简称 VS 2017）正式版采用了新的模块化安装方案，官方没有提供 ISO 镜像文件下载，所以只能在线安装。访问微软官方网站：https://www.microsoft.com，单击顶部导航栏中的“所有 Microsoft”→“Developer & IT”→“Visual Studio”，如图 1-5 所示，进入 Visual Studio 网站，如图 1-6 所示。

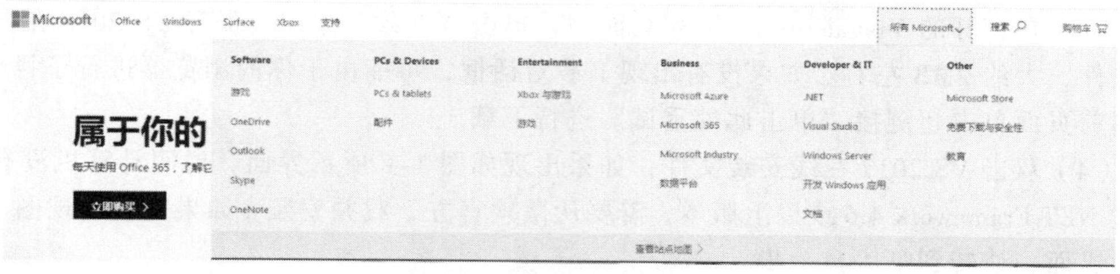


图 1-5 微软网站

图 1-6 Visual Studio 网站

（2）在图 1-6 中有 Visual Studio 最新版本的相关信息及下载链接。现在的最新版本是 2019 版，本书以 2017 版来讲解。下载方法为：单击图 1-6 上方的“产品”→“所有产品”→“所有下载”，打开一个新页面，单击最下方“旧版本”按钮，选择列表中“2017”右侧的箭头链接，进入 Visual Studio 2017 的下载页面，如图 1-7 所示。

图 1-7 Visual Studio 2017 下载页面

（3）在打开的 Visual Studio 下载页面中，单击“下载”按钮，保存 VS 2017 在线安装文件，大约 2MB 左右。如果没有出现下载对话框，可能由于你的浏览器进行了拦截，请当前页面单击超链接“单击此处重试”进行下载。

（4）双击 VS 2017 在线安装文件，如果出现如图 1-8 所示界面，说明计算机没有安装过.NET Framework 4.6 或以上版本，需要从微软官方下载并安装。如果直接出现图 1-9 所示界面，请转到第（11）步。

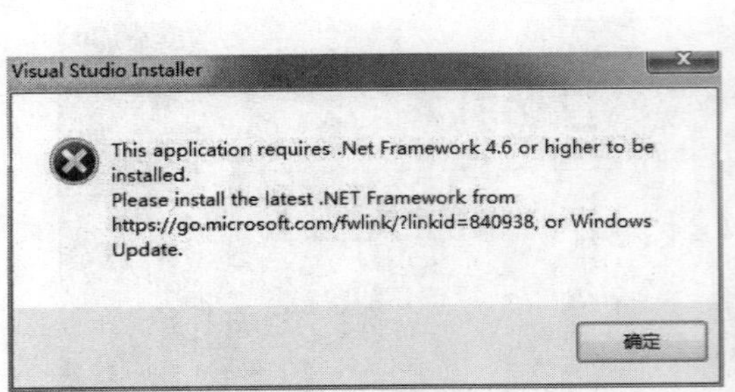


图 1-8　缺少.NET Framework 提示

图 1-9　Visual Studio Installer 界面

（5）访问微软官方网站 https://www.microsoft.com，单击顶部导航栏中的“所有 Microsoft”→“Developer & IT”→“.NET”，如图 1-10 所示，进入.NET 网站，如图 1-11 所示。

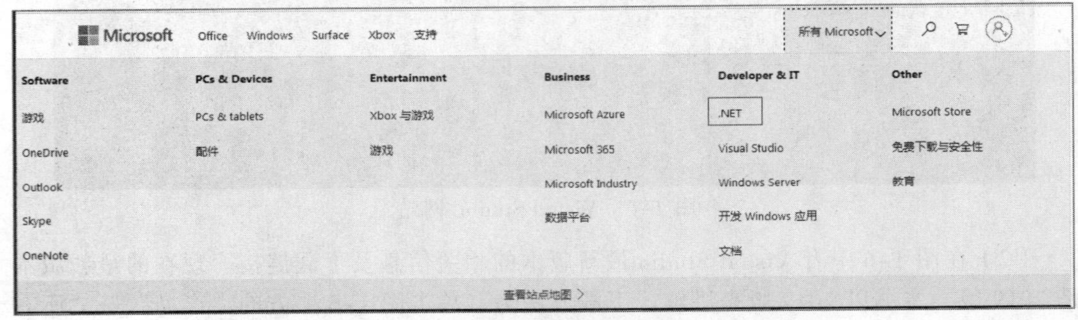


图 1-10　微软网站选择.NET

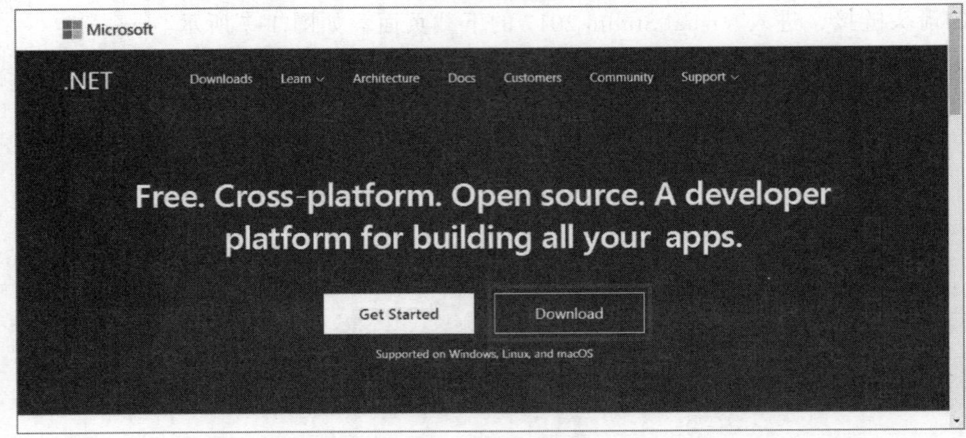


图 1-11　.NET 网站

（6）在.NET 页面中，单击“Download”超链接，进入.NET 下载页面，如图 1-12 所示。

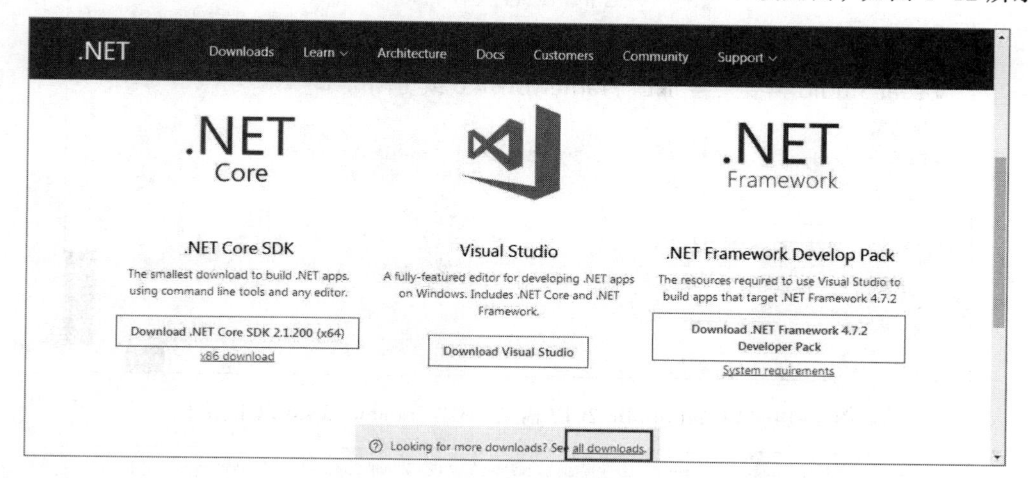


图 1-12　.NET 下载页面

（7）在下载页面中，单击“all downloads”超链接，进入下载列表，如图 1-13 所示。

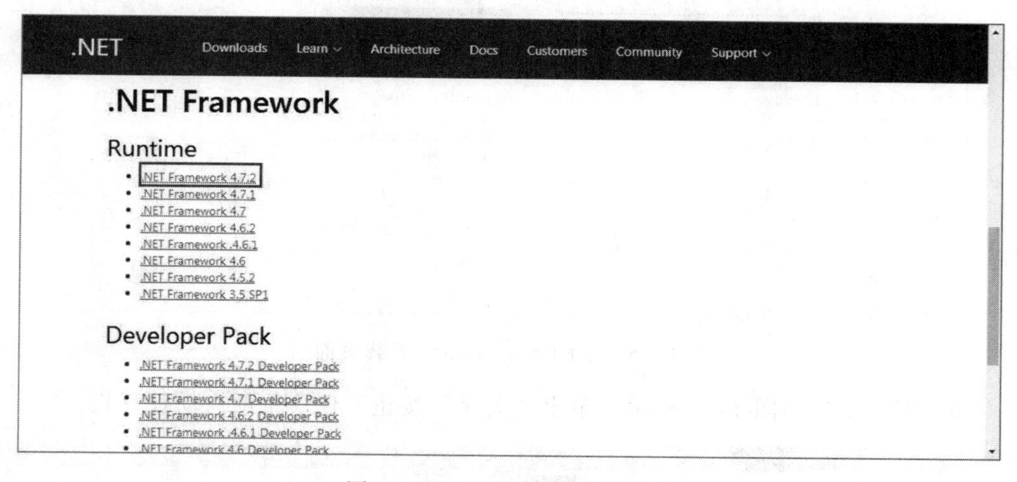


图 1-13　.NET 下载列表页面

（8）在 all downloads 页面中，单击“.NET Framework”→“Runtime”→“.NET Framework 4.7.2”（当前最高版本是.NET 4.7.2），等待片刻后，弹出下载对话框，单击“保存文件”按钮，保存.NET 4.7.2 在线安装文件。如果没有出现下载对话框，可能是浏览器进行了拦截，请在当前页面单击超链接“Try again”进行下载。也可根据前面的提示直接访问 https://go.microsoft.com/fwlink/?linkid=840938，如图 1-14 所示。单击“Microsoft.com”超链接，进入.NET 下载页面，如图 1-15 所示，选择“Chinese( Traditional )”，单击“Download”超链接，进行.NET 4.6 在线安装文件下载，这个也是符合 VS 2017 的安装要求。

（9）双击.NET 4.7.2 安装文件，如图 1-16 所示，选中“我已阅读并接受许可条款(A)。”，单击“安装”按钮，开始安装。

图 1-14　Visual Studio 2017 需要.NET Framework4.6 以上版本

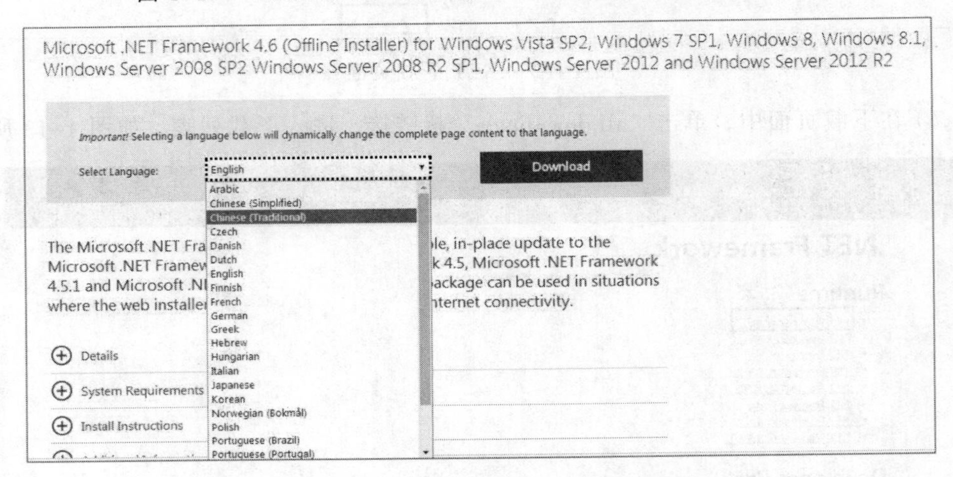


图 1-15　.NET Framework　下载页面

（10）安装成功如图 1-17 所示，单击“关闭”按钮。建议重新启动计算机。

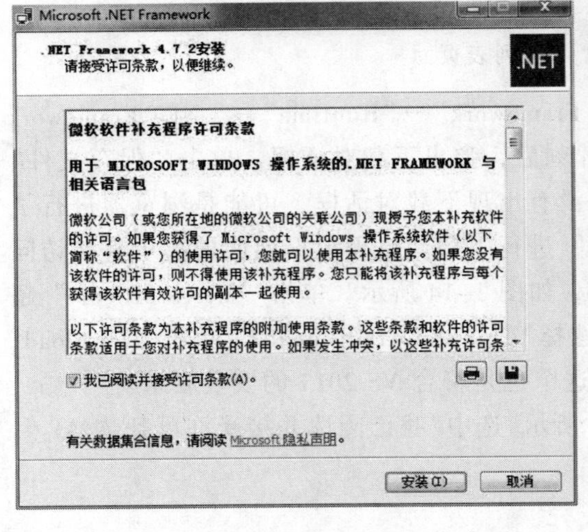


图 1-16　.NET Framework　安装许可

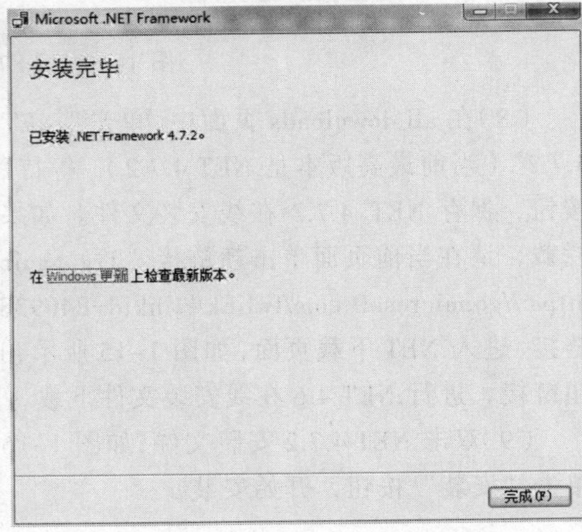


图 1-17　.NET Framework　安装成功

（11）双击 VS 2017 在线安装文件，出现图 1-9 所示界面，单击“继续”按钮，将自动下载“Visual Studio Installer”程序并进行安装，如图 1-18 所示。

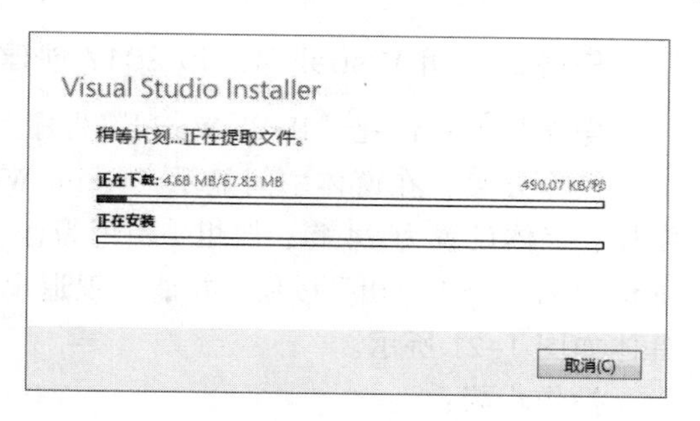


图 1-18　Visual Studio Installer 安装

（12）Visual Studio Installer 安装成功后，进入 Visual Studio Enterprise 2017 安装的选择界面，如图 1-19 所示。选择“通过 Windows 平台开发”和“.NET 桌面开发”，单击“安装”按钮进行安装。

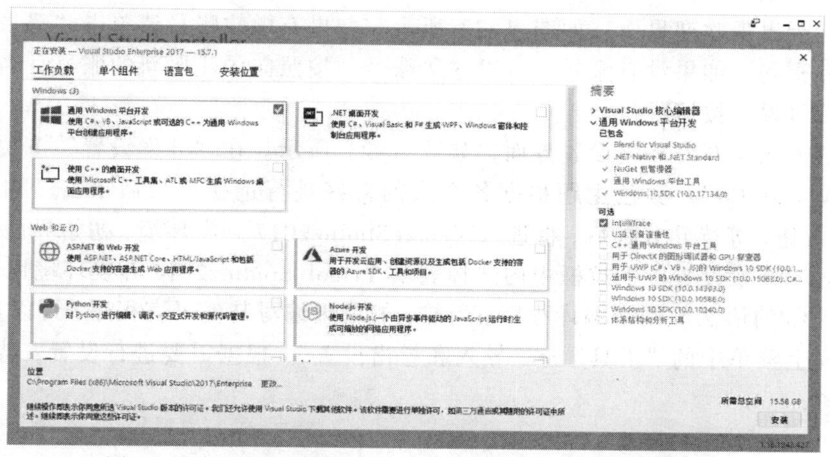


图 1-19　Visual Studio Enterprise 2017 安装的选择界面

（13）Visual Studio Installer 将根据所选择的内容，自动下载安装包，并自动安装，如图 1-20 所示。这个过程与网络带宽有关，正常 50Mbit/s 的宽带，大约需要 5 个小时才能完成安装。

图 1-20　Visual Studio Enterprise 2017 安装过程

本书所有程序均在 Visual Studio 2017 环境下调试通过，以下开发环境统一称为 C#。

## 任务二 用 Visual Studio 2017 创建第一个应用程序

操作任务：创建“Hello World”程序

操作方案：在窗体中间显示“Hello World”字样，字体设置为 24 磅，加粗，颜色为蓝色。右下角增加一个“退出”按钮，并能实现退出功能，具体如图 1-21 所示。

图 1-21 “Hello World”程序运行界面

操作步骤：

(1)选择菜单中的“开始”→“程序”→“Visual Studio 2017”，进入 Visual Studio 2017 开发环境。第一次运行会出现欢迎界面，如图 1-22 所示。如果有微软账号请单击“登录”按钮，输入账号和密码；如果没有账号，可以注册账号，按照向导注册新的账号，当然也可以单击“以后再说”按钮跳过。

(2)进入默认开发环境设置界面，如图 1-23 所示。在“开发设置”下拉列表框中请选择“Visual C#”，颜色主题根据各个人的喜好进行选择，最后单击“启动 Visual Studio(S)”按钮。等待几分钟后，将进入 Visual Studio 2017 开发环境，初始界面如图 1-24 所示。上述“开发设置”下拉框中的选择表示 Visual Studio 2017 开发环境用来开发 C#程序，按照 C#的语法规则来编译程序。当然，如果想编写其他语言程序，可以重新设置，单击主界面上菜单中的“工具”→“导入和导出设置”，根据需要进行设置，选择其他开发语言设置。

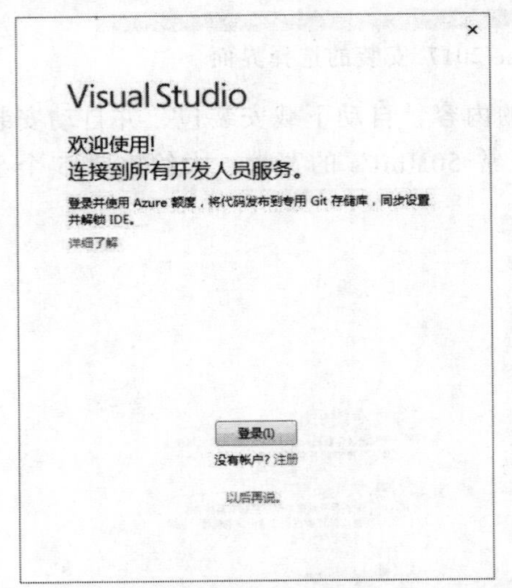


图 1-22 Visual Studio 2017 第一次运行欢迎界面

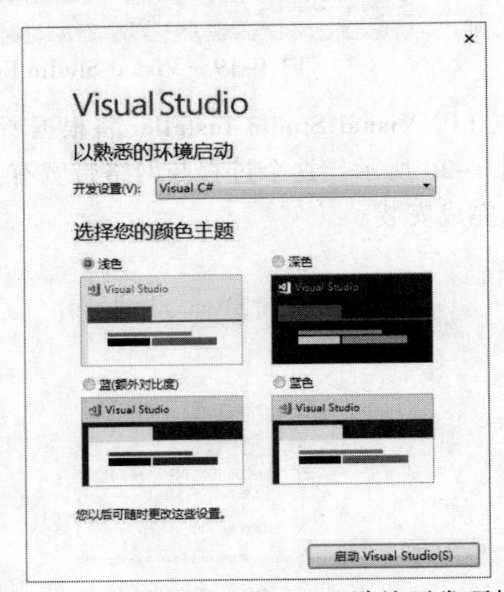


图 1-23 Visual Studio 2017 默认开发环境设置界面

(3)选择主界面上菜单中的“文件”→“新建项目”命令，出现如图 1-25 所示窗口，左边“项目类型”选择“Visual C#”，中间“模板”选择“Windows 窗体应用(.NET Framework)”(本教材几乎所有程序都是按照这样的方式新建项目，特殊说明除外)。下面“名称”文本框中输入：Task1.2(Task 表示任务，Task1 中的 1 表示第 1 模块，后面的 2 表示第 2 个任务，以下命名规则相同），单击“确定”按钮，出现第一个项目的设计界面，如图 1-26 所示。

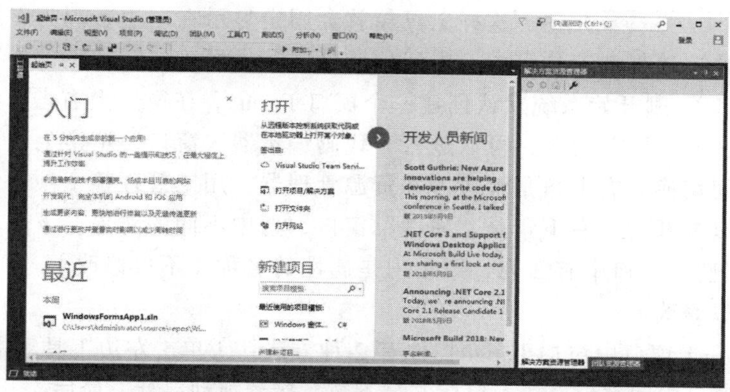


图 1-24　Visual Studio 2017 开发界面

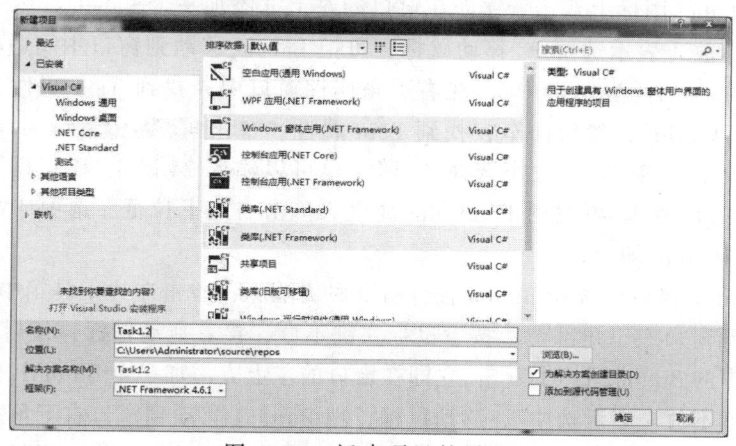


图 1-25　新建项目的界面

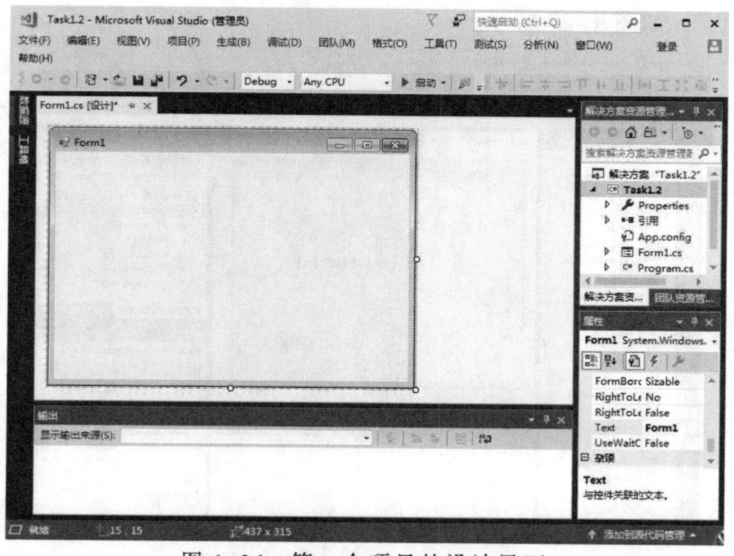


图 1-26　第一个项目的设计界面

（4）在设计界面中，工具箱默认是隐藏的，单击最左边一栏中“工具箱”标签（或者通过菜单“视图→工具箱”），显示工具箱，然后单击“工具箱”窗口中“自动隐藏”工具箱 按钮，这样工具箱就会固定显示在左边，因为工具箱是经常用的窗口，所有的控件都在工具箱中。中间位置是设计界面（包括“设计器”窗口和“代码编辑器”窗口），刚开始系统默认创建一个窗口 Form1，在窗口上右击，在弹出的快捷菜单中选择“查看代码”命令，可以进入“代码编辑器”窗口，单击上面切换页可以进行不同窗口之间切换。右上角是解决方案资源管理器，用来管理整个项目的资源，双击每个列项，可以打开它。右下角是“属性”窗口，选中不同的对象，下面显示该对象对应的属性。“属性”窗口中有 2 列，第 1 列是属性的名称（不可修改），第 2 列是属性的值，一般都可以修改。

（5）向 Form1 窗口中添加 Label 控件有 2 种方法：①单击左边工具箱中的 Label，然后光标移动到窗口中间部位，按下鼠标左键不放，接着拖动鼠标，最后松开鼠标；②在左边工具箱中的 Label 图标上双击，立即在窗口的左上方添加一个 Label1，然后在 Label1 上按下鼠标左键不放（表示选中），移动鼠标，可把 Label1 移动到窗口中间适当的位置。

（6）单击 Label1（表示选中），在右下角属性窗口中，找到 Text 属性，后面文本框修改为“Hello World”，然后回车；找到 Font 属性，单击 Font 宋体, 9pt，出现字体对话框，字形选择“粗体”，大小选择 24 磅（也可以输入 24 磅），确定即可（可能要适当移动 Label1 的位置）；再找到 ForeColor 属性，单击右边下拉框，选中“Web”选项页，在列表框中选中 Blue 即可。

（7）向 Form1 窗口中添加 Button 控件有 2 种方法：①单击左边工具箱中的 Button，然后将光标移动到窗口右下角部位，按下鼠标左键不放，接着拖动鼠标，最后松开鼠标；②在左边工具箱中的 Button 图标上双击，立即在窗口的左上方添加一个 Button1，然后在 Button1 上按下鼠标左键不放（表示选中），移动鼠标，把 Button1 移动到窗口右下角适当的位置。

（8）单击 Button1（表示选中），在右下角属性窗口中，找到 Text 属性，将后面文本框修改为“退出”，如图 1-27 所示。

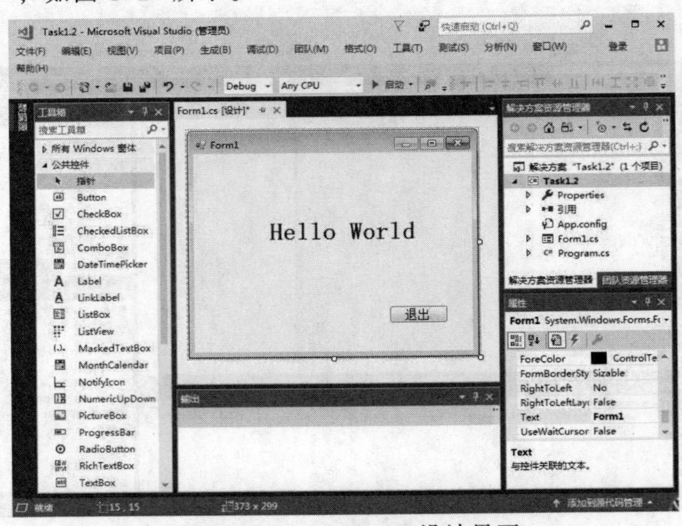


图 1-27　Hello World 设计界面

（9）为按钮写代码。双击“退出”按钮，进入“代码编辑器”窗口，在光标闪烁的地方输入： Application.Exit();，然后回车，如果代码下面没有蓝色波浪线，表示代码输入正确，如图 1-28 所示。这个代码什么时候执行呢？当这个项目运行时，单击此按钮将会执行这个代码。代码的功能就是退出程序。

写代码需要注意两点：①写代码的位置不能错（本例一定要双击按钮后，在光标闪烁的地方开始写代码）；②输入的代码要正确，代码下面不能有蓝色波浪线。

通过上面的切换页，可以切换到设计窗口。

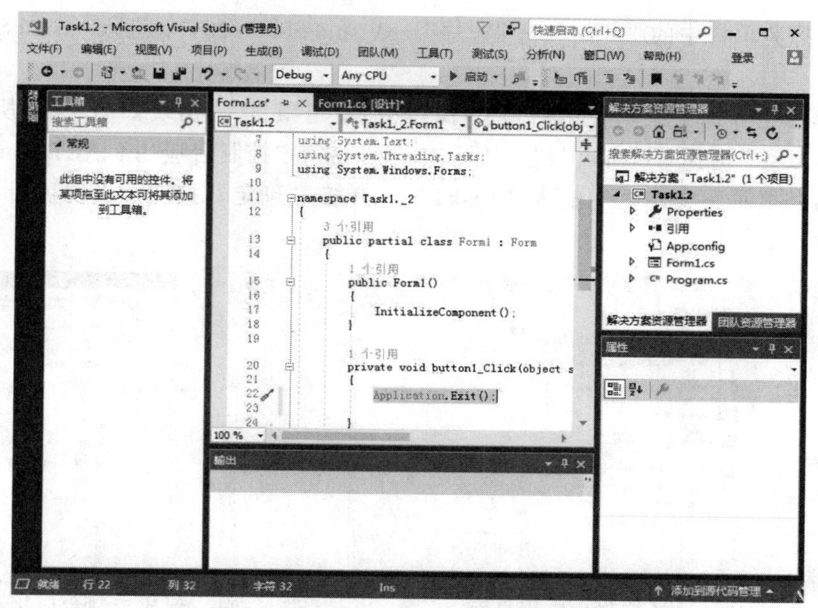


图 1-28 Hello World 代码编辑界面

（10）项目保存，单击菜单栏中的“文件”→“全部保存”，由于在新建项目时已经设置了默认保存路径，所以项目的文件将自动保存到指定位置。整个项目将保存到 Task1.2 文件夹中，里面包括很多文件和文件夹。

（11）运行该项目，单击菜单栏中的“调试”→“开始调试”（或直接按【F5】功能键，或单击工具栏上的“启动”按钮 ），出现图 1-21 所示对话框，单击“退出”按钮（也可以单击对话框的“关闭”按钮），可以实现退出程序的运行。此过程包括 2 个步骤：①将源程序编译，自动产生 Task1.2.exe 文件（前提是无任何语法错误），exe 文件自动保存在 Task1.2\bin\Debug 文件夹中；②运行这个 Task1.2.exe 文件。可以将此 exe 文件单独复制到其他文件夹下运行，如果要复制到其他计算机上运行，则一定要安装.NET Framework 4.6（含）以上。.NET Framework 4.6 可以从微软网站免费下载，或者单击这个 exe 文件，系统自动提示下载.NET Framework 4.6。

（12）如果要重新修改源程序（包括修改属性等），一定要先退出运行界面。

（13）关闭开发界面后，如果需要重新打开源程序，单击菜单“文件”→“打开”→“项目/解决方案”，选择源程序的路径，打开解决方案管理文件（*.sln），即可打开源程序。

## 任务三　创建一个 C#控制台程序

操作任务：创建一个显示“HelloWorld!”的控制台程序。

操作方案：该程序的功能是在 DOS 状态下显示“HelloWorld!”。程序运行结果如图 1-29 所示。

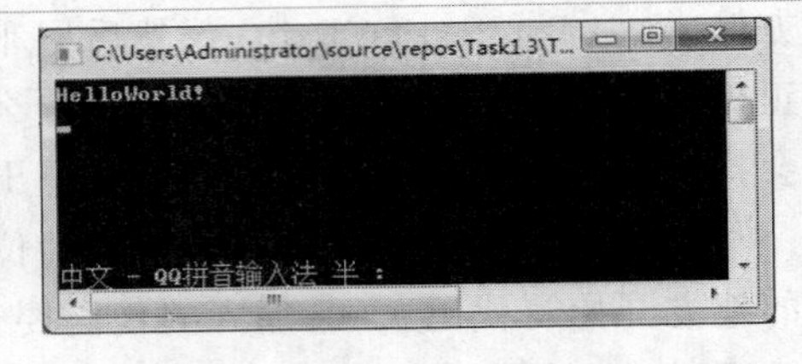


图 1-29　“HelloWorld!” 控制台程序运行界面

操作步骤：

（1）选择菜单栏中的“开始”→“程序”→Visual Studio 2017，进入 Visual Studio 2017 开发环境。

（2）单击主界面上菜单栏中的“文件”→“新建项目”，出现如图 1-30 所示界面，左边“项目类型”选择“Visual C#”，中间“模板”选择“控制台应用( .NET Framework )”，下面的项目“名称”文本框中输入“Task1.3”，单击“确定”按钮，出现项目设计界面，如图 1-31 所示。

图 1-30　选择控制台应用界面

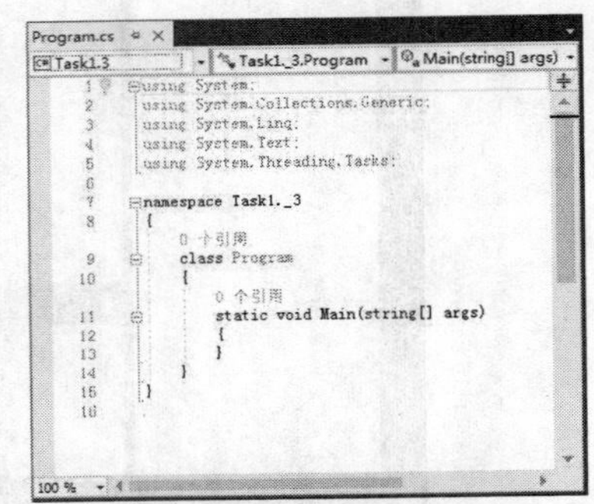


图 1-31　新建控制台应用程序的界面

（3）在 static void Main(string[] args)过程中编写如下程序代码：

```
static void Main(string[] args)
{
    Console.WriteLine("HelloWorld!");  //输出
    Console.Read();  //代码的作用是使程序停下来等待输入，以便可以看到运行结果
}
```

界面如图 1-32 所示。

图 1-32　控制台应用程序的代码界面

（4）单击工具栏上的启动按钮▶，或按【F5】键，程序运行结果如图 1-29 所示。

## 实践提高

### 实践一 编写“关于”窗口

操作任务：编写“关于”窗口，如图 1-33 所示。窗口标题为“关于”；上面 4 行文字字体为隶书、斜体、20 磅，颜色为红色；2 个按钮字体为楷体、加粗、23 磅，颜色为绿色；“确定”按钮无效；“关闭”按钮能实现退出程序；“开发人员”后面写上自己的名字。

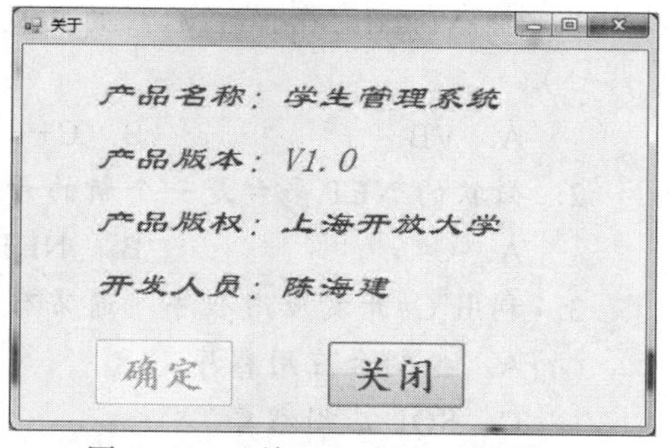

图 1-33 “关于”窗口运行界面

操作步骤（主要源程序）：

________________________________________

________________________________________

________________________________________

________________________________________

________________________________________

________________________________________

________________________________________

________________________________________

### 实践二 编写“输入姓名并显示欢迎词”的控制台应用程序

操作任务：编写一个控制台应用程序，程序执行时将出现一行提示“请输入您的姓名:”，在光标位置输入自己真实姓名后回车，下面将显示出如下文字：“欢迎您，***同学!”，如图 1-34 所示。提示：请参阅赋值语句、字符串类型、Console.Read()、Console.WriteLine()、Console.Write()等相关内容。

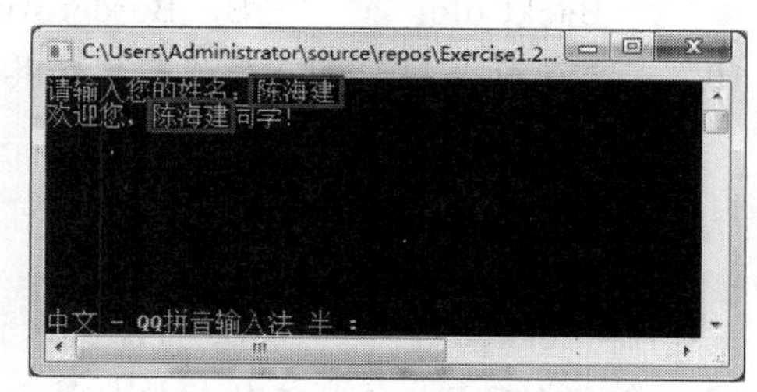

图 1-34 显示“欢迎词”控制台应用程序运行界面

操作步骤（主要源程序）：

________________________________________

________________________________________

________________________________________

________________________________________

________________________________________

________________________________________

________________________________________

________________________________________

## 理论巩固

### 一、选择题

1. 在 Visual Studio 2017 的集成开发环境中，下面不属于该环境编程语言的是（　　）。

A. VB　　B. C++　　C. Pascal　　D. C#

2. 微软的.NET 平台是一个新的开发框架，（　　）是.NET 的核心部分。

A. C#　　B. .NET Framework　　C. VB.NET　　D. 操作系统

3. 利用 C#开发应用程序，通常有 3 种类型，不包括（　　）。

A. 控制台应用程序　　B. Web 应用程序

C. SQL 应用程序　　D. Windows 应用程序

4. C#是一种面向（　　）的语言。

A. 机器　　B. 过程　　C. 对象　　D. 事物

5. C#语言取消了（　　）语法。

A. 数组　　B. 循环　　C. 判断　　D. 指针

6. 在 C#中，在窗体上显示的控件的文本，用控件的（　　）属性设置。

A. Text　　B. Name　　C. Caption　　D. Image

7. 不论何种控件，共同具有的是（　　）属性。

A. Text　　B. Name　　C. ForeColor　　D. Font

8. 对于窗体，可改变窗体的边框性质的属性是（　　）。

A. MaxButton　　B. FormBorderStyle　　C. Name　　D. Left

9. 若要使标签控件显示时不覆盖窗体的背景图案，要对其（　　）属性进行设置。

A. BackColor　　B. BorderStyle　　C. ForeColor　　D. BackStyle

10. 若要使命令按钮不可操作，要对其（　　）属性进行设置。

A. Enabled　　B. Visible　　C. BackColor　　D. Text

11. 要使文本框中的文字不能被修改（可选中文本），应对其（　　）属性进行设置。

A. Locked　　B. Visible　　C. Enabled　　D. ReadOnly

12. 要使当前 Forml 窗体的标题栏显示“欢迎使用 C#”，以下（　　）语句是正确的（在按钮单击事情中执行的代码）。

A. Forml.Text="欢迎使用 C#";　　B. this.Text = "欢迎使用 C#";

C. Forml.Name="欢迎使用 C#";　　D. this.Name="欢迎使用 C#";

### 二、填空题

1. Visual Studio 2017 是完全面向对象的程序设计语言，其最大的特点是________。

2. ________技术能让编程人员不必编写代码就可以创建 GUI。

3. 当进入 Visual Studio 2017 集成环境，发现没有“工具箱”窗口，应选择菜单中的“视图”→________，使“工具箱”窗口显示。

4. 控制台应用程序，字符串的输入使用________方法。

5. 控制台应用程序，字符串的输出使用________方法。

## 模块小结

C#是一种面向对象的编程语言，主要用于开发在.NET平台上运行的各类应用程序，C#语言是从 C 和 C++语言派生出来的，其语言体系构建在.NET 框架上，并能够与.NET 框架完美结合。Visual Studio 2017 是一个集成开发环境，从程序设计、代码编译和调试，到最后形成发布程序的全部工作都可以在这个环境中完成。

本模块介绍了 Visual Studio 2017 的安装，并用 C#新建了窗口应用程序和控制台应用程序。熟悉了 3 个对象：Form1、Label1 和 Button1，并能够对这些对象的属性进行修改和设置。编写了按钮单击事件中的退出语句和控制流的输入/输出语句，使大家了解程序开发的完整流程。

模块二

# C#编程基础 »»

## 知识提纲

- 窗体的概念。
- 基本控件及其常用属性与事件。
- C#的数据类型。
- 数据类型的转换。
- 常量与变量。
- 运算符与表达式。
- 运算符的优先级。
- 常用函数。

## 知识导读

### 一、标识符与关键字

#### 1. 关键字

关键字又称系统保留字，是具有固定含义和使用方法的字母组合。关键字用于表示系统的方法、属性、函数和各种运算符等，如：private、if、this 等。C#的主要关键字如表 2-1 所示。

表 2-1　C#的主要关键字

| | | | | |
|---|---|---|---|---|
| abstract | as | base | bool | break |
| byte | case | catch | char | checked |
| class | const | continue | decimal | default |
| delegate | do | double | else | enum |
| event | explicit | extern | false | finally |
| fixed | float | for | foreach | goto |
| if | implicit | in | int | interface |
| internal | is | lock | long | namespace |
| new | null | Object | operator | out |
| override | params | private | protected | public |
| readonly | ref | return | sbyte | sealed |

续表

| | | | | |
|---|---|---|---|---|
| short | sizeof | stackalloc | static | string |
| struct | switch | this | throw | true |
| try | typeof | uint | ulong | Unchecked |
| unsafe | ushort | using | virtual | void |
| volatile | while | | | |

**2. 标识符**

标识符是由程序设计人员定义的，用于表示变量名、常量名、控件对象名称、方法名称、类名、接口名等的字母组合。标识符的命名规则如下：

① 一个合法的标识符由字母、数字、下画线组成，但第一个字符不能为数字。

② 一个合法的标识符不能是C#中的关键字。

③ 标识符区分大小写。

例如：

n，a123，_name，f_1 等是合法的标识符。

5a，a b，case，pi%等是非法的标识符。

**3. C#基本语法规则**

① C#以“;”作为语句的结束符。

② C#对大小写字母是敏感的。

③ 一行可以写多句，一句也可以分多行写。

**4. 注释**

① C#中，用“//”注释一行。

② 若有多行需要注释，以符号“/*”开始，以符号“*/”结束。

为了给程序添加简单的解释，提高程序的可读性，往往在程序中加入一些注释。在程序进行编译时，这些注释会被忽略，不会被执行。

## 二、窗体

窗体是 VC#.NET 2017 最基本的对象之一。VC#.NET 2017 中的 Windows 应用程序是以窗体为基础的，用来作为其他控件对象的载体或容器。窗体界面有 3 种主要样式：单文档界面（SDI）、多文档界面（MDI）和资源管理器样式界面。

Form 对象是窗口或者对话框，它组成应用程序用户界面的一部分。窗体有一些属性确定了它们的外观，例如位置、大小、颜色；有些属性确定了它们的行为，例如是否可调整大小。窗体还可以对用户初始化或系统触发的事件作出反应。例如，可以在窗体的 Load 事件中编写代码对系统进行初始化；可以在窗体的 Click 事件中编写代码：this.Text = "C#程序设计"，从而通过单击窗体将窗体的标题设置成“C#程序设计”。

在 VC#.NET 2017 里可通过改变 Location 属性值来移动位置，通过改变 Size 属性值来改变大小。

一种称作 MDI 窗体的特殊窗体还可包含 MDI 子窗体。在 VC#.NET 2017 中，要把一个窗体设置为 MDI 窗体，应当将其 IsMdiContainer 属性设置为 True；如要将某窗体设置为 MDI 子窗体，可以在运行时（不能在设计时）将其 MdiParent 属性设置为“MDI 窗体对象名”。在代码中使用 New 关键字可以创建多个窗体实例。

在设计窗体时，通过设置 FormBorderStyle 属性来定义窗体的边框，通过设置 Text 属性来把文本放入标题栏。可以在代码中使用 Hide 和 Show 方法来设置窗体在运行时可见或不可见。

在 VC#.NET 2017 里，通过改变 FormBorderStyle 属性值来改变窗体的边框样式。当窗体的 FormBorderStyle=None，窗体没有标题栏和边线。如果希望窗体有边框而没有标题栏、控制菜单栏、最大化按钮和最小化按钮，则应从窗体 Text 属性中删除所有文本，同时将窗体的 ControlBox、MaximizeBox 和 MinimizeBox 属性设置为 False。

在 VC#.NET 2017 里，可以使用 Controls 集合访问 Form 中的控件。例如，可以使用如下代码隐藏 Form 中的所有控件：

```
for(int i=0; i<this.Controls.Count; i++)
    this.Controls[i].Visible=false;
```

## 三、三种基本控件

### 1. 标签控件

标签控件的主要功能是在窗体中显示文本信息。但这些文本信息是不能直接进行修改的,一定要修改的话只能在窗体设计阶段或通过程序代码来进行。在 VC#.NET 2017 工具箱中，标签控件是 **A Label**。标签控件的默认名称（Name）和标题（Text）为 labelX（X 为 1、2、3 等），规范的命名方式为：lblX（X 为自己定义的名字，如 lblShow、lblRed 等）。

下面介绍标签控件的主要常用属性和事件。

（1）Name（名字）属性。

Name 属性用来设置标签对象的名称，以便在程序代码中引用该标签对象。

（2）Text（文本）属性。

Text 属性用来设置在标签上显示的文本信息，可以在窗体设计时设计，也可以在程序中通过代码来设置。其代码格式如下：

```
标签名称.Text="欲显示的文本"
```

例如：

```
lblShow.Text="跟我学 VC#.NET 2017。";
```

（3）Font（字体）属性。

Font 属性用来设置标签上显示文本的字体和字号。

例如：

```
label1.Font=new Font("宋体", 16, FontStyle.Underline);
```

上述语句中，第一个参数设置字体，第二个参数设置字号，第三个参数设置字型（如斜体、下画线等）。

（4）Image（图像）属性。

Image 属性用来设置在标签上显示的图像。

（5）Visible（可见）属性。

Visible 属性用来设置标签在窗体上是否显示。当其值设置为 true 时表示显示，当设置为 false 时表示不显示。

（6）TextAlign（对齐）属性。

此属性用来设置标签上显示的文本的对齐方式。TextAlign 属性有九种对齐方法可选，可参看属性窗口。

（7）Click（单击）事件。

用鼠标单击标签时所触发的事件，如改变标签的 Text 属性：

```
private void label1_Click(object sender, EventArgs e)
{
    label1.Text="很高兴见到您！ ";
}
```

（8）DbClick（双击）事件。

用鼠标双击标签时所触发的事件，如改变标签的可见（Visible）属性：

```
private void label1_DoubleClick(object sender, EventArgs e)
{
    label1.Visible=false;
}
```

2. 文本框控件

文本框控件常用于显示或输入文本。在 VC#.NET 2017 工具箱中，文本框控件是 abl TextBox。文本框控件的默认名称为 textBoxX（X 为 1、2、3 等），命名规则为 txtX（X 为用户自定义的名字。

下面介绍文本框控件的主要常用属性和事件。

（1）Name（名字）属性。

Name 属性用来设置文本框对象的名称，以便在程序代码中引用该文本框对象。

（2）Text（文本）属性。

Text 属性用来设置在文本框内显示或输入的文本内容。其代码格式为：

```
文本框名称.Text="欲显示的文本";
```

例如：

```
txtName.Text="刘祥";
```

上述代码表示将一个名为 txtName 的文本框控件的 Text 属性设置为“刘祥”。

（3）PasswordChar（密码）属性。

PasswordChar 属性主要用于设置口令的“显示方式”。若要在密码框内显示“*”，则只要将 PasswordChar 属性值设定为“*”就可以了。这样，无论用户输入什么字符，文本框中都显示星号。

（4）MultiLine（多行）属性。

MultiLine 属性用来设置文本框是否能够显示或输入多行文本。其值为 true 时文本框可以显示多行文本，其值为 false 时文本框只能显示单行文本。本属性只能在界面设置时指定，程序运行时不能加以改变。

Multiline 属性为 true 时，文本框控件的 PasswordChar 属性不起作用。

（5）MaxLength（最大长度）属性。

MaxLength 属性限制文本框中最多可以输入字符的个数。其默认值为 0，表示在文本框内输入的字符个数不受限制。

（6）SelectionStart 与 SelectionLength 属性。

SelectionStart 属性设置选中文本的起始位置，返回的是选中文本的第一个字符的位置。SelectionLength 属性设置选中文本的长度，返回的是选中文本的字符串个数。例如：文本框 TxtContent 中有内容如下：“我爱我的祖国”。假设选中“祖国”两个字，那么，SelectionStart 为 5，SelectionLength 为 2。

（7）SelectedText（选中文本）属性。

本属性返回或设置当前所选文本的字符串。如果没有选中的字符，那么返回值为空字符串，即""。本属性的结果是个返回值，或为空，或为选中的文本。一般来说，选中文本属性与文件复制、剪切等剪贴板（在 VC#.NET 2017 中，剪贴板用 Clipboard 表示）操作有关。

例如：

```
Clipboard.SetText(textBox1.SelectedText);//将文本框 textBox1 中选中的文本复制到剪贴板
textBox2.Text=Clipboard.GetText();//将剪贴板上的内容粘贴到文本框 textBox2 内
```

（8）TextChanged 事件。

TextChanged 事件是指只要文本框内的内容有改变就被触发的事件。

例如：

```
private void textBox1_TextChanged(object sender, EventArgs e)
{
    MessageBox.Show("文本框内的内容发生了改变！");
}
```

以上代码表示，当文本框 textBox1 中的内容发生改变时，将弹出一个消息窗口。

### 3. 按钮控件

Windows 窗体中的按钮控件允许用户通过单击来执行有关操作。在 VC#.NET 2017 工具箱中，按钮控件是 ab Button。按钮控件上既可以显示文本，也可以显示图像。一般通过单击按钮来触发其 Click 事件。

下面介绍按钮控件的主要常用属性和事件。

（1）Name（名字）属性。

Name 属性用来设置按钮对象的名称，以便在程序代码中引用该按钮对象。

（2）Text（文本）属性。

Text 属性用来设置在按钮上显示的文字信息。如将一个名为“button1”的按钮设置为一个“确定”按钮，其代码为：

```
button1.Text="确定";
```

（3）Image（图像）属性。

Image 属性用来设置在按钮上显示的图像。

（4）Enabled（可用性）属性。

Enabled 属性用来设置按钮控件是否可用。若按钮的 Enabled 设置为 false，程序运行时该按钮不可按下。只有当按钮的 Enabled 设置为 true 时，按钮才可被按下。

（5）Click（单击）事件。

程序运行时，单击按钮将触发按钮的 Click 事件，执行写入 Click 事件过程中的代码。

例如，设有一个名称为 button1 的按钮，单击它时将退出应用程序，则其 Click 事件代码如下：

```
private void button1_Click(object sender, EventArgs e)
{
    Application.Exit();
}
```

（6）为按钮创建键盘快捷方式。

可通过按钮的 Text 属性创建按钮的访问键快捷方式。为此，只需在作为访问键的字母前添加一个连字符（&）即可完成创建。

例如，要为按钮的标题“Ok”创建访问键，应在字母“O”前添加连字符，即“&Ok”。运行时，字母“O”将带下画线，同时按【Alt+O】组合键就可执行单击按钮时所执行的动作。

**注意：**如果不创建访问键，而又要使标题中包含连字符，应添加两个连字符（&&），这样，在标题中就可显示一个连字符。

## 四、C#的数据类型

C#的数据类型分为值类型和引用类型两大类。

### 1. 值类型

值类型又分为简单类型、结构类型和枚举类型三种。而简单类型又分为整型、浮点型、小数型、字符型和布尔型，这些数据类型是本模块将要重点讨论的。

### 2. 引用类型

引用类型分为数组、类、接口、委托等。

（1）整型。

整型是指只有整数（正整数、负整数和零），没有小数部分的数据类型，包括有符号整型和无符号整型两种。两种类型中又分为字节型、短整型、整型和长整型。C#提供的 8 种整数类型如表 2-2 所示。

**表 2-2　C#整数数据类型**

| 类型/类型标识符 | 所占字节数 | 数 值 范 围 | 说　明 |
|---|---|---|---|
| sbyte | 1 | –128～127 | 8 位有符号整数 |
| byte | 1 | 0～255 | 8 位无符号整数 |
| short | 2 | –32 768～32 767 | 16 位有符号整数 |
| ushort | 2 | 0～65 535 | 16 位无符号整数 |
| int | 4 | –2 147 483 648～2 147 483 647 | 32 位有符号整数 |
| uint | 4 | 0～4 294 967 295 | 32 位无符号整数 |
| long | 8 | –9 223 372 036 854 775 808～9 223 372 036 854 775 807 | 64 位有符号整数 |
| ulong | 8 | 0～18 446 744 073 709 551 615 | 64 位无符号整数 |

例如：

```
int n=-100;   //定义整型变量 n，并赋值-100
long l=5000;  //定义长整型变量 l，并赋值 5000
```

（2）浮点型。

浮点型表示同时带有整数部分和小数部分的数据类型，包括 float（单精度型）和 double（双精度型），其差别在于取值范围和精度不同，如表 2-3 所示。

表 2-3　C#浮点型数据类型

| 类型/类型标识符 | 所占字节数 | 数值范围 | 精　度 | 说　明 |
|---|---|---|---|---|
| float | 4 | ±1.5e-45～±3.4e+38 | 7 位 | 单精度实数 |
| double | 8 | ±5.0e-324～±1.7e+308 | 15 位 | 双精度实数 |

例如：

```
float pi=3.14159f;          //定义单精度型变量 pi，并赋值 3.14159
double e=2.7182818284;      //定义双精度型变量 e，并赋值 2.7182818284
```

（3）小数型。

decimal 型与浮点型相比，它具有更高的精度和更小的范围，主要用于财务和货币计算，如表 2-4 所示。

表 2-4　C#小数型数据类型

| 类型/类型标识符 | 所占字节数 | 数值范围 | 精　度 | 说　明 |
|---|---|---|---|---|
| decimal | 16 | ±1.0e-28～±7.9e+28 | 29 位 | 小数 |

例如：

```
decimal  d1=3.14159m;          //定义小数类型变量 d1，并赋值 3.14159
```

（4）字符型。

字符型是单个双字节 Unicode 字符，以无符号的整数形式存储，如表 2-5 所示。

表 2-5　C#字符型数据类型

| 类型/类型标识符 | 所占字节数 | 数值范围 | 说　明 |
|---|---|---|---|
| char | 2 | 0～65 535 内以双字节编码的任意字符 | 字符型 |

例如：

```
char c='汉';    //定义字符型变量 c，并赋值'汉'
char ch='a';    //定义字符型变量 ch，并赋值'a'
```

（5）布尔型。

布尔型又称为逻辑型，其值只有 true 和 false 两种，如表 2-6 所示。

表 2-6　C#布尔型数据类型

| 类型/类型标识符 | 所占字节数 | 数值范围 | 说　明 |
|---|---|---|---|
| bool | 1 | true，false | 布尔型 |

例如：

```
bool b=false;  //定义布尔型变量b，并赋值false。
```

（6）字符串型。

在VC# .NET 2017中，字符串是放在一对双引号内的若干字符。如果它不包含任何字符则该字符串称为空字符串。

例如：

```
"A"      //包含一个字符的字符串
"and"    //包含一串字符的字符串
```

## 五、数据类型的转换

数据类型转换是指将一种类型的数据转换为另一种类型的数据。当一个表达式中的数据类型不一致时，就需要进行数据类型转换。

在C#中，数据类型转换的方式主要有两种：隐式转换和显式转换。显式转换又包括强制转换、ToString()方法、Parse()方法和使用Convert类转换四种。

### 1. 隐式转换

隐式转换也称为自动转换，是系统默认的，不需要任何特殊的语法就能进行的数据类型转换。隐式转换能完成精度低的数据类型向精度高的数据类型转换，如下所示，但不能完成反向转换，转换过程不会导致数据丢失。

char → short → int → long → float → double

例如：

```
char c='A';
int n=c;
```

执行上面两条语句后，变量n的值为字符‘A’的ASCII码值，即65。

例如：

```
double d=12.8;
float f=d;
```

上述代码第二句在执行时，系统会提示：无法将类型double隐式转换为float。即精度高的数据类型不能隐式转换为精度低的数据类型。

### 2. 显式转换

显式转换是通过程序代码调用专门的转换方法将一种数据类型显式地（强制地）转换成另一种数据类型，有以下四种方法。

（1）强制转换。

显式转换也称为强制转换，是指从一个数值类型到另一个数值类型的转换。此转换不能用已知的隐式数值转换来实现。

执行强制转换时，要在转换的值或变量前面的圆括号中指定强制转换成为哪种类型。语法格式如下：

```
(类型说明符)(需要转换的表达式)
```

例如：

```
double d=15.98;
int n=(int)d;
```

执行上面两条语句后，变量 n 的值为 15，截取 15.98 的整数部分。

（2）ToString( )方法。

ToString( )方法将非字符串类型数据转换成字符串类型数据，语法格式如下：

```
变量名.ToString()
```

例如：

```
int n=100;
string str=n.ToString();
```

执行上面两条语句后，变量 str 的值为"100"（即将整数 100 转换成由数字 0～9 组成的字符串"100"）。

（3）Parse( )方法。

Parse( )方法可将数字字符串类型转换成数值类型数据，语法格式如下：

```
数值数据类型名称.Parse(字符串表达式);
```

其中数值数据类型名称为 int、double、float 等，字符串表达式的值一定要与 Parse 前面的数值类型格式一致。

例如：

```
int.Parse("100");           //得到整数 100
double.Parse("86.6");       //得到双精度数 86.6
int.Parse("75.8");          //系统提示："输入字符串的格式不正确"
```

（4）使用 Convert 类转换。

Convert 类中的方法可以将一种基本数据类型转换为另一种基本数据类型。表 2-7 列出了 Convert 类的常用方法。

表 2-7　Convert 类常用方法

| 方　法 | 转换到的类型 | 方　法 | 转换到的类型 |
|---|---|---|---|
| ToBoolean() | bool | ToInt16() | short |
| ToByte() | byte | ToUInt16() | ushort |
| ToSByte() | sbyte | ToInt32() | int |
| ToChar() | char | ToUInt32() | uint |
| ToSingle() | float | ToInt64() | long |
| ToDouble() | double | ToUInt64() | ulong |
| ToDecimal() | decimal | ToString() | string |

例如：

```
string s="97";
int n=Convert.ToInt16(s);
char c=Convert.ToChar(n);
```

执行上面三条语句后，变量 n 的值为 97（即将由数字 0～9 组成的字符串"97"转换成整数 97），变量 c 的值为字符'a'（即将整数 97 转换成对应的字符'a'）。

## 六、常量与变量

### 1. 常量

在整个应用程序运行过程中，其值保持不变的量称为常量。常量包括直接常量和符号常量两种形式。

（1）直接常量。

直接常量是指在程序中直接给出的数据，包括数值常量、字符型常量、布尔常量等。各类常量的表示方法如下：

① 数值常量：23、235、65、23.54、0.345、234.65。

② 字符型常量：'A'、'a'、'6'、'+'。

除了上述形式的字符型常量外，C#还允许用一种特殊形式的字符常量，就是以一个"\"开头的字符序列，称为转义字符。常用的转义字符如表 2-8 所示。

表 2-8 转义字符及其含义

| 字符形式 | 含　义 | 字符形式 | 含　义 |
|---|---|---|---|
| \n | 换行，将当前位置移至下一行开头 | \\ | 反斜杠字符'\' |
| \t | 水平制表（跳到下一个 tab 位置） | \' | 单引号字符 |
| \b | 退格，将当前位置移至前一列 | \" | 双引号字符 |
| \r | 回车，将当前位置移至下行开头 | \xhh | 1 或 2 位 16 进制数代表的字符 |

③ 布尔常量：true、false。

（2）符号常量。

符号常量是使用 const 定义的。其语法格式如下：

```
const 数据类型名称 常量名=常量表达式;
```

例如：

```
const double PI=3.14159;
```

上述语句定义了圆周率常量 PI，其值为 3.14159。

3. 变量

在程序运行过程中，其值可以改变的量称为变量。

（1）变量的声明。

变量声明就是定义变量的名称和数据类型，为变量分配相应的存储空间。使用变量前必须先声明变量。语法格式如下：

```
数值类型名称 变量名
```

例如：

```
int n;        //声明一个整型变量 n
bool b;       //声明一个布尔（逻辑）型变量 b
```

（2）变量的赋值。

在 C#中，变量必须先赋值再使用。为变量赋值是通过赋值运算符"="进行的。例如：

```
int n;        //声明整型变量 n
n=200;        //给 n 赋值 200
int n=200;  //声明变量 n 的同时给变量赋值，这一句与上面两句是等价的
```

（3）变量的引用。

在声明一个变量并赋值后，就可以使用该变量了。

例如：

```
double area,r=12.5;     //声明 double 型变量 area 和 r，并为 r 赋值 12.5
area=3.14159*r*r;       //引用变量 r
```

## 七、运算符与表达式

### 1. 算术运算符与算术表达式

算术运算符是执行数学计算的运算符。

用算术运算符将操作数连接起来的表达式称为算术表达式。算术表达式的运算结果是一个数值型数据。

算术运算符如表 2-9 所示。

表 2-9　算术运算符

| 运算符 | 含义 | 示例（a=5） | 结果 | 运算符 | 含义 | 示例（a=5） | 结果 |
|---|---|---|---|---|---|---|---|
| + | 取正 | +a | +5 | + | 加 | 10+a | 15 |
| – | 取正 | –a | –5 | – | 减 | a–2 | 3 |
| ++ | 自增 1 | a++ | 5 | * | 乘 | 6*a | 30 |
| –– | 自减 1 | ––a | 4 | / | 除 | 65.5/a | 13.1 |
| | | | | % | 求余 | 73%a | 3 |

（1）一元运算符：+（取正）、-（取负）、++（自增 1）、--（自减 1）。

作为一元运算符的“+”，一般可以省略；作为一元运算符的“-”是取反运算，运算的结果是原数据的相反数。

“++”和“--”只能用于变量，但“++”或“--”既可以置于变量的左边，也可以置于变量的右边。当“++”或“--”置于变量左边时，称为前置运算，表示先进行变量自增 1 或自减 1 运算，再使用变量变化后的新值。当“++”或“--”置于变量右边时，称为后置运算，表示先使用变量的值，再进行变量自增 1 或自减 1 运算。

例如：

```
int n=10,m;
m=5*n++;
```

执行后的结果是：n、m 的值分别为 11 和 50。这里“++”为后置运算，先使用 n 原来的值 10，5 乘 10 得 50，所以 m 的值为 50，然后变量 n 自增 1，变为 11，所以 n 的值为 11。

例如：

```
int n=81,m;
m=--n/8;
```

执行后的结果是：n、m 的值分别为 80 和 10，这里“--”为前置运算，先进行变量 n 自减 1，变为 80，所以 n 的值为 80，然后使用 n 的新值 80，80 除 8 得 10，所以 m 的值为 10。

（2）二元算术运算符：+（加）、-（减）、*（乘）、/（除）、%（求余）。

这里的+（加）、-（减）、*（乘）、/（除）和我们熟知的四则运算一样，不再过多的阐述，但在做除法时，如果除数和被除数都是整数，结果也是整数，即保留商的整数部分。

例如：

```
78/5    //计算结果为 15
```

%（求余）运算符的格式是“操作数 1%操作数 2”，用于计算操作数 1 除以操作数 2 的余数。

例如：

```
65%7    //计算结果为 2
```

### 2. 关系运算符与关系表达式

关系运算符又称为比较运算符，用于比较两个操作数。

用关系运算符将操作数连接起来的表达式称为关系表达式。关系表达式的运算结果是一个逻辑值（布尔值）：true 或 false。

关系运算符主要有：==（等于）、!=（不等于）、>（大于）、>=（大于或等于）、<（小于）、<=（小于或等于）等。关系运算符的运算规则如表 2-10 所示。

表 2-10 关系运算符

| 运算符 | 含义 | 示例 | 结果 |
|---|---|---|---|
| == | 等于 | "abcd"=="ABCD" | false |
| != | 不等于 | 56!=87 | true |
| > | 大于 | "abc">"ab" | true |
| >= | 大于等于 | 125>=88 | true |
| < | 小于 | "AB"<"ab" | true |
| <= | 小于等于 | 55<=88 | false |

在比较运算时注意以下规则：

① 关系运算符用于数值比较时，以左右两个数值表达式作为操作数，按值的大小进行比较。

② 关系运算符用于字符串比较时，按从左到右的顺序依次比较每个字符的 ASCII 码值的大小，如果对应字符的 ASCII 码值相等，则继续比较下一个字符。

③ 关系运算符的优先级相同。

### 3. 逻辑运算符与逻辑表达式

逻辑运算符用于对逻辑型数据进行运算。

用逻辑运算符将操作数连接起来的表达式称为逻辑表达式。逻辑表达式的运算结果还是一个逻辑值。

逻辑运算符主要有：!、&&、||等。

① 非运算（!）：参与运算的操作数为真时，结果为假；参与运算的操作数为假时，结果为真。

② 与运算（&&）：参与运算的两个操作数都为真时，结果才为真，否则为假。

③ 或运算（||）：参与运算的两个操作数只要有一个为真，结果就为真。两个操作数都为假时，结果为假。

表 2-11 列出了逻辑运算符的运算规则，其中 a 和 b 是逻辑型操作数。

表 2-11　逻辑运算规则

| a | b | !a | a&&b | a‖b |
|---|---|---|---|---|
| true | true | false | true | true |
| true | false | false | false | true |
| false | true | true | false | true |
| false | false | true | false | false |

4．条件运算符

条件运算符是一个三目运算符，即有三个参与运算的操作数。

条件运算符是“?:”，其一般格式是：条件表达式?表达式 1:表达式 2。其功能是：先计算“条件表达式”的值，当“条件表达式”的值为“真”时，则只计算“表达式 1”的值并将它作为整个表达式的值；当“条件表达式”的值为“假”时，则只计算“表达式 2”的值并将它作为整个表达式的值。

例如：

```
int m=100,n=200,max;
max=m>=n?m:n;
```

执行上述语句后，变量 max 的值为 200。

例如：

```
int m=20,n=15,num;
num=m>=n?++m:n--;
```

执行上述语句后，变量 num 的值为 21，变量 m 的值为 21，变量 n 的值为 15。

5．字符串运算符与字符串表达式

字符串运算符是“+”，用来连接两个字符串。“+”可以把不同类型的数据转变成字符串来连接。

用字符串运算符将操作数连接起来的表达式称为字符串表达式。字符串表达式的运算结果还是一个字符串。

例如：

```
"中国"+"上海"          //结果是"中国上海"
"中国上海"+2018        //结果是"中国上海2018"
```

6．赋值运算符

赋值运算符有：=（赋值）、+=（加法赋值）、-=（减法赋值）、*=（乘法赋值）、/=（除法赋值）、%=（求余赋值）、&=（与赋值）、|=（或赋值）。其中“=（赋值）”是简单赋值运算符，其他都是复合运算符。表 2-12 中列出了复合运算符的相关说明。

表 2-12　复合运算符

| 运　算　符 | 含　　义 | 示　　例 | 说　　明 |
|---|---|---|---|
| += | 加法赋值 | x+=y | 等价于 x=x+y |
| -= | 减法赋值 | x-=y | 等价于 x=x-y |
| *= | 乘法赋值 | x*=y | 等价于 x=x*y |
| /= | 除法赋值 | x/=y | 等价于 x=x/y |

续表

| 运算符 | 含义 | 示例 | 说明 |
|---|---|---|---|
| %= | 求余赋值 | x%=y | 等价于 x=x%y |
| &= | 与赋值 | x&=y | 等价于 x=x&y |
| \|= | 或赋值 | x\|=y | 等价于 x=x\|y |

例如：

```
int x=87,y=25;
x%=y;
```

执行上述语句后，变量 x 的值为 12。

**7．运算符的优先级**

当一个表达式中出现多种运算符时，C#.NET 按照预先设定的称为“运算符优先级”的顺序进行计算。

表 2-13 中按照从高到低的优先顺序列出了常用的运算符，同一类别中的运算符的优先级相同。

**表 2-13　运算符优先级**

| 类别 | 运算符 |
|---|---|
| 基本运算符 | () |
| 一元运算符 | +（正）、-（负）、!、++、-- |
| 乘除运算符 | *、/、% |
| 加减运算符 | +、- |
| 关系运算符 | <、>、<=、>= |
| 关系运算符 | ==、!= |
| 条件与 | && |
| 条件或 | \|\| |
| 条件运算符 | ?: |
| 赋值运算符 | =、+=、-=、*=、/=、%=、&=、\|= |

例如：

```
bool x;
x=(2+6)*4>30&&"ABC"=="A"+"CB";
```

执行上述语句后，变量 x 的值为 false。

运算过程如下：

① 先计算(2+6)，得到结果 8，然后计算 8*4，得到结果 32。

② 再计算"A"+"CB"得到结果"ACB"。

③ 再计算 32>30 的结果 true，"ABC"=="ACB"的结果 false。

④ 再计算 true&&false 的结果 false。

⑤ 最后计算 x=false。

所以变量 x 的值为 false。

8．常用函数

（1）数学函数。

数学函数包含在 Math 类中，使用时应在函数名之前加上“Math”，如 Math.Sin(3.14)。VC#.NET 2017 中常用的数学函数如表 2-14 所示。

表 2-14　常用数学函数

| 函数名称 | 函数功能及参数说明 | 例子 | 结果 |
|---|---|---|---|
| Abs | 返回绝对值 | Abs(-12.8) | 12.8 |
| Sin | 返回 Double 型正弦值 | Sin(3.14) | 0 |
| Cos | 返回 Double 型余弦值 | Cos(3.14) | 1 |
| Exp | 返回 Double 类型的以 e 为底数的指数幂值 | Exp(5.47) | 237.46014294 |
| Log | 返回 Double 型对数值 | Log(5.47) | 1.699278578 |
| Round | 返回 Double 类型的最靠近指定数值的数 | Round(-12.8)<br>Round(5.47) | -13<br>5 |
| Sign | 返回 Integer 型数值，判断参数的符号 | Sign(-12.8)<br>Sign(5.47)<br>Sign(0) | -1<br>1<br>0 |
| Sqrt | 返回 Double 型开方值 | Sqrt(5.47) | 2.3388030678 |
| Tan | 返回 Double 型正切值 | Tan( 3.14) | 0 |

（2）字符处理函数。

设有如下代码：

```
string str="0123ABCabc";
```

则对字符串变量 str，常用的字符处理函数如表 2-15 所示。

表 2-15　常用字符处理函数

| 函数格式 | 函数功能及参数说明 | 结果 |
|---|---|---|
| str.ToUpper() | 把字符串转换成大写字符 | "0123ABCABC" |
| str.ToLower() | 把字符串转换成小写字符 | "0123abcabc" |
| str.Length | 返回字符串的长度 | 10 |
| str.Substring(参数 1,参数 2) | 从字符串 str 中指定位置（参数 1）开始取指定（参数 2）个字符。<br>如 str.Substring(1,5) | "123AB" |
| str.Replace("原串","新串") | 将字符串 str 中指定的原串替换为新串。<br>如 str.Replace("ABC","A") | "0123Aabc" |
| str.Remove (参数 1,参数 2) | 从字符串 str 中指定位置（参数 1）开始删除指定（参数 2）个字符。<br>如 str.Remove (1, 5) | "0Cabc" |

（3）随机数函数。

在 C#中，一般先创建一个 Random 类对象（如 rnd），然后通过调用 Next 函数产生一个随机整数。Next 方法的一般格式是 Next(m, n)，其中 m、n 为正整数，其功能是产生一个大于等于 m、小于等于 n-1 的随机整数。

## 任务驱动

### 任务一 基本控件的应用

操作任务：编写一个窗体应用程序。具体要求是：利用文本框输入用户名和密码，单击按钮，然后通过标签显示输入的用户名和密码。设计界面如图 2-1 所示，执行界面如图 2-2 所示。

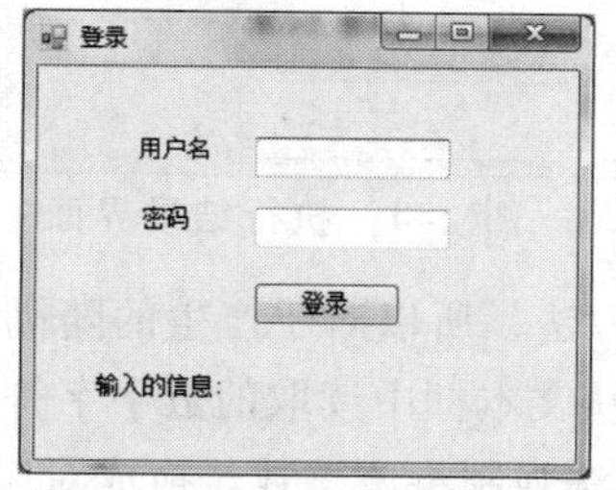


图 2-1 登录窗体设计界面

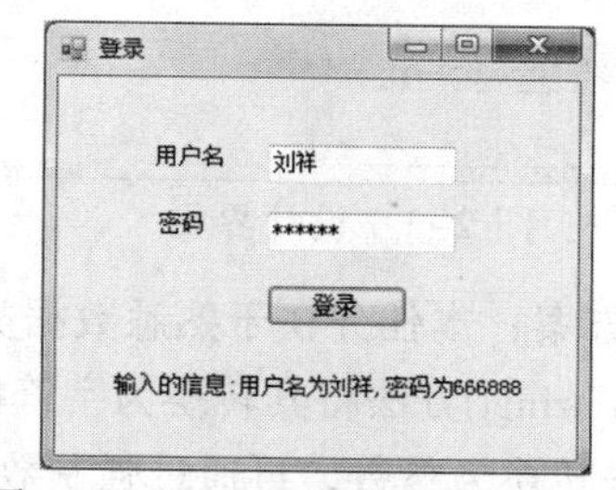


图 2-2 登录窗体执行结果界面

操作方案：通过 TextBox 控件完成文本的输入；通过 Label 控件完成信息的显示；通过 Button 控件完成相关的处理并显示处理结果。单击“登录”按钮后，执行结果如图 2-2 所示。（输入的信息：用户名为刘祥，密码为 666888。）

操作步骤：

（1）按表 2-16 所示，在项目窗体上添加控件，并把其相应属性设置好。

表 2-16 控件的属性

| 对象名 | 属性名 | 属性值 | 说明 |
|---|---|---|---|
| 窗体：登录 | Text | “登录” | 标题栏上的内容 |
| label1 | Text | “用户名” | 显示“用户名” |
| label2 | Text | “密码” | 显示“密码” |
| label3 | Text | “输入的信息:” | 显示“输入的信息:” |
| textBox1 | Text | “” | 输入用户名 |
| textBox2 | Text | “” | 输入密码 |
| textBox2 | PasswordChar | “*” | 设置成回显星号 |
| button1 | Text | “登录” | 提取输入的信息并显示 |

（2）在“登录”按钮的 Click 事件中添加代码如下：

```
private void button1_Click(object sender, EventArgs e)
{
    string name,pwd;
    name=textBox1.Text;
    pwd=textBox2.Text;
    label3.Text="输入的信息: "+"用户名为"+name+",密码为"+pwd;
}
```

## 任务二　数据类型转换

操作任务：编写一个窗体应用程序。具体要求是：在文本框中显示一个 65～122 之间的随机整数，然后在另一个文本框中显示其对应的字符。设计界面如图 2-3 所示，执行界面如图 2-4 所示。

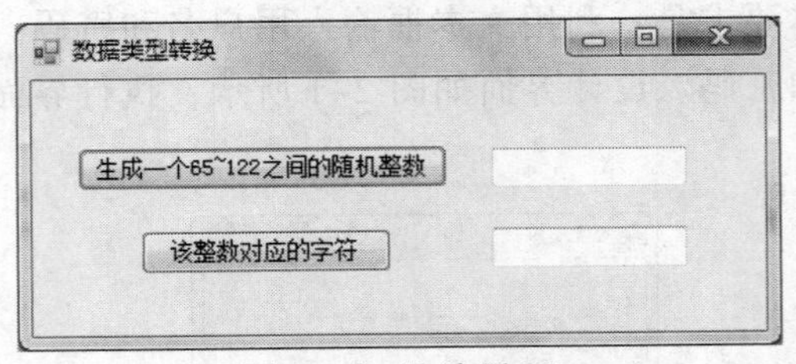


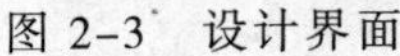
图 2-3　设计界面

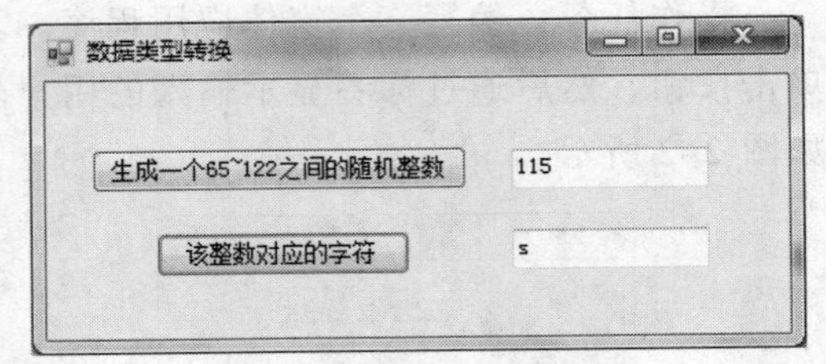


图 2-4　执行结果界面

操作方案：本任务在于熟悉数据类型的各种转换方法，所以对于产生的随机整数，首先通过 ToString()方法将其转换为字符串型，然后对于从文本框中读取的数字字符串，通过 Parse()方法转换为整数，再通过强制数据类型转换的方法强制将该整数转换成对应的字符，最后通过 Convert 类的 ToString()方法将字符转换成字符串。本任务中设计了两个按钮分别用于产生随机整数和进行类型转换，并设计了两个文本框用于显示相关信息。

操作步骤：

（1）按表 2-17 所示，在项目窗体上添加控件，并把其相应属性设置好。

表 2-17　控件的属性

| 对象名 | 属性名 | 属性值 | 说　明 |
|---|---|---|---|
| 窗体：数据类型转换 | Text | “数据类型转换” | 标题栏上的内容 |
| textBox1 | Text | “” | 显示一个 65～122 之间的随机整数 |
| textBox2 | Text | “” | 显示字符 |
| button1 | Text | “生成一个 65～122 之间的随机整数” | 生成随机整数 |
| button2 | Text | “该整数对应的字符” | 数据类型转换，并显示结果 |

（2）在“生成一个 65～122 之间的随机整数”按钮的 Click 事件中添加代码如下：

```
private void button1_Click(object sender, EventArgs e)
{
    Random rnd=new Random();     //声明并创建一个 Random 类对象 rnd
    int n=rnd.Next(65,123);      //通过 Random 类的 Next 方法产生一个随机
整数，Next 方法的一般格式是 Next(m, n)，其中 m、n 为正整数，其功能是产生一个大于等于
m，小于等于 n-1 的随机整数
    textBox1.Text = n.ToString();//通过 ToString 方法整数 n 转换为字符串，
并通过文本框 textBox1 显示出来
}
```

（3）在“该整数对应的字符”按钮的 Click 事件中添加代码。程序代码如下：

```
private void button2_Click(object sender, EventArgs e)
{
```

```
        int n=int.Parse(textBox1.Text);              //利用 Parse()方法将文本框 textBox1 中输入的数字字符串转化整型，并赋值给变量 n
        textBox2.Text=Convert.ToString((char)n);    //先将 n 强制转换为字符型，再通过 Convert 类的 ToString 方法将字符型转换成字符串，然后通过文本框 textBox2 显示出来
    }
```

## 任务三　变量与常量的应用

操作任务：编写一个计算圆面积的程序。具体要求是：用户输入圆的半径，计算并显示该圆的面积。设计界面如图 2-5 所示，执行界面如图 2-6 所示。

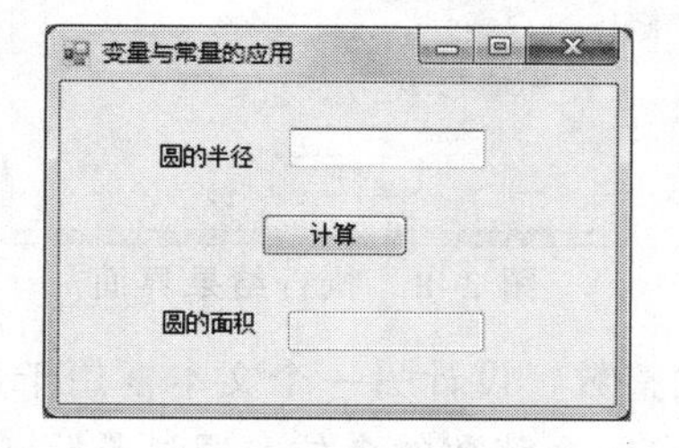


图 2-5　初始设计界面

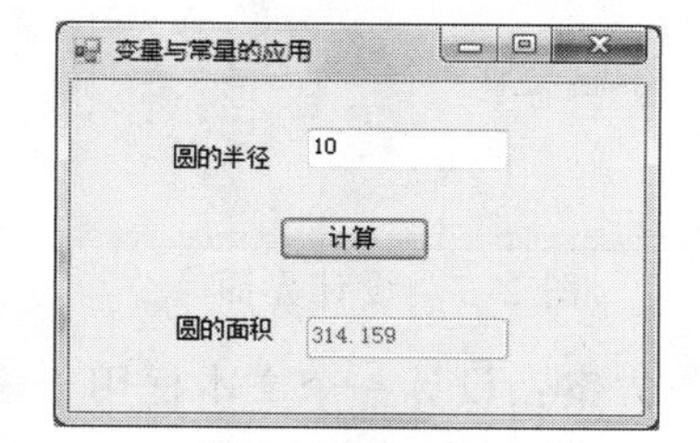


图 2-6　计算圆面积执行结果界面

操作方案：本任务在于熟悉常量、变量的定义与使用。于是为圆周率定义一个符号常量 PI，同时定义两个 double 类型的变量 r 和 area，分别用于存放圆的半径和圆的面积。在界面设计时，设计两个文本框，一个用于输入圆半径，另一个用于显示圆面积，并将后者的 Enabled 属性设置为 false；设计一个按钮用于数据处理。

操作步骤：

（1）按表 2-18 所示，在项目窗体上添加控件（标签控件省略），并把其相应属性设置好。

表 2-18　控件的属性

| 对象名 | 属性名 | 属性值 | 说　明 |
|---|---|---|---|
| 窗体：变量与常量的应用 | Text | “变量与常量的应用” | 标题栏上的内容 |
| textBox1 | Text | “” | 输入圆半径 |
| textBox2 | Text | “” | 显示圆面积 |
| textBox2 | Enabled | False | 设置成只能输出不能输入 |
| button1 | Text | “计算” | 计算圆面积，并显示结果 |

（2）在“计算”按钮的 Click 事件中添加代码。程序代码如下：

```
    private void button1_Click(object sender, EventArgs e)
    {
        const double PI=3.14159;  //定义符号常量 PI，其类型为 double 型，值为 3.14159
        double r, area;             //定义 double 型变量 r 和 area
        r=Convert.ToDouble(textBox1.Text);    //利用 Convert 的 ToDouble 方法将文本框 textBox1 中输入的数字字符串转化为 double 型，并赋值给变量 r
        area=PI*r*r;                //计算圆的面积并赋值给变量 area
```

```
    textBox2.Text=area.ToString();    //利用 ToString 将 area 的值转换为字符串，并通过文本框 textBox2 显示出来
}
```

## 任务四　求一个四位整数的各个位数之和

操作任务：编写一个窗体应用程序。计算并输出一个四位整数的各个数位之和。设计界面如图 2-7 所示，执行界面如图 2-8 所示。

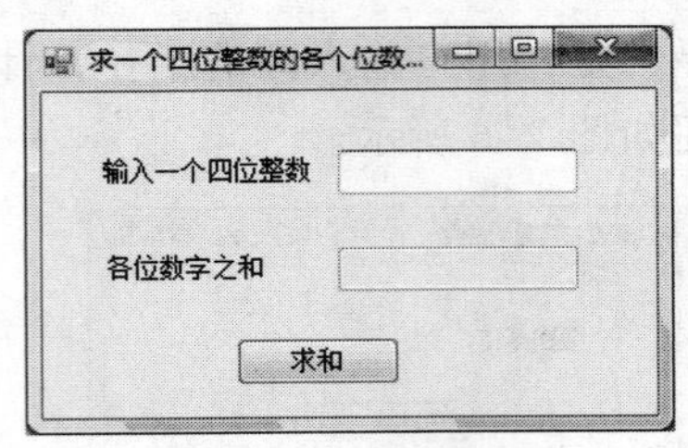


图 2-7　设计界面

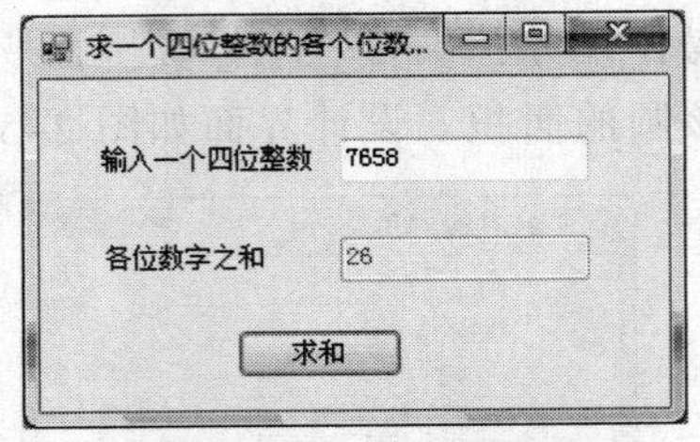


图 2-8　执行结果界面

操作方案：设计一个文本框用于输入一个四位整数，设计另一个文本框用于显示计算结果，且 Enabled 属性为 False。通过模 10 来求出一个整数的个位，通过整除 10 来不断地缩小一个整数（依次将一个四位整数降为一个三位整数、一个两位整数等）。设置一个整型变量 sum 来依次累加个位、十位、百位和千位。

操作步骤：

（1）按表 2-19 所示，在项目窗体上添加控件（标签控件省略），并把其相应属性设置好。

表 2-19　控件的属性

| 对象名 | 属性名 | 属性值 | 说　明 |
|---|---|---|---|
| 窗体：变量与常量的应用 | Text | “求一个四位整数的各个位数之和” | 标题栏上的内容 |
| textBox1 | Text | “” | 输入一个四位整数 |
| textBox2 | Text | “” | 用于显示结果 |
| textBox2 | Enabled | False | 设置成只能输出不能输入 |
| button1 | Text | “求和” | 计算各数位之和，并显示结果 |

（2）在“计算”按钮的 Click 事件中添加代码如下：

```
private void button1_Click(object sender, EventArgs e)
{
     int n,sum=0;
     n=int.Parse(textBox1.Text);
     sum=sum+n%10;              //累加个位
     n=n/10;                    //保留千位、百位、十位
     sum=sum+n%10;              //累加十位
     n=n/10;                    //保留千位、百位
     sum=sum+n%10;              //累加百位
     sum=sum+n/10;              //累加千位
     textBox2.Text=sum.ToString();
}
```

## 任务五　判断闰年

操作任务：编写一个窗体应用程序。输入一个年份×××，若是闰年则输出“×××是闰年”，否则输出“×××不是闰年”，如图 2-9、图 2-10 所示。

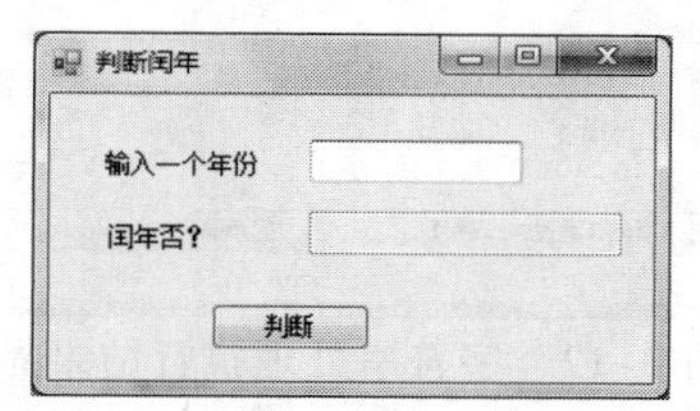


图 2-9　判断闰年设计界面

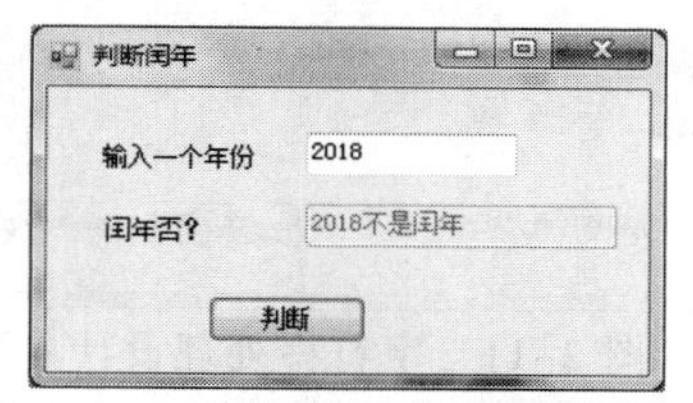


图 2-10　判断闰年执行结果界面

操作方案：一个年份若能被 4 整除但不能被 100 整除或者能被 400 整除，则是闰年否则不是闰年。于是引入逻辑变量 c1、c2 来分别记录这两种情况，这样可以通过条件运算符来得出结论。具体处理情况参见操作步骤。

操作步骤：

（1）按表 2-20 所示，在项目窗体上添加控件（标签控件省略），并把其相应属性设置好。

表 2-20　控件的属性

| 对象名 | 属性名 | 属性值 | 说　明 |
|---|---|---|---|
| 窗体：判断闰年 | Text | “判断闰年” | 标题栏上的内容 |
| textBox1 | Text | “” | 输入一个年份 |
| textBox2 | Text | “” | 用于显示闰年情况 |
| textBox2 | Enabled | False | 设置成只能输出不能输入 |
| button1 | Text | “判断” | 判断是否是闰年并显示结果 |

（2）在“判断”按钮的 Click 事件中添加代码如下：

```
private void button1_Click(object sender, EventArgs e)
{
      int year;
      bool c1,c2;
      string str;
      year=int.Parse(textBox1.Text);
      c1=year%4==0&&year%100!=0;
      c2=year%400==0;
      str=c1||c2?year+"是闰年": year+"不是闰年";
      textBox2.Text=str;
}
```

## 任务六　字符串处理

操作任务：编写一个窗体应用程序，如图 2-11、图 2-12 所示，上半部分求字符串连接，下半部分求字符串子串。

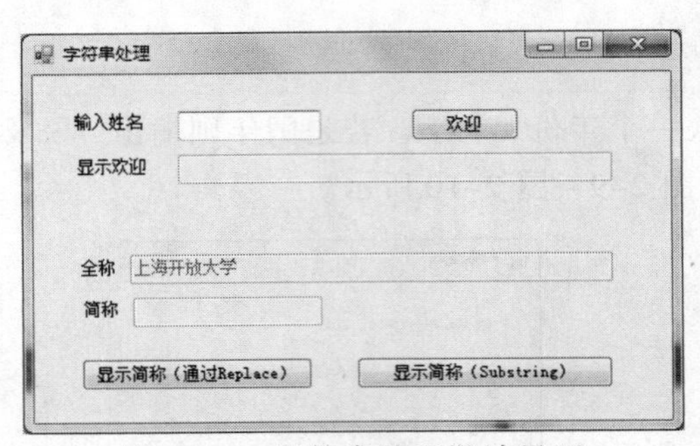


图 2-11　字符串处理设计界面

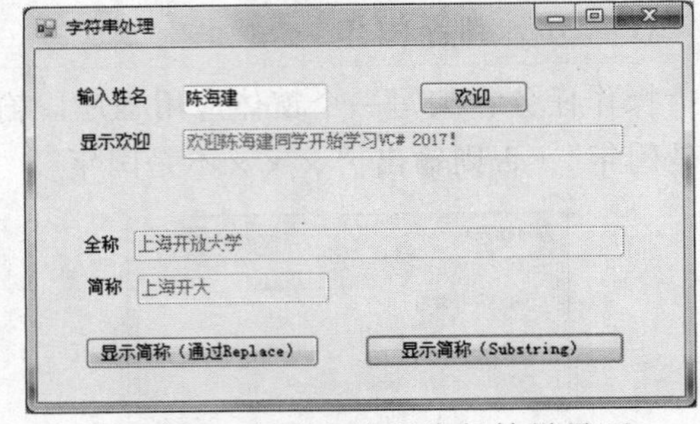


图 2-12　字符串处理执行结果界面

操作方案：字符串处理最重要的是字符串连接和取子串。上半部分是字符串常量和字符串变量连接，通过运算符“+”完成。下半部分取字符串的一部分，可通过 Replace 或 Substring 实现。

操作步骤：

（1）按表 2-21 所示，在项目窗体上添加控件（标签控件省略），并把其相应属性设置好。

表 2-21　控件的属性

| 对象名 | 属性名 | 属性值 | 说　明 |
|---|---|---|---|
| 窗体：字符串处理 | Text | “字符串处理” | 标题栏上的内容 |
| textBox1 | Text | “” | 输入一个姓名 |
| textBox2 | Text | “” | 用于显示欢迎词 |
| textBox2 | Enabled | False | 设置成只能输出不能输入 |
| textBox3 | Text | “上海开放大学” | 用于显示全称 |
| textBox3 | Enabled | False | 设置成只能输出不能输入 |
| textBox4 | Text | “” | 用于显示简称 |
| textBox4 | Enabled | False | 设置成只能输出不能输入 |
| button1 | Text | “欢迎” | 字符串连接并显示结果 |
| button2 | Text | “显示简称（通过 Replace）” | 求字符串子串并显示结果 |
| button3 | Text | “显示简称（通过 Substring）” | 求字符串子串并显示结果 |

（2）在“欢迎”按钮的 Click 事件中添加代码如下：

```
private void button1_Click(object sender, EventArgs e)
{
    string name;
    name=textBox1.Text;
    textBox2.Text="欢迎"+name+"同学开始学习 VC# 2017! ";
}
```

（3）在“显示简称（通过 Replace）”按钮的 Click 事件中添加代码。程序代码如下：

```
private void button2_Click(object sender, EventArgs e)
{
     string FullName,SimpleName;
     FullName=textBox3.Text;
```

```
        SimpleName=FullName.Replace("放","");
        SimpleName=SimpleName.Replace("学","");
        textBox4.Text=SimpleName;
    }
```

（4）在“显示简称（通过 Substring）”按钮的 Click 事件中添加代码。程序代码如下：

```
private void button3_Click(object sender, EventArgs e)
{
        string FullName, SimpleName;
        FullName=textBox3.Text;
        SimpleName=FullName.Substring(0,3)+FullName.Substring(4,1);
        textBox4.Text=SimpleName;
}
```

## 实践提高

### 实践一　文本复制

实践操作：设计一个窗体应用程序，界面如图 2-13 所示，在第一个文本框中输入文本，单击“复制”按钮，可以将第一个文本框中的内容全部复制到下面第二个文本框中；单击“清除”按钮，则将二个文本框中的内容全部清除；单击“退出”按钮，则退出系统。（注意：第二个文本框是不能输入文本的。）

操作步骤（主要源程序）：

### 实践二　求圆的直径

实践操作：输入圆的面积，求圆的直径，界面如图 2-14 所示。通常计算圆面积的公式：$S=\pi \times R^2$（其中 R 是半径）如何推导出直径 D，这是解决本题的核心问题。

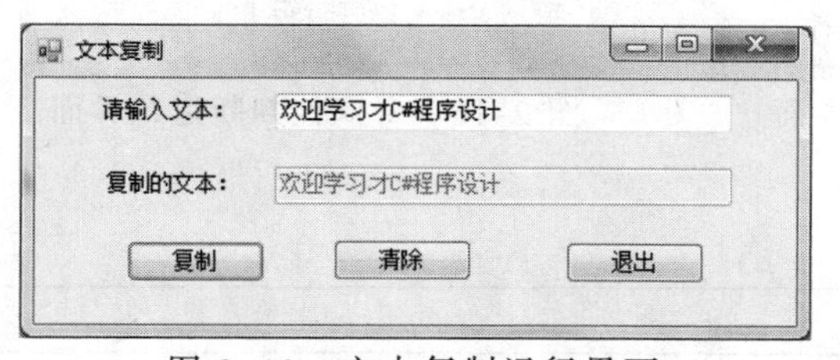

图 2-13　文本复制运行界面

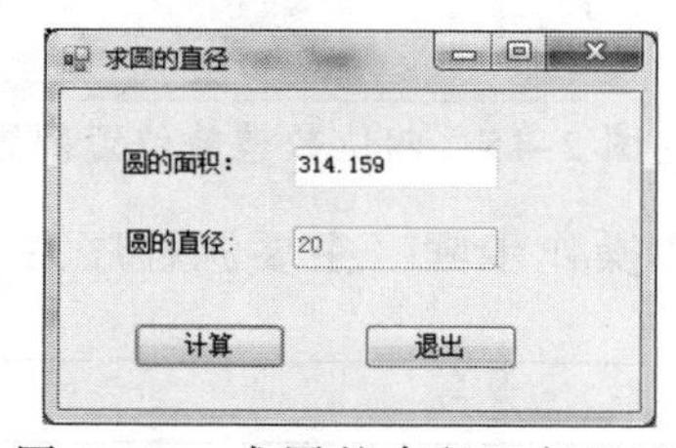

图 2-14　求圆的直径运行界面

操作步骤（主要源程序）：

## 实践三　四位整数数位倒置（3 种方法）

实践操作：将一个四位整数的个、十、百、千位进行倒置，如输入 8521，则显示 1258。要求采用 3 种方法来完成。界面如图 2-15 所示。

操作步骤（主要源程序）：

## 实践四　奇偶性判断

实践操作：任意输入正整数 n，若它是偶数，则输出“n 是偶数”，否则输出“n 是奇数”。界面如图 2-16 所示。

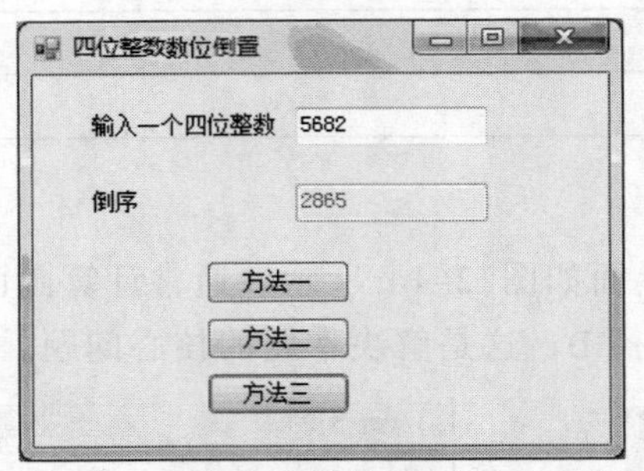


图 2-15　四位数整数位置倒置运行界面

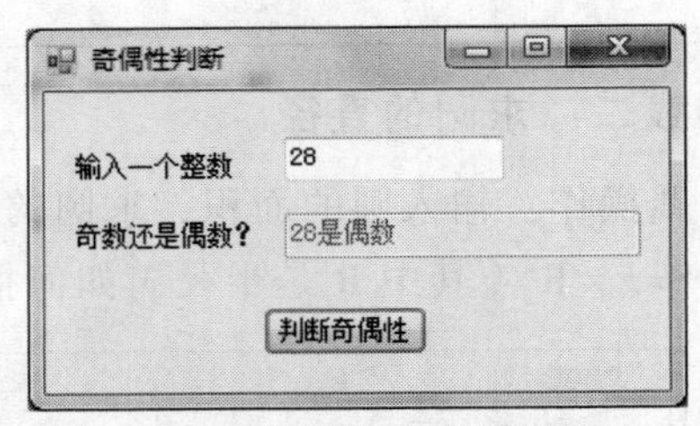


图 2-16　奇偶性判断运行界面

操作步骤（主要源程序）：

### 实践 5：子字符串截取

实践操作：任意输入一行字符串（字符个数不少于 2 个），截取其最后 2 个字符并显示出来。界面如图 2-17 所示。

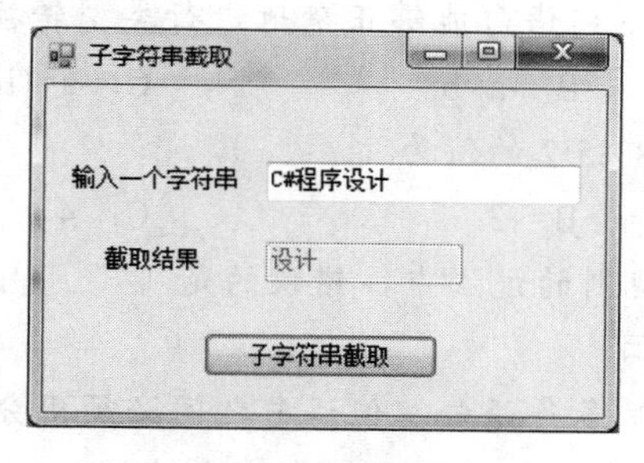


图 2-17　子字符串截取运行界面

操作步骤（主要源程序）：

## 理论巩固

### 一、选择题

1. 对于窗体，可改变窗体的边框性质的属性是（　　）。

   A. MaximizeBox　　B. FormBorderStyle　　C. Name　　D. ControlBox

2. 若要使标签控件显示时不覆盖窗体的背景图案，要对（　　）属性进行设置。

   A. BackColor　　B. BorderStyle　　C. ForeColor　　D. Image

3. 要使文本框中的文字不能被修改（可选中文本），应对（　　）属性进行设置。

   A. Locked　　B. Visible　　C. Enabled　　D. ReadOnly

4. 若要使命令按钮不可操作，要对（　　）属性进行设置。

   A. Enabled　　B. Visible　　C. BackColor　　D. Text

5. 下面属于合法的变量名的是（　　）。

   A. X_yz　　B. 123abc　　C. Integer　　D. X-Y

6. 已知 a=12，b=20，复合赋值语句 “a*=b+10” 执行后，a 变量中的值是（　　）。

   A. 50　　B. 250　　C. 30　　D. 360

7. 数学关系式 3≤x<10 表示成正确的 C#表示式是（　　）。

   A. 3<=x<10　　B. 3<=x and x<10

C. x>=3 or x<10　　　　　　　　D. 3<=x and <10

8. 在C#中，无须编写任何代码就能将int型数值转换成double型数值，称为(　　)。

A. 显式转换　　B. 隐式转换　　C. 变换　　D. 强制转换

9. 定义double a;int b;下列语句能够正确地进行类型转换的是（　　）。

A. a=(decimal)b;　　B. a=b;　　C. a=(int)b;　　D. b=a;

10. 表达式12/4-2+5*8%5/2的值为（　　）。

A. 1　　B. 3　　C. 4　　D. 10

11. 下列关于C#语法规则的说法中，错误的是（　　）。

A. 字母区分大小写

B. 同一行可以书写多条语句，但语句之间必须用分号分隔

C. //可用于注释语句且被注释的语句不会被编译

D. 变量在使用之前必须先声明，一旦声明后，就具有初始值

12. 在C#中，执行下列语句后，整型变量x和y的值是（　　）。

```
int x=100;
int y=++x;"
```

A. x=100　y=100　　　　B. x=101　y=100

C. x=100　y=101　　　　D. x=101　y=101

13. 设有int m=10,n=5,max;则执行语句“max=(m>=n?++m:n++);”后，m,n,max的值分别为（　　）。

A. 11,6,10　　B. 11,5,10　　C. 11,6,11　　D. 11,5,11

14. 阅读下面的程序，程序的运行结果为（　　）。

```
int x=3,y=4,z=5;
string s="xyz";
label1.Text=s+x+y+z;
```

A. xyz12　　B. xyz345　　C. xyzxyz　　D. 12xyz

15. 在C#中，下面有关变量定义的几个说法中，正确的是（　　）。

A. 变量可以不定义直接使用

B. 一个说明语句只能定义一个变量

C. 几个不同类型的变量可在同一语句中定义

D. 变量可以在定义时进行初始化

## 二、填空题

1. 加载窗体时触发的事件是________。

2. 要使文本框中的内容最多只能输入20个字符，应设置文本框的________属性。

3. 符号常量通过关键字________定义。

4. 表示x是5的倍数或是9的倍数的逻辑表达式为________。

5. 设int m,n=15;则执行语句m=n+++5后，变量m的值为________。

## 三、程序阅读题

1. 现有一个简单的应用程序，其运行界面如图2-18所示，且“确定”按钮的Click事件代码如下。试写出单击“确定”按钮后的执行结果。

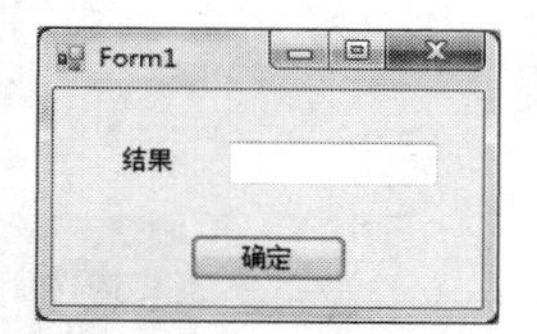

图 2-18　运行界面

```
private void button1_Click(object sender, EventArgs e)
{
      double d=12.96;
      int n=(int)(d+0.5);
      textBox1.Text=n.ToString();
 }
```

2. 现有一个简单的应用程序，其运行界面如图 2-18 所示，且“确定”按钮的 Click 事件代码如下。试写出单击“确定”按钮后的执行结果。

```
private void button1_Click(object sender, EventArgs e)
{
     int m=0,n=658;
     m=(n%10*10+n/10%10)*10+n/100;
     textBox1.Text=m.ToString();
}
```

3.现有一个简单的应用程序，其运行界面如图 2-18 所示，且“确定”按钮的 Click 事件代码如下。试写出单击“确定”按钮后的执行结果。

```
private void button1_Click(object sender, EventArgs e)
{
      int n=968,m=2;
      string s1="",s2=n.ToString();
      s1+=s2.Substring(m,1); m--;
      s1+=s2.Substring(m,1); m--;
      s1+=s2.Substring(m,1);
      textBox1.Text=s1;
}
```

## 模块小结

通过本模块的学习，您学会了窗体的概念及其常用属性；标签控件、文本框控件、按钮控件的常用属性和常用方法的设置与使用；关键字与标识符的命名规范；数据类型（包括整型、浮点型、字符型、布尔型）及其关键字；数据类型转换方法（包括隐式转换和显式转换），尤其是四种显式转换；常量、变量的概念及其定义方法与使用；运算符（包括算术运算符、关系运算符、逻辑运算符、条件运算符、字符串运算符、赋值运算符等）与相应表达式的使用；系统常用函数的使用。

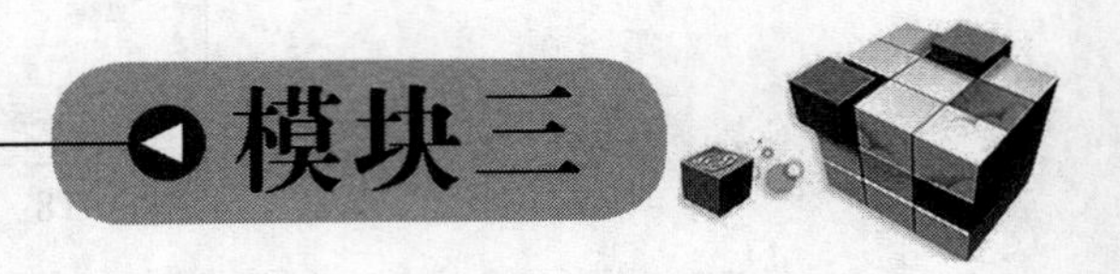


# 流程控制 »»

## 知识提纲

- 流程控制：顺序结构、选择结构和循环结构。
- 选择结构实现语句：if 语句和 switch 语句。
- 循环结构实现语句：while 语句、do...while 语句和 for 语句。
- 中断控制语句：break 语句和 continue 语句。
- 处理图像的控件和组件：PictureBox 控件和 ImageList 组件。
- 选择控件：RadioButton 控件、CheckBox 控件。

## 知识导读

### 一、流程控制结构

C#采用面向对象的程序设计思想和事件驱动机制。利用 C#开发应用程序一般包括两个方面：一是用可视化编程技术设计应用程序界面，C#的设计环境提供了各种控件和组件，能让我们轻松地搭建起应用程序图形化界面框架；二是为要解决的问题设计数据结构和算法，并利用面向对象的技术编写相应的程序代码。但在对象内部的流程控制方面，常常还是使用结构化程序设计中的 3 种基本流程控制结构（顺序结构、选择结构和循环结构，流程图如图 3-1～图 3-3 所示），作为实现流程控制代码块设计的基本方法。

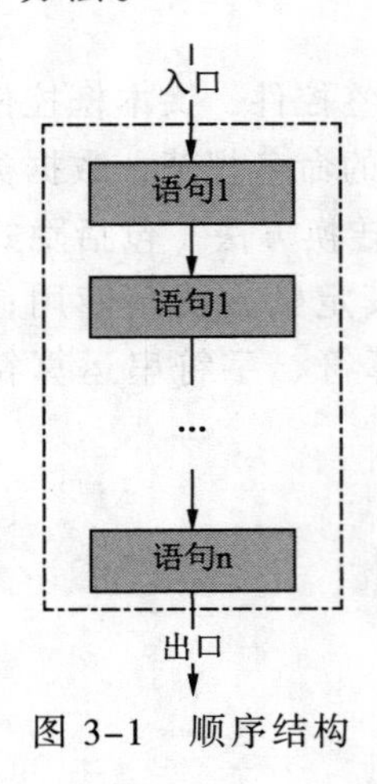


图 3-1　顺序结构

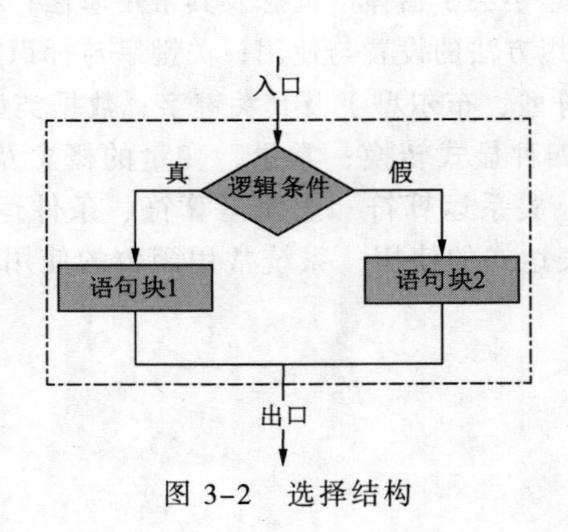


图 3-2　选择结构

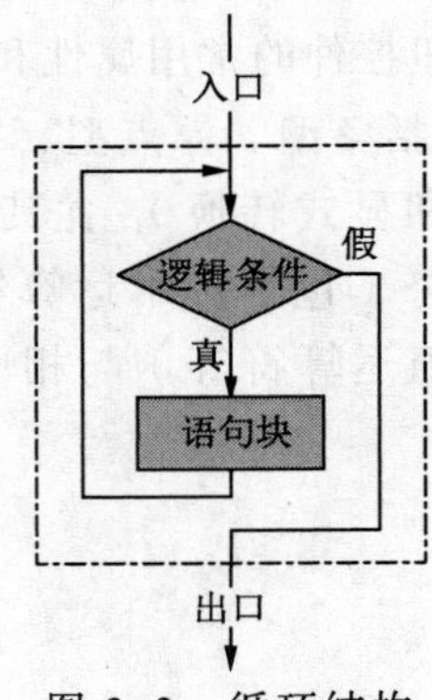


图 3-3　循环结构

流程控制结构的基本特点之一是每一种结构都只有一个入口和一个出口。任何复杂的流程控制都可以由这 3 种基本控制结构组成。

C#中用于实现流程控制结构的语句称为流程控制语句。例如，条件分支控制语句(if、switch)，循环控制语句(while、do...while、for 等)，跳转与中断控制语句(continue、break 等)。灵活使用流程控制语句，可以有效地实现功能的设计，提高编写语句的速度和程序执行的效率。

## 二、顺序结构

顺序结构是最简单、最常用的流程控制结构，执行过程中不能改变执行方向。例如：地铁按照站点的顺序行进，如图 3-4 所示，这个过程就可以看成顺序结构。

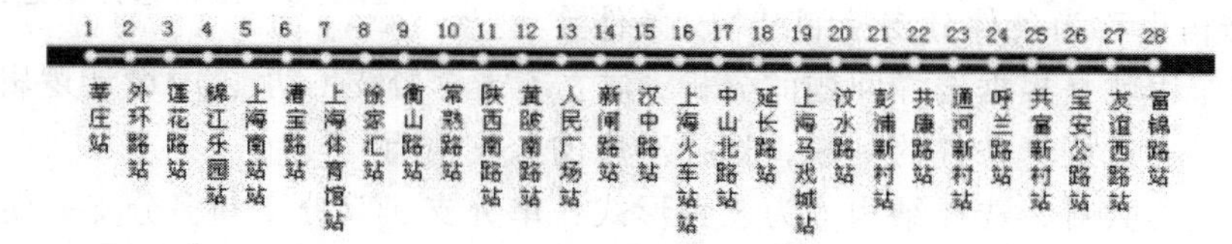


图 3-4　生活中的顺序结构

而程序中的顺序结构就是程序的语句按照书写的顺序，从上往下顺序执行。执行完上一条语句就自动执行下一条语句，是无条件的，不需要做任何判断。

**实例分析**

**【问题描述】**交换两个整型变量 x 和 y 的值。

**【设计思路】**进行两个数据之间的交换常用的方法是利用中间量临时保存数据。流程如图 3-5 所示。

数据交换流程（顺序执行）:

第一步：temp=数据 1。

第二步：数据 1=数据 2。

第三步：数据 2=temp。

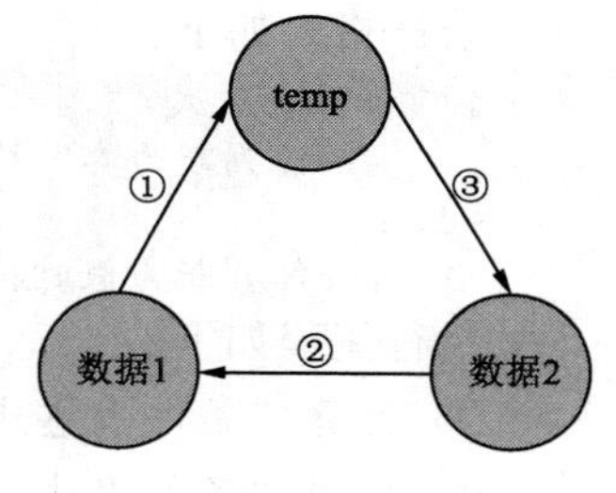


图 3-5　数据交换流程

**【代码实现】**(前面的序号表示执行顺序。)

```
1. int x,y,temp;
2. x=10;y=20;
3. temp=x;        //此时 temp 中保存 x 的值 10
4. x=y;           //x 值变为 y 的值 20
5. y=temp;        //y 值变为 temp 中保存 x 的值 10，交换完成
```

可以看出，顺序结构只是按照书写的顺序依次执行，所以顺序结构不需要流程控制语句与之对应，它可以看成是一种线性结构。

## 三、选择结构

顾名思义，选择结构就是根据条件判断，选择一种处理问题方法的流程。例如：

- 十字路口交通控制。红灯停，绿灯行（根据红绿灯判断选择）。
- 景点买票。儿童老人免票、学生半票、成人全票（根据年龄判断选择）。

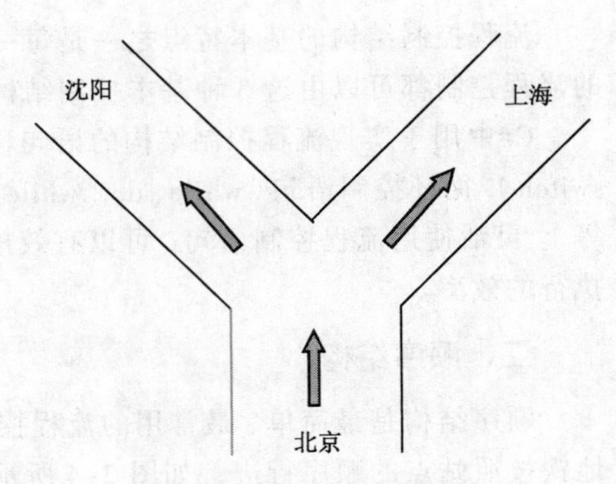

图 3-6　出行选择示意图

- 买东西付款方式的选择。如果支付宝可以领红包，那么选择支付宝支付，否则现金支付（根据红包判断选择）。
- 上课地点的选择。如果明天下雨，那么体育课在教室上课，否则到操场上课（根据天气判断选择）。

图 3-6 所示为我们日常生活中的出行选择示意图。

而程序设计中的选择结构，就是根据逻辑条件判断的结果，选择要执行的程序代码（分支）。选择结构也称为条件分支控制结构。条件分支控制的作用就是根据选择问题的分析，建立若干个分支（功能），设计逻辑条件与分支进行关联，通过逻辑条件的判断，选择对应的分支执行。

根据分支的数目，选择结构分为三种形式：单分支、双分支和多分支。使用 if 语句或 switch 语句实现。

**1. 选择结构——双分支**

双分支选择结构有两个分支（处理过程），根据逻辑条件判断的结果（真或假）实现二选一的处理操作，流程如图 3-7 所示。

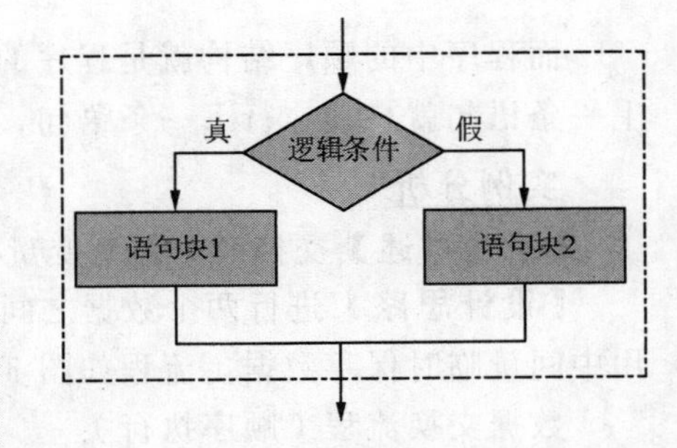

图 3-7　双分支选择结构流程图

语法格式如下：

```
if(条件表达式)
    {条件判断为真时执行的语句块 1}
else
    {条件判断为假时执行的语句块 2}
```

执行流程如下：

① 计算“条件表达式”的值（true 或 false）。

② 如果“条件表达式”的值为 true（真）；
　　那么，执行“语句块 1”中的语句；
　　否则，执行“语句块 2”中的语句。

说明：

① 条件表达式是一个布尔类型的表达式，可以是布尔变量、关系表达式、逻辑表达式等。

② “语句块”可以是单语句或复合语句。如果是单语句，大括号可以省略。

**实例分析**

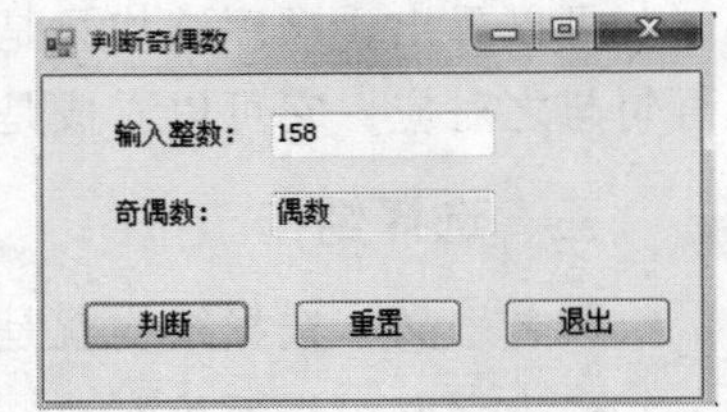

图 3-8　判断奇偶数运行界面

**【问题描述】**判断一个整数是奇数还是偶数。实例运行界面如图 3-8 所示。

**【设计思路】**利用求余数的方法判断一个整数是奇数还是偶数。一个整数除以 2 的余数如果为 0，则该整数是偶数；余数如果为 1，则该整数是奇数。使用 if...else 语句实现。

**【代码实现】**（部分）

```
//判断输入的整数是奇数还是偶数
if(number%2==0)
   show="偶数";
else
   show="奇数";
this.textBox2.Text=show;     //判断结果显示
```

**2. 选择结构——单分支**

单分支选择结构和双分支选择结构一样，也有两个分支，根据逻辑条件判断的结果（真或假）实现二选一的处理操作。但单分支选择结构只有一个分支有需要处理的功能模块，即如果逻辑条件判断为真，就执行对应分支内的语句代码；如果逻辑条件判断为假，对应的分支为空，什么都不做（没有需要执行的语句代码），继续执行下面的语句序列。

单分支选择结构实际上是双分支选择结构的一种特例，从本质上看就是双分支结构，流程如图 3-9 所示。

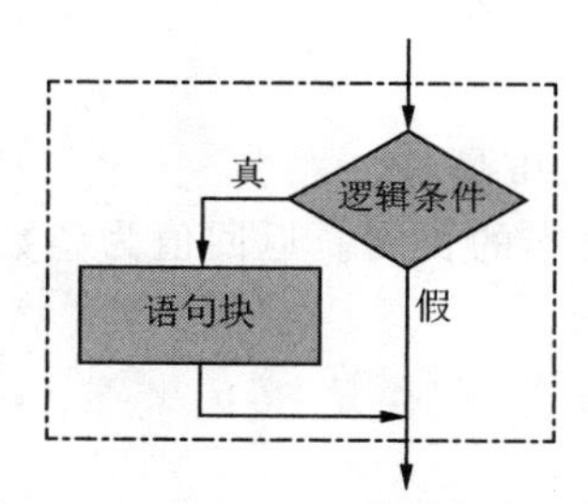


图 3-9 单分支选择结构流程图

语法格式如下：

```
if(条件表达式)
    { 条件判断为真执行的语句块 }
```

执行流程如下：

① 计算“条件表达式”的值（True 或 False）。

② 如果，“条件表达式”的值为 True（真）；

那么，执行“语句块”中的语句；

否则，没有语句执行（直接执行 if 后的语句序列）。

说明：

① 条件表达式是一个布尔类型的表达式，可以是布尔变量、关系表达式、逻辑表达式等。

②“语句块”可以是单语句或复合语句。如果是单语句，大括号可以省略。

③ 当逻辑条件判断为假，对应的分支为空，没有需要执行的语句代码，所以不需要 else 子句。

**实例分析**

**【问题描述】** 输入三个字符串，求最长的字符串及长度。实例初始界面及运行效果如图 3-10、图 3-11 所示。

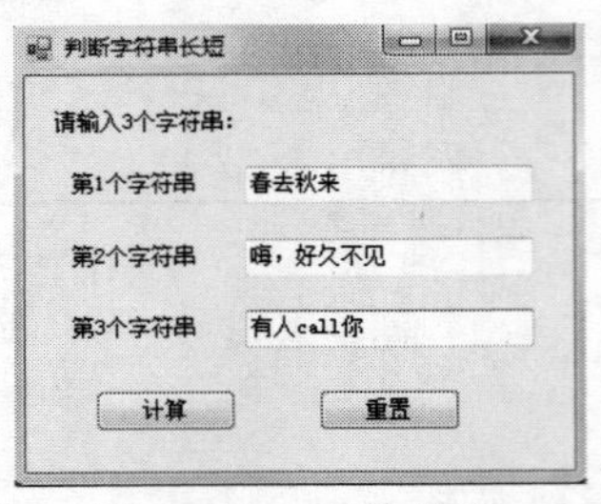


图 3-10　初始界面

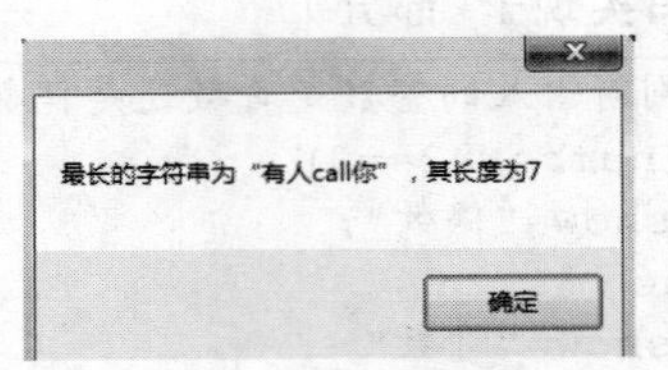


图 3-11 运行效果

**【设计思路】**多个数据间求最大值或最小值一般采用两两比较的方法。（以求最大值为例。）

① 设定一个临时变量 max。

② 第 1 个数据和第 2 个数据比较大小，将最大值临时保存在 max 变量中。

③ 将第 3 个数据和 max 比较大小，将最大值保存在 max 变量中。

④ 以此类推，直到最后一个数据比较结束。

该过程需要使用多个 if 语句实现。

**【要点】**

（1）TextBox 控件的 TextLength 属性。

功能：用于获取文本框中文本的长度。返回值为整数。

语法格式如下：

```
文本框对象名.TextLength
```

例如：

```
int len;
this.textBox1.Text="有人 call 你";
len=this.textBox1.TextLength;
```

len 的值为 7。

（2）消息框。

消息框是一个预定义的对话框，用于向用户显示与应用程序相关的信息。消息框只能通过代码访问，调用 MessageBox 类的静态方法 Show( )。

语法基本格式如下：

```
MessageBox.Show(参数列表)
```

说明：参数列表可以设定消息框中各种设置。

例如：

```
MessageBox.Show("欢迎大家学习 C#.NET! ");
```

图 3-12　消息框

消息框如图 3-12 所示。

**【代码实现】**（部分）

```
//声明存储字符串长度的三个整型变量 str1,str2,str3
int str1,str2,str3,max;          //max 变量存储最长字符串的长度
string maxstr;                   //maxstr 变量存储最长字符串内容
str1=this.textBox1.TextLength;    //求第 1 个字符串长度
str2=this.textBox2.TextLength;    //求第 2 个字符串长度
str3=this.textBox3.TextLength;    //求第 3 个字符串长度
```

```
//假设第 1 个字符串最长
max=str1; maxstr=this.textBox1.Text;
//和第 2 个字符串比较
if(str2>max)
{ max=str2; maxstr=this.textBox2.Text; }
//和第 3 个字符串比较
if(str3>max)
{ max=str3; maxstr=this.textBox3.Text; }
MessageBox.Show("最长的字符串为“"+maxstr+"”，其长度为"+max.ToString());
```

### 3. 选择结构—多分支

不管是单分支还是双分支，只能通过两条路径（分支）实现二选一操作。如果在问题的求解过程中有三种或三种以上的情况需要通过判断后选择其一（多选一），一个单分支或双分支就无法处理了。这时就需要自顶向下进行多个关联逻辑条件的设计，每个逻辑条件判断后选择一个分支进行处理。逻辑条件判断的顺序决定了分支路径的选择。上下的逻辑条件之间有因果关系，这就是多分支选择结构的概念。

多分支选择结构可以认为是多个单分支和双分支的结合体，有嵌套 if 语句、switch 语句两种实现方法。

（1）嵌套 if 语句。

嵌套 if 语句结构就是在 if 语句中又包含一条或多条 if 语句，所以没有所谓固定的形式。问题分析的角度不同，逻辑条件的设计和分支处理就有不同的变化。但不管嵌套 if 语句结构如何变化，其本质上就是多个单分支（if）或双分支（if...else）的混合使用。

**实例分析**

**【问题描述】**通过下面的分段函数，判断 $x$ 的值，求 $y$。

$$y=\begin{cases}1 & (x>0)\\0 & (x=0)\\-1 & (x<0)\end{cases}$$

**【设计思路】**

根据题目分析，可得出图 3-13～图 3-15 所示的三个流程，以及自然语言描述的流程。

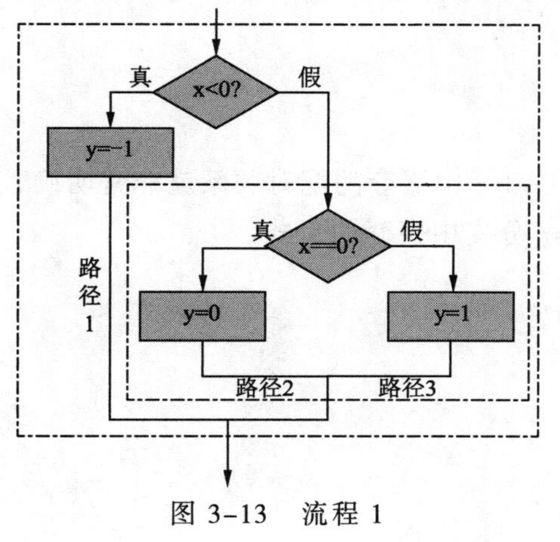

图 3-13 流程 1

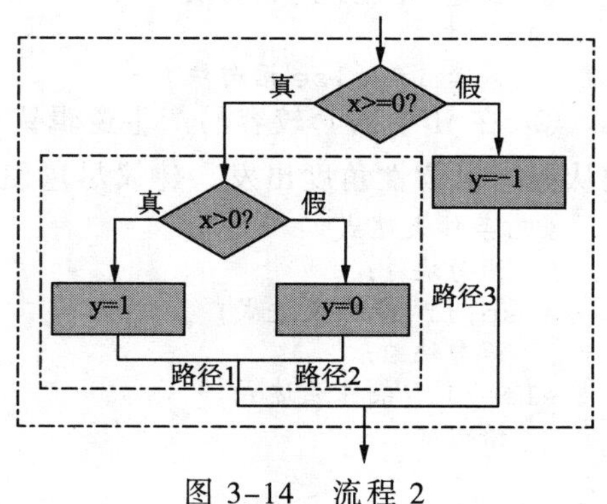

图 3-14 流程 2

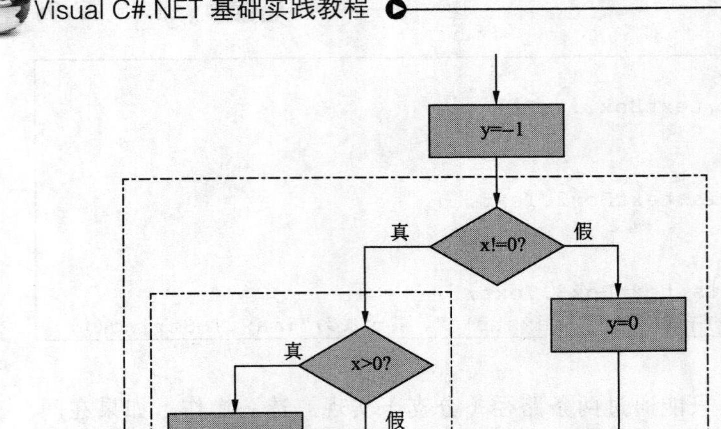


图 3-15　流程 3

如果 x>0，那么 y=1；

如果 x=0，那么 y=0；

如果 x<0，那么 y=-1；

流程 4（自然语言描述）

**【代码实现】**（部分）

| 流程 1 代码实现（部分） | 流程 2 代码实现（部分） |
|---|---|
| `if(x<0) y=-1;　　　　　//路径 1`<br>`else if(x==0) y=0;　　//路径 2`<br>`　　else y=1;　　　　　　//路径 3` | `if(x>=0)`<br>`　if(x>0) y=1;　　　//路径 1`<br>`　else y=0;　　　　　//路径 2`<br>`else y=-1;　　　　　//路径 3` |
| **流程 3 代码实现（部分）** | **流程 4 代码实现（部分）** |
| `y=-1;　　　　　　　　　//路径 2`<br>`if(x!=0)`<br>`　{if(x>0)　y=1;}　　//路径 1`<br>`else　y=0;　　　　　　//路径 3` | `if(x>0) y=1;`<br>`if(x==0) y=0;`<br>`if(x<0) y=-1;` |

**【要点】**

① if…else 语句用于解决二分支的问题，嵌套的 if 语句结构则可以解决多分支问题。

```
if(条件表达式)
  {嵌套 if…else 语句块}
else
  {嵌套 if…else 语句块}
```

② 在 if 中嵌套较容易产生逻辑错误，而在 else 中嵌套的配对关系就非常明确，因此从程序可读性角度出发，建议尽量使用在 else 分支中嵌套的形式。

```
if(条件表达式)
   语句块 1;
else if(条件表达式)
   语句块 2;
else if(条件表达式)
   语句块 3;
……
else if(条件表达式)
```

```
  语句块 n;
else 语句块 n+1;
```

③ else if 不能写成 elseif，两个关键字之间要有空格。

④ 使用嵌套 if 语句结构层次不宜太多，否则容易造成逻辑错误，可读性差。

⑤ 在嵌套的 if 语句结构中，要注意 else 和 if 的匹配关系。

if...else 的匹配规则：

- 有一个 else，在它的前面一定有一个 if 与之匹配。
- else 总是与它上面的、最近的、同一复合语句中的、未配对的 if 语句配对。

当 if 和 else 数目不同时，可以使用花括号来确定配对关系。

【思考】以上例流程 3 代码实现为例，思考一下第 2 个 if 语句块用大括号括起来和不用大括号括起来有什么区别？

| 第一种写法 | 第二种写法 |
|---|---|
| y=-1;<br>if(x!=0)<br>  {if(x>0)  y=1;}<br>else  y=0; | y=-1;<br>if(x!=0)<br>  if(x>0)  y=1;<br>else  y=0; |

（2）switch 语句

switch 语句（也称为开关语句）是专门实现多分支选择结构的一种流程控制语句，如图 3-16 所示。相对于嵌套 if 语句，在实现某些多分支选择结构时，语法更简单，程序可读性强，能处理一些复杂的条件判断。

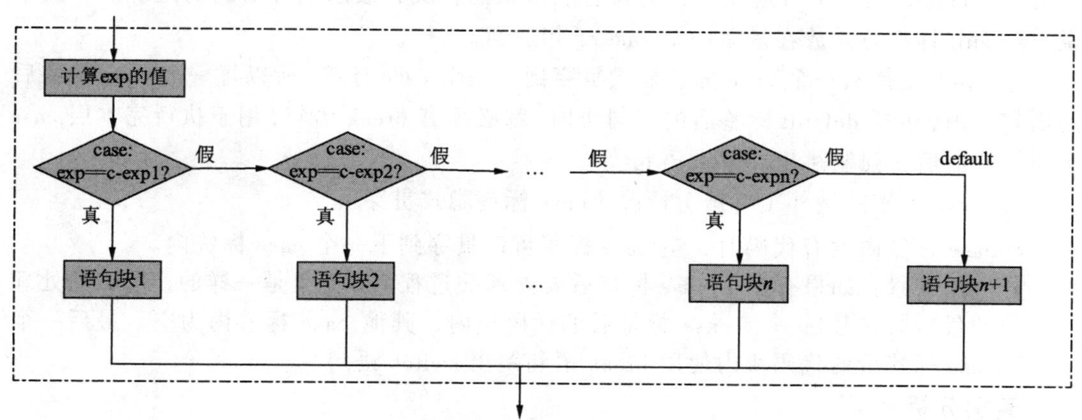


图 3-16　多分支选择结构流程图

语法格式如下：

```
switch(exp)
{
   case c-exp1:语句块 1;break;
   case c-exp2:语句块 2;break;
   case c-exp3:语句块 3;break;
   ......
   case c-expn:语句块 n;break;
   [default:语句块 n+1;break;]
}
```

- exp：控制表达式。
- case：标签（分支）入口。
- c-exp：常量表达式。
- 语句块 1，2，…，$n$+1：每一个分支执行的语句序列。
- default：例外标签入口。
- break：中断语句。
- 中括号[ ]中的语句代表可选项。

执行流程如下：

① 计算“exp”（控制表达式）的值。

② 用“exp”（控制表达式）的值自上而下按顺序逐个与 case 标签后的“c-exp”（常量表达式）的值进行匹配（判断是否相等）：

- 如果某一项匹配（“exp”的值等于“c-exp”的值），则执行对应 case 标签后的“语句块”，通过执行 break 语句跳出（中断）switch 语句。
- 如果 exp”（控制表达式）与“c-exp”（常量表达式）都不匹配（不相等），就看 switch 语句内是否有 default 标签：
  - 如果有 default 标签，则无条件执行 default 标签后的“语句块 n+1”，然后退出 switch 语句。
  - 如果没有 default 标签，则直接退出 switch 语句。

说明：

①“exp”（控制表达式）：可以是整型、字符型、字符串型或枚举类型，一般使用较多的是 int 和 string 类型。

②“exp”（控制表达式）和“c-exp”（常量表达式）的数据类型要保持一致，并且任意两个 case 标签后的“c-exp”（常量表达式）的值不能相同。

③“语句块”可以加上大括号，也可以不加大括号。

④ default 是一个可选项，具有缺省、默认的含义，表示例外情况的处理。一般来说，default 标签总是放在最后一个 case 子句后面。

⑤ C#不支持从一个 case 标签显式贯穿到下一个 case 标签，所以每一个 case 标签后的语句块内，包括 default 标签后的语句块内，都必须有 break 语句，用于执行完本层 case 子句的功能后，强制跳出 switch 语句。

⑥ case 标签的例外（特殊）情况（case 标签隐式贯穿）：

- case 标签内没有代码时，空 case 标签可以贯穿到下一个 case 标签内。
- 应用场景：如果有多个 case 标签后要处理的过程（分支）是一样的，那么把处理的代码写在最后一个 case 标签后的代码块内，其他 case 标签内为空。最后一个 case 标签后的代码块内使用 break 语句跳出 switch 语句。

实例分析

**【问题描述】**输入学生成绩，判断等级。分数段及对应等级规则如图 3-17 所示。实例运行效果如图 3-18 所示。

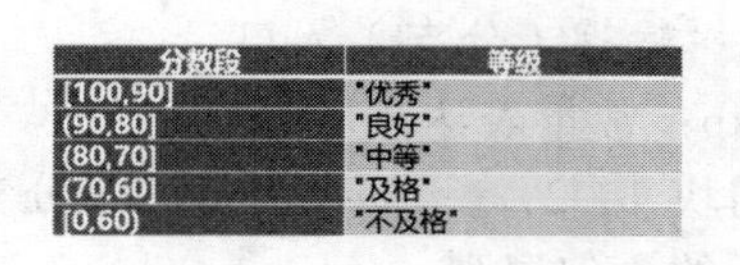

| 分数段 | 等级 |
|---|---|
| [100,90] | "优秀" |
| [90,80] | "良好" |
| [80,70] | "中等" |
| [70,60] | "及格" |
| [0,60) | "不及格" |

图 3-17　分数段及对应等级规则

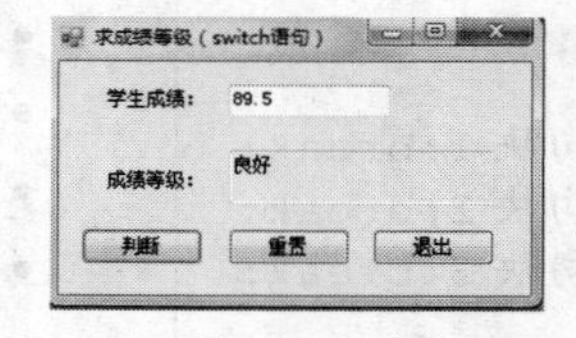


（a）　输入正确数据界面

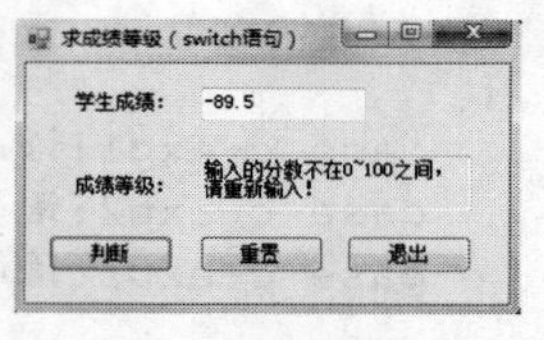


（b）输入错误数据界面

图 3-18　实例运行效果

**【设计思路】**在一个文本框内输入一个数值字符串。“判断”按钮实现判断等级功能，流程如下：

① 验证输入分数是否在0～100之间，如果超过范围，则显示错误提示信息。

② 如果验证通过，说明输入的分数合法，则根据分数段及对应等级规则求等级。

**【要点】**

① 将0～100的区间缩小到0～10区间。

方法：除10取整法。

例如：cj=69.5，(int)cj/10=6。

在“60～70以下”区间内的所有数值，通过除以10取整的方法，可以用“6”这个数字表示这个区间的所有情况。

② 利用case标签的例外情况，将相同的处理过程合并

通过缩小区间，可以发现，“90～100”区间的分数等级都是“优秀”，“0～60以下”区间的分数等级都是“不及格”。可以通过case标签隐式贯穿的方法解决相同处理过程合并的情况。

**【代码实现】**（部分）

```
double cj;                          //成绩
int score;                          //成绩区间
string dj="";                       //等级
//将数字字符串转换成数值存储
cj=double.Parse(this.textBox1.Text);
//验证文本框内输入的是否在0～100之间
if(cj<0||cj>100)
    dj="输入的分数不在0～100之间，请重新输入！";
else
{
    //判断等级
    score=(int)cj/10;
    switch (score)
    {
        case 10:
        case 9: dj="优秀"; break;
        case 8: dj="良好"; break;
        case 7: dj="中等"; break;
        case 6: dj="及格"; break;
        case 5:
        case 4:
        case 3:
        case 2:
        case 1:
        case 0: dj="不及格"; break;
    }
}
this.textBox2.Text=dj;
```

**【思考】**这个实例能否用嵌套if语句实现？请试试看。

**延伸阅读**

上面实例中的 switch 语句是常规的使用方法，case 标签后的表达式是常量表达式。控制表达式与常量表达式的匹配规则是判断是否相等。

C#对 switch 语句的语法规则增加了新特性（匹配模式），case 标签后的表达式可以匹配数据类型，并增加了 when 关键字实现条件匹配的功能。

语法格式如下：

```
switch(控制表达式)
{
   case 匹配数据 1 when 匹配逻辑条件 1:
      语句块 1;
      break;
   case 匹配数据 2 when 匹配逻辑条件 2:
      语句块 2;
      break;
   ……
   case 匹配数据 n when 匹配逻辑条件 n:
      语句块 n;
      break;
   [default:语句块 n+1;break;]
}
```

实例代码改写（部分）：

```
double cj;              //成绩
string dj="";           //等级
//将数字字符串转换成数值存储
cj=double.Parse(this.textBox1.Text);
//根据分数判断等级
switch (cj)
{
    case double data when data<=100&&data>=90:
        dj="优秀";
        break;
    case double data when data>=80&&data<90:
        dj="良好";
        break;
    case double data when data>=70&&data<80:
        dj="中等";
        break;
    case double data when data>=60&&data<70:
        dj="及格";
        break;
    case double data when data>=0&&data<60:
        dj="不及格";
        break;
    case double data when data<0||data>100:
        dj="输入的分数不在 0～100 之间，请重新输入!";
        break;
```

```
    }
    this.textBox2.Text=dj;
```

多分支选择结构小结：

多分支选择结构的实现有嵌套 if 语句和 switch 语句两种方法。C#对 switch 语句增加了新特性后，两种方法可以互相替换。在实际使用中，选择哪种方法实现要根据具体问题的分析而定。

当判断的条件较多时，使用嵌套 if 语句就会层次太多，容易造成逻辑错误，程序的可读性也将大大降低。switch 语句专门用于多分支的选择结构，能将较复杂的条件判断和分支用简单的语法实现，可读性强。而对于一些简单的判断选择，反而用 if 语句容易实现。

## 四、循环结构

顺序结构是按程序中语句的书写顺序依次执行。选择结构是根据逻辑条件的判断选择不同的分支执行。这两种结构从流程上看都是自上而下执行下来的，没有回路。

循环结构是三种流程控制结构中最难理解的一个组成部分，但也是最重要、应用最广的一种控制结构。循环结构的理解关键在“循环”这两个字上，也就是说，一个问题的求解，必须通过有限次重复执行指定的操作步骤才能得到结果。

日常生活中有很多的现象和问题处理都会用到循环的概念，例如：猜拳定输赢、输入 50 个学生的成绩、日出日落、木马旋转等。一般来说，需要通过重复操作才能解决问题的都会用到循环的概念。

程序设计中的循环结构就是根据逻辑条件判断，当条件成立时反复执行指定的程序段，直到条件不成立为止。逻辑条件称为循环条件，反复执行的程序段称为循环体。

循环结构流程图如图 3-19、图 3-20 所示。

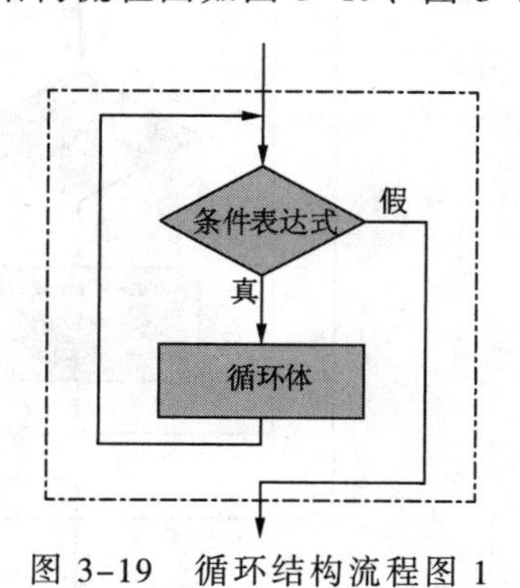


图 3-19　循环结构流程图 1

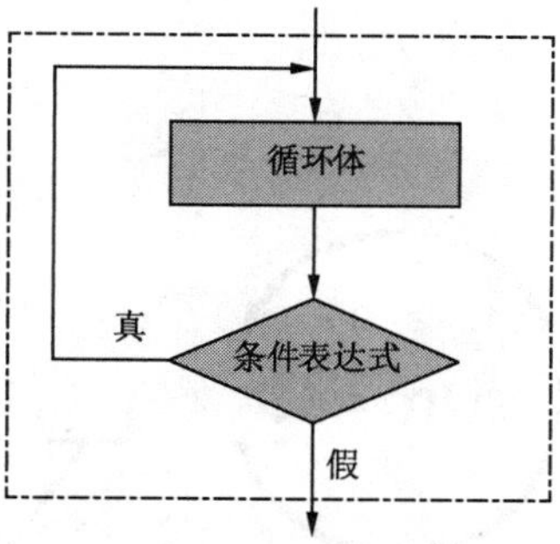

图 3-20　循环结构流程图 2

### 1. 循环结构分析与设计

利用循环结构求解问题就是将解决问题的方法步骤进行归纳，通过有限次地重复执行推导出问题解。

例如：德国著名数学家高斯，在幼年时代聪明过人，上学时，有一天老师出了一道题，让同学们计算：1 + 2 + 3 + 4 + …… + 99 + 100 = ？老师出完题后，全班同学都在埋头计算，小高斯却很快算出答案等于 5050，递推分析过程如表 3-1 所示。

表 3-1　递推过程分析

| i | j | 递推过程 | i | j | 递推过程 |
|---|---|---|---|---|---|
| 1 | 100 | s1=(1+100) | … | … | … |
| 2 | 99 | s2=s1+(2+99) | 50 | 51 | s50=s49+(50+51) |
| 3 | 98 | s3=s2+(3+98) | | | |

那么利用程序设计中循环结构的概念如何分析这个问题呢？

从上述递推求和的步骤中提取出公共的结构，把“递推求和”转化为“循环求和”，如图 3-21 所示。

从以上分析可知，1 + 2 + 3 + 4 + … + 99 + 100 问题的循环求解，就是对应的首尾数字相加步骤重复 50 次。

（1）设定计数变量 i 和 j，累加变量 sum。

（2）初始状态：i=1，j=100，sum=0。

（3）循环限定条件：i<j。

（4）循环体（重复执行的操作）：sum=sum+(i+j)。

（5）循环变量调整：i=i+1，j=j−1。

循环求和流程图如图 3-22 所示。

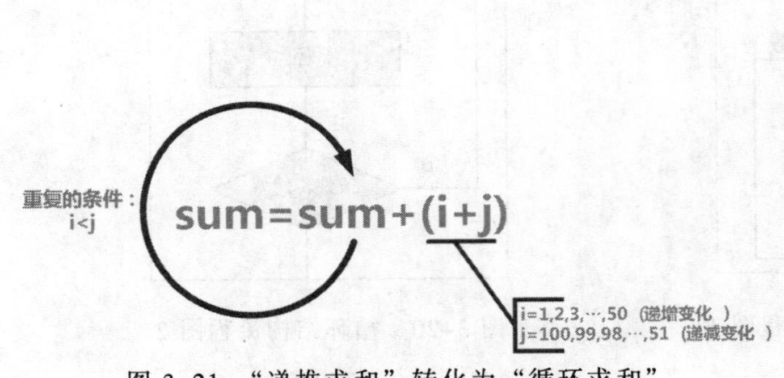


图 3-21　“递推求和”转化为“循环求和”

初始化：
i=1;j=100;sum=0
i<j
假
真
sum=sum+(i+j)
i=i+1
j=j-1

图 3-22　循环求和流程图

不管一个循环结构有多复杂，都可以从以下四个方面分析：

（1）初始状态：所有参与循环的变量在循环之前都必须有一个确定的值。

（2）循环条件：循环执行和终止的逻辑判断。

（3）循环体：重复执行的操作步骤（功能）。

（4）循环变量调整：循环状态变化的操作。

这是循环结构的四要素。

**2．循环结构的实现**

C#提供了 4 个实现循环结构的流程控制语句（while、do...while、for、foreach）。它们都能用于实现代码段的重复执行。前 3 种语句在功能上是等价的，foreach 语句专门用于数组、集合等数据结构的循环操作。本模块主要介绍 while、do...while、for 这三种循环实现语句。

选择合适的语句实现循环，能够有效地简化程序代码。

（1）while 语句。

语法格式如下：

```
while(条件表达式)
{
    循环体
}
```

while 循环流程图如图 3-23 所示。

执行流程如下：

① 计算“条件表达式”的值（True 或 False）。

② 如果，“条件表达式”的值为 True（真），那么，执行一遍“循环体”中的语句，然后转到第①步，再次判断“条件表达式”的值，按照①②①②……的流程循环执行，直到“条件表达式”判断为假(False)。否则，退出循环，结束整个 while 语句的执行。

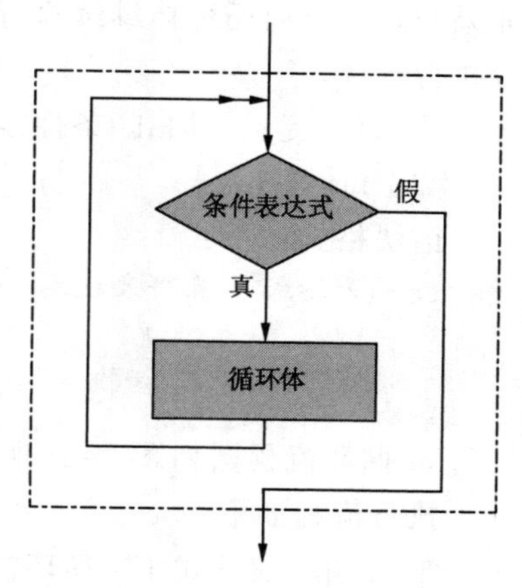

图 3-23　while 循环流程图

说明：

① 条件表达式也称为循环控制条件，是一个布尔类型的表达式，可以是布尔变量、关系表达式、逻辑表达式等，用来控制是进入循环还是退出循环，是循环的出入口。

② 循环体就是能够重复执行的语句序列。“语句块”可以是单语句或复合语句。如果是单语句，大括号可以省略。如果是空语句，分号不能省略。

③ while 语句的特点：进入循环时，先判断循环条件是否为真。如果为真，则进入循环，否则退出循环。由于是先判断后执行，所以循环体有可能一次也不执行。

（2）do...while 语句。

语法格式如下：

```
do
{
    循环体
}while(条件表达式);
```

do...while 循环流程图如图 3-24 所示。

执行流程如下：

① 无条件执行一遍“循环体”中的语句。

② 求解“条件表达式”的值（True 或 False）。

③ 如果，“条件表达式”的值为 True（真），那么，再执行一遍“循环体”中的语句，然后转到第②步，再次判断“条件表达式”的值，按照②③②③……的流程循环执行，直到“条件表达式”判断为假（False）。否则，退出循环，结束整个 do...while 语句的执行。

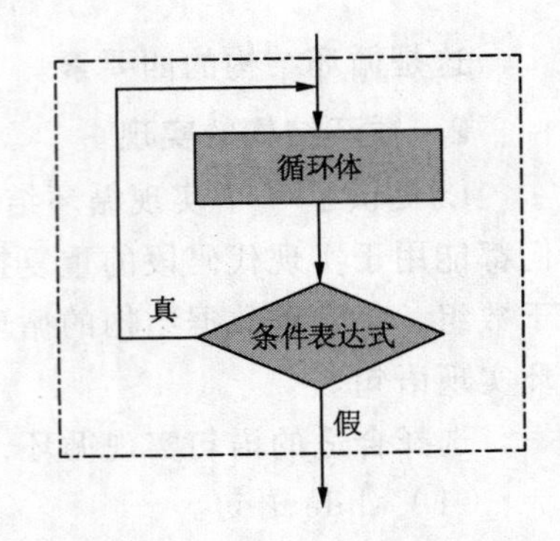


图 3-24　do...while 循环流程图

说明：

① 条件表达式也称为循环控制条件，是一个布尔类型的表达式，可以是布尔变量、关系表达式、逻辑表达式等，用来控制是进入循环还是退出循环，是循环的出入口。

② 循环体就是能够重复执行的语句序列。“语句块”可以是单语句或复合语句。如果是单语句，大括号可以省略。

③ do...while 语句的特点：先无条件执行一次循环体，再判断循环条件是否为真，如果为真，转回循环体继续执行，否则退出循环。由于是先执行后判断，所以循环体至少执行一次。

④ 语法提示：while(条件表达式)后的分号不能省略。

（3）for 语句。

语法格式如下：

```
for(表达式 1;条件表达式 2;表达式 3)
{
    循环体
}
```

for 循环流程图如图 3-25 所示。

执行流程如下：

① 求解“表达式 1”（循环初始化①）的值。

② 求解“条件表达式 2”（循环条件②）的值（True 或 False）。

③ 如果，“条件表达式 2”（循环条件②）的值为真（True），那么，执行一遍“语句序列”（循环体④）中的语句，接着求解“表达式 3”（循环参数调整③）的值，然后返回到第②步，再次判断“条件表达式 2”（循环条件②）的值。只要循环条件判断为真，for 语句的运行流程就按照：循环条件②→循环体④→循环参数调整③的顺序反复执行，直到“条件表达式 2”（循环条件②）判断为假（False）。否则，退出循环，结束整个 for 语句的执行。

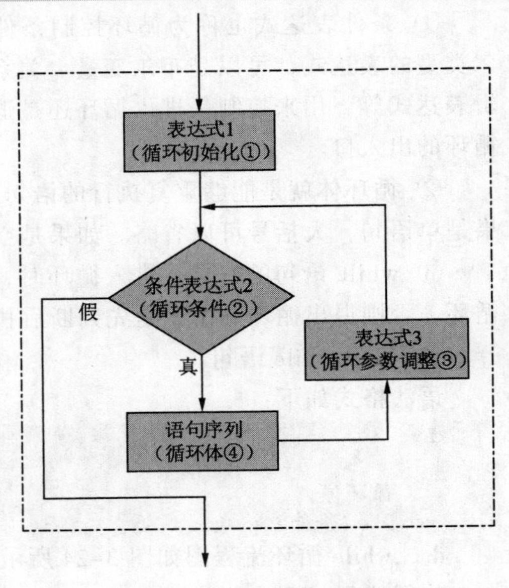


图 3-25　for 循环流程图

说明：

① (表达式 1;条件表达式 2;表达式 3)这三个表达式之间必须用“;”（分号）隔开。

即使某个表达式为空，分号也不能省略。

② 表达式 1（循环初始化①）：通常是一个赋值或逗号表达式，一般对循环参与的变量做初始化的操作。第一次进入循环时执行它，只执行一次。

③ 条件表达式 2（循环条件②）：通常是一个关系或逻辑表达式，计算结果为逻辑值（True 或 False），是循环的出入口，用来控制循环体执行的次数以及什么时候退出循环。

④ 表达式 3（循环参数调整③）：通常是一个赋值或逗号表达式，用来对条件表达式 2（循环条件②）中循环变量的值进行修改，保证循环能正常终止。

⑤ 语句序列（循环体④）：循环中需反复执行的功能语句，可以是空语句、单语句或复合语句。如果是单语句，大括号可以省略。即使是空语句，分号也不能省略。

**实例分析**

**【问题描述】** 求 1 到 $n$ 之间的整数之和（$n$ 为正整数），最终界面效果如图 3-26 所示。（要求用三种循环实现语句分别实现。）

**【设计思路】**

① 先要验证文本框中输入的数据是否是正整数。如果输入数据错误，则使用消息框显示出错信息。

② 累加求和的循环设计。

1+2+3+……+$n$ 这个自然数求和的过程利用递推法进行归纳。递推过程如下：

$$S_0=0，S_1=S_0+1，S2=S_1+2，S3=S_2+3，……，S_n=S_{n-1}+_n$$

从上述 $n$ 步递推求和的步骤中提取出共同的结构，即：

第 $i$ 步的结果 = 第（$i-1$）步的结果 + $i$

③ "递推求和"转化为"循环求和"。

假设：计数器 i 表示计算步骤数和累加的数据；累加器 sum 表示每一步的计算结果。"递推求和"转化为"循环求和"的过程如图 3-27 所示。

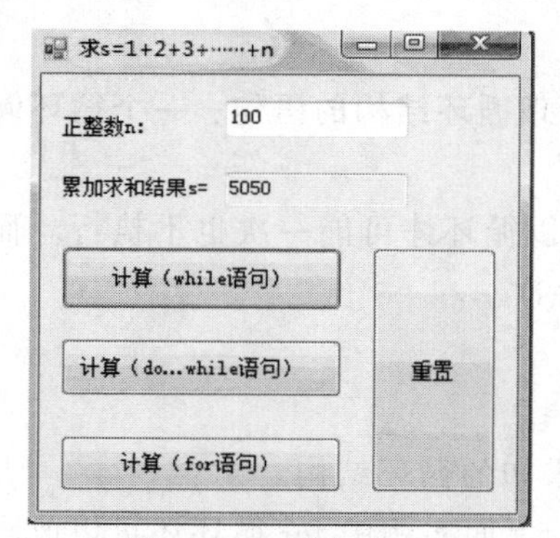


图 3-26 累加求和

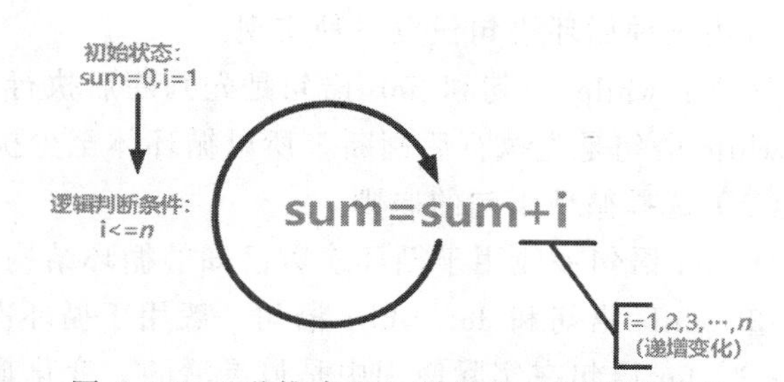


图 3-27 "递推求和"转化为"循环求和"

**【代码实现】**（部分）

下面分别用 While 语句、do...while 语句、for 语句来实现，流程图见图 3-28～图 3-30 所示。

```
//公共部分
//n:终值变量,i:计数器变量,sum:累加求和变量
uint n,i,sum;
```

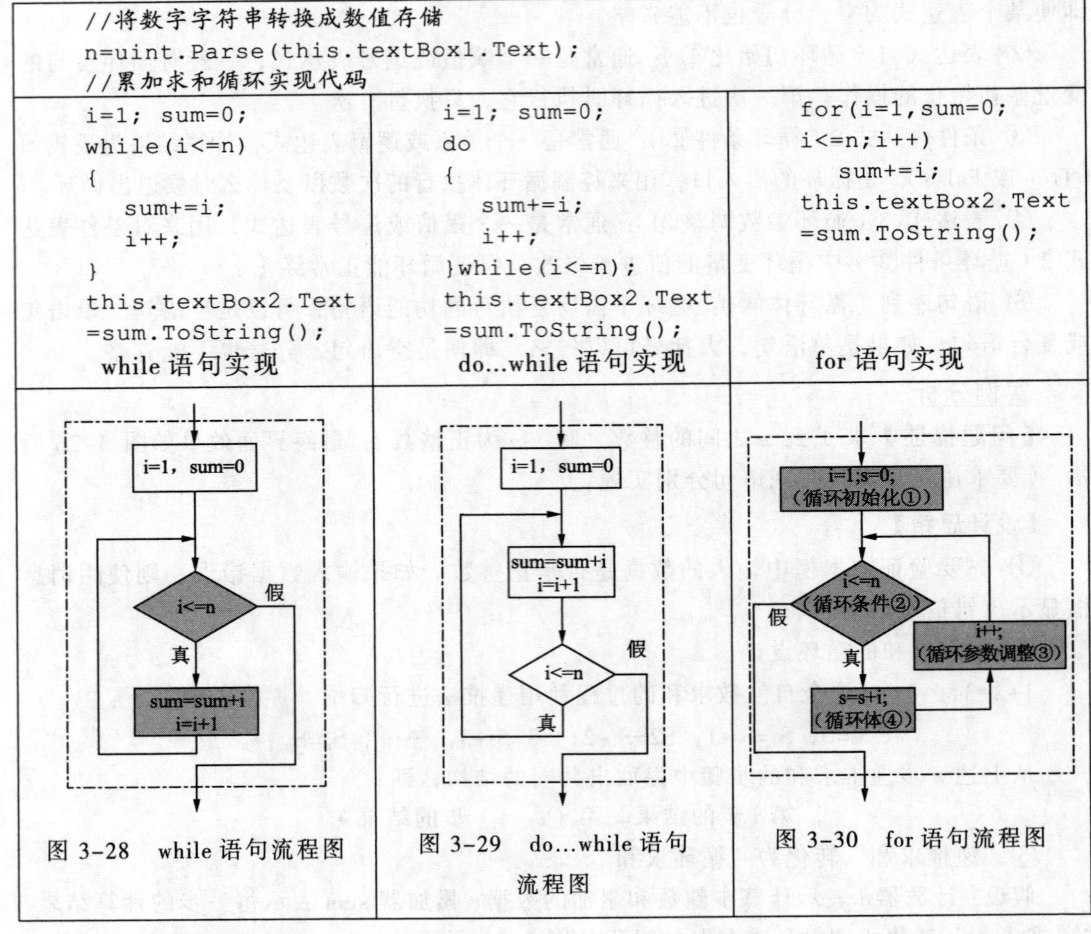

```
//将数字字符串转换成数值存储
n=uint.Parse(this.textBox1.Text);
//累加求和循环实现代码
```

| while 语句实现 | do...while 语句实现 | for 语句实现 |
| --- | --- | --- |
| `i=1; sum=0;`<br>`while(i<=n)`<br>`{`<br>`  sum+=i;`<br>`  i++;`<br>`}`<br>`this.textBox2.Text`<br>`=sum.ToString();` | `i=1; sum=0;`<br>`do`<br>`{`<br>`  sum+=i;`<br>`  i++;`<br>`}while(i<=n);`<br>`this.textBox2.Text`<br>`=sum.ToString();` | `for(i=1,sum=0;`<br>`i<=n;i++)`<br>`  sum+=i;`<br>`this.textBox2.Text`<br>`=sum.ToString();` |
| 图 3-28　while 语句流程图 | 图 3-29　do...while 语句流程图 | 图 3-30　for 语句流程图 |



### 3. 循环结构小结

（1）三种循环语句的共性与区别。

共性：while 语句、for 语句和 do...while 语句都是处理循环结构的语句，一个循环问题可以用三种循环语句任意一种实现。

区别：while 语句和 for 语句是先判断后执行，所以循环体可能一次也不执行。而 do...while 语句是先执行后判断，所以循环体至少执行一次。

（2）选择循环语句的原则。

① for 语句一般用于循环次数已知的循环结构。

② while 语句和 do...while 语句一般用于循环次数未知的循环结构。

（3）for 语句在实际使用中是最灵活的，变化最多。上面实例中 for 循环还可以改写成以下形式：

| | |
| --- | --- |
| `sum=0;`<br>`for(i=1;i<=n;)`<br>`{    sum+=i;`<br>`     i++;`<br>`}` | `for(i=1,sum=0;i<=n;)`<br>`   sum+=i++;` |

| | |
|---|---|
| `i=1;sum=0;`<br>`for(;i<=n;)`<br>`{    sum+=i;`<br>`    i++;}` | `for(i=1,sum=0;i<=n;sum+=i++);` |

（4）循环条件在设计时必须在某一时刻能为假，从而结束循环的执行，否则循环将无法结束（进入死循环）。

**【思考】**上述实例中如果在文本框内输入 0，三种循环语句运算的结果一样吗？为什么？怎样修改？

**4．循环执行状态的改变**

循环条件是进入和退出循环的出入口。退出循环只有一个出口。当循环条件判断为假时退出循环的执行，这是结束循环的正常出口。

如果在循环的运行过程中，出现某种情况，循环的操作不需要再做下去了，需要强制退出循环或者提前结束本次循环的操作，这就要改变循环执行的状态。

C#中，改变循环执行状态的实现语句有 2 个：break 语句和 continue 语句。

（1）break 语句。

break 语句是不管循环条件的真假，无条件强制退出整个循环。这时，结束循环（退出循环）的出口就有 2 个：

① 正常出口：循环逻辑条件判断为假。

② 非正常出口：循环体内设置 break 语句，强制终止循环的运行，即提前结束循环。

break 语句流程示意图如图 3-31 所示。

（2）continue 语句。

continue 语句与 break 语句唯一的区别在于它不是强制退出整个循环，而是提前结束本次循环的操作。continue 后面的语句不再执行，直接转到循环条件处，判断是否进入下次循环。结束本次循环的出口有 2 个。

① 正常出口：一次循环体运行的正常结束。

② 非正常出口：循环体内执行 continue 语句，强制结束本次循环的运行，进入下次循环。

continue 语句流程示意图如图 3-32 所示。

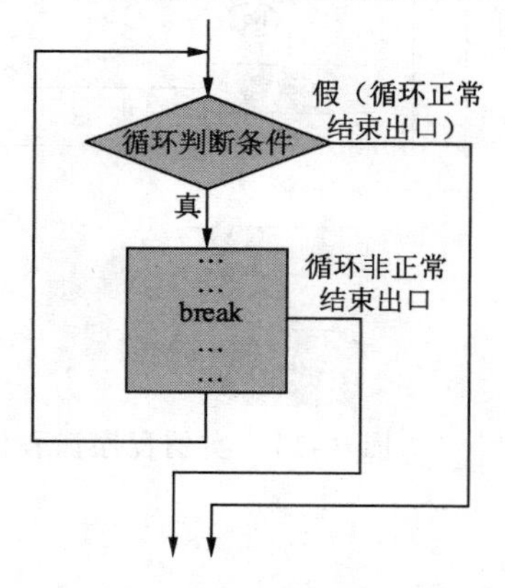


图 3-31　break 语句流程示意图

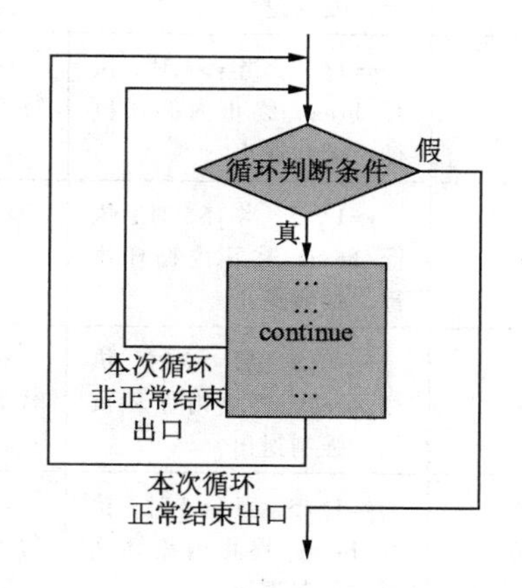


图 3-32　continue 语句流程示意图

## 实例分析

【问题描述】判断执行下列程序后 z 变量的值。

```
int x,y,z=0;
for(x=1;x<=10;x++)
   for(y=1;y<10;y++)
   {
      if(x==5)  continue;
      if(y>5)  break;
      z++;
   }
```

【设计思路】(流程图如图 3-33 所示)

| 外循环变量 x 的变化 | 内循环变量 y 的变化 | z 变量的变化 |
|---|---|---|
| 1 | y=1～5，当 y>5 时，执行 break 终止内循环执行，强制退出 | z++ 语句执行 5 次 z=5 |
| 2 | y=1～5，当 y>5 时，执行 break 终止内循环执行，强制退出 | z++ 语句执行 5 次 z=10 |
| 3 | y=1～5，当 y>5 时，执行 break 终止内循环执行，强制退出 | z++ 语句执行 5 次 z=15 |
| 4 | y=1～5，当 y>5 时，执行 break 终止内循环执行，强制退出 | z++ 语句执行 5 次 z=20 |
| 5 | y=1～9，因 x=5，执行 continue，结束本次循环，进入下次循环 | z++ 语句不执行 |
| 6 | y=1～5，当 y>5 时，执行 break 终止内循环执行，强制退出 | z++ 语句执行 5 次 z=25 |
| 7 | y=1～5，当 y>5 时，执行 break 终止内循环执行，强制退出 | z++ 语句执行 5 次 z=30 |
| 8 | y=1～5，当 y>5 时，执行 break 终止内循环执行，强制退出 | z++ 语句执行 5 次 z=35 |
| 9 | y=1～5，当 y>5 时，执行 break 终止内循环执行，强制退出 | z++ 语句执行 5 次 z=40 |
| 10 | y=1～5，当 y>5 时，执行 break 终止内循环执行，强制退出 | z++ 语句执行 5 次 z=45 |

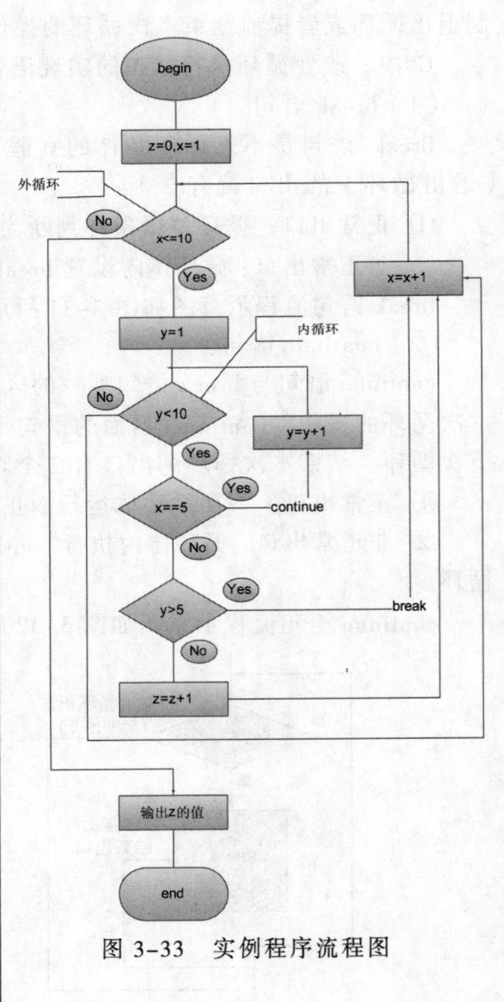


图 3-33　实例程序流程图

## 五、常用控件和组件

### 1. 处理图像的控件和组件

C#中对图像的处理和操作可以使用："图片框"控件（PictureBox 控件）、"图像列表"组件（ImageList 组件）两种方法。

（1）"图片框"控件。

PictureBox 控件 PictureBox 主要用于在窗体上显示一幅图片。它支持多种格式的图像文件，例如，位图（bmp）、图标（ico）、图元文件（mf）、增强型图元文件（emf）、GIF、JPEG 等。

常用属性：Name（名称）、BackColor（背景色）、BprderStyle（边框）、Enabled（是否可用）、Image（图像）、Location（位置）、Locked（锁定）、Size（尺寸）、Visible（是否可见）、SizeMode（尺寸模式）等。

下面介绍"图片框"控件的主要属性和方法。

① Image 属性。

Image 属性及其属性对话框如图 3-34、图 3-35 所示。

⊞ Image System.Drawing.B...

图 3-34 Image 属性

图 3-35 Image 属性对话框

【功能】用于设置图片框要显示的图像。

【实现方式】在设计时通过属性窗口实现设置（静态实现），也可以通过代码实现设置（动态实现）。通过代码加载图像的方法有很多，比较简单的是利用 FromFile( )方法加载图像。

语法格式如下：

```
图片框名.Image=Image.FromFile(@"文件路径");
```

说明：

@符号是转义符，对整个字符串中的所有特殊字符（此处是文件路径中的"\"）进行转义。例如：

```
@"d:\My Documents\Images\Kiya.jpg"
```

等价于

```
"d:\\My Documents\\Images\\Kiya.jpg"
```

② SizeMode 属性。

【功能】控制图像在 PictureBox 控件中显示的大小效果。

【实现方式】在设计时通过属性窗口实现设置（静态实现），也可以通过代码实现设置(动态实现)。SizeMode 属性的值是枚举常量，默认值为 Normal。表 3-2 所示为 SizeMode 属性取值说明。

表 3-2　SizeMode 属性

| SizeMode 属性的值 | 说　明 |
| --- | --- |
| Normal | 图像将保存其原始尺寸，并被置于图片框的左上角。如果图像比包含它的图像框大，则该图像将被裁剪掉 |
| StretchImage | 图片框中的图像被拉伸或收缩，以图片框的大小完整填充 |
| AutoSize | 调整图片框的大小，使其等于所包含的图像大小来显示完整图像 |
| CenterImage | 如果图片框比图像大，则图像将在图片框中居中显示；如果图像比图片框大，则图像将至于图片框的中心，而外边缘将被剪裁掉 |
| Zoom | 图像按比例放大或缩小，使图像的高度或宽度与图片框相等 |

③ BorderStyle 属性。

【功能】设置图片框的边框样式，改变其外观。

【实现方式】在设计时通过属性窗口实现设置（静态实现），也可以通过代码实现设置(动态实现)。BorderStyle 属性的值是枚举常量，默认值是 None。表 3-3 所示是 BorderStyle 属性取值说明。

（2）“图像列表”组件

ImageList 组件 ImageList 只是一个图像容器，用于存储和管理图像资源。它不在 Windows 窗体上显示，存储的图像集合可被任何具有 ImageList 等属性的控件引用并显示。当要对图像集合中某一图像进行操作时，只需根据图像的索引号（编号）找出该图像即可使用。

表 3-3　BorderStyle 属性

| BorderStyle 属性的值 | 说　明 |
| --- | --- |
| None | 没有边框 |
| FixedSingle | 单线边框 |
| Fixed3D | 三维立体边框 |

可与 ImageList 组件关联的控件包括：Label（标签）、Button（按钮）、CheckBox（复选框）、RadioButton（单选按钮）、ListView（列表视图）、Treeview（树状视图）、TabControl（选项卡）控件。

一个 ImageList 组件可与多个控件相关联。一个控件与 ImageList 组件关联并显示关联的图像，必须先把该控件的 ImageList 属性设置为 ImageList 组件的名称，然后才可以通过关联控件的图像属性（ImageIndex、ImageKey 等）操作图像。

“图像列表”组件的常用属性有 Name（名称）、Images（图像集合）、ImageSize（图像尺寸）、ColorDepth 等。下面介绍其主要属性和方法。

① Images（图像集合）属性。

【功能】Images 属性的值就是 ImageList 中的图像集合，包含关联控件所使用的图像文件。属性窗口只能在界面设计中添加、删除图像集合中的选项。在实际应用中，对图像集合的大多数操作一般在代码中通过 Images 属性的各种方法来实现。Images 属性及其属性对话框如图 3-36、图 3-37 所示。

图 3-36 Images 属性

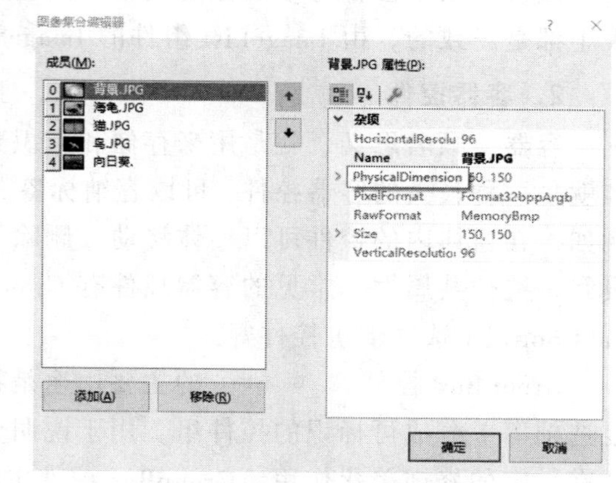

图 3-37 Images 属性对话框

**【实现方式】**在设计时通过属性窗口实现设置（静态实现），也可以通过代码实现设置（动态实现）。

a. 实现加载图像。

语法格式如下：

```
Image 图像对象名=Image.FromFile(图像文件路径) //定义图像对象并赋值
图像列表对象名.Images.Add(图像对象名)        //将图像对象添加到图像集合中
```

b. 获取集合中的图像。

语法格式如下：

```
关联控件名.Image=图像列表对象名.Images[i]
```

说明：

*i* 为下标（索引值），为整数，下标值从 0 开始。如果图像集合加载了 *n* 个图像，下标值的取值范围为：0～*n*-1。返回值为对应下标的图像。

c. 获取集合中图像文件名（键值）。

语法格式如下：

```
图像列表名.Images.Keys[i]
```

说明：

*i* 为下标（索引值），为整数，对应集合中图像的下标。返回值（字符串）为对应下标的图像文件名。

d. 获取集合中加载的图像数量。

语法格式如下：

```
图像列表名.Images.Count
```

说明：

返回值（整数）为集合中图像的个数。

② ColorDepth 属性。

如果发现从图像集合里获取的图像显示比较模糊，可以调整 ImageList 组件的 ColorDepth 属性，增加显示图像的颜色数。

③ ImageSize 属性。

该属性用于设置每个图像的大小（高度和宽度）。在 ImageList 组件中，所有图像的大小都是一致的，由 ImageList 组件的 ImageSize 属性确定。

2. 容器控件

容器，顾名思义，就是用来存储和组织其他对象的存储器，是一种特殊的控件。窗体就是一种最大的容器控件，可以容纳标签、文本框、按钮等控件进行统一管理和处理。例如，在窗体内的控件可以整体移动、删除、隐藏或显示，也可以对窗体内的所有控件设置一些公共属性。常见的容器控件有 GroupBox（分组框）控件、Panel（面板）控件、TabControl（选项卡）控件等。

GroupBox 控件 GroupBox 的主要用途是将功能类似或关系紧密的控件（单选按钮或复选框等）分成可标识的控件组，用于说明分组框内控件的功能或作用，而且可以对窗体有一定的修饰美化作用。GroupBox 控件主要用到的属性有 Text、Font、ForeColor 等。

3. 选择控件

用于在一组可选选项中选择一个或多个选项。例如，单选按钮、复选框、列表框和组合框都是选择控件。

（1）“单选按钮”控件

RadioButton（单选按钮）控件 RadioButton 是界面设计中常用的控件之一。通常以 RadioButton 控件组的形式出现。绘制在同一容器控件（窗体、分组框等）内的多个单选按钮控件成为一组，它们相互排斥，实现从多个选项中选择一个选项的功能，是一种“多选一”的控件。图 3-38 所示为“单选按钮”示意图。

图 3-38 “单选按钮”示意图

常用属性：Name、Enabled、Font、ForeColor、Text、Visible 等。

特有属性：AutoCheck（自动选择）、CheckAlign（选框位置）、Checked（是否选中）等。

常用事件：CheckedChanged、Click。

下面介绍“单选按钮”控件的主要属性和事件。

① Checked 属性。

**【功能】** Checked 属性用于获取或设置单选按钮是否被选中。其默认值为 False，即未选中。当被选中时，属性值变为 True。在具体使用中 Checked 属性一般用来判断单选按钮的选中状态。

**【实现方式】** 在设计时可通过“单选按钮”控件的属性窗口设置 Checked 属性（静态实现），在设计界面时对其进行一次性地设置与应用，还可以通过代码实现设置（动态实现）。

语法格式如下：

```
单选按钮对象名.Checked=True              //选中
```

或

```
单选按钮对象名.Checked=False             //取消选中
```

说明：

在实际使用中，一组单选按钮里某个被选中时，该单选按钮的 Checked 属性会自动更改为 True，其他单选按钮的 Checked 属性都为 False。一般在程序中判断单选按钮的选中状态，根据选中状态设计对应功能的实现。

② CheckChanged 事件和 Click 事件。

当单击单选按钮时，就会触发该单选按钮的 Click 事件。

CheckedChanged 事件的触发条件是根据单选按钮的 Checked 属性而定的，当单选按钮由未选中变为选中，或者由选中变为未选中时，就会触发 CheckedChanged 事件。

说明：

每次单击单选按钮时，肯定会触发该单选按钮的 Click 事件，但不一定触发该单选按钮的 CheckedChanged 事件。CheckedChanged 事件的触发只与该单选按钮的 Checked 属性状态改变有关联。

（2）“复选框”控件。

CheckBox 控件 ☑ CheckBox 是在界面设计中常用的控件之一。通常以 CheckBox 控件组的形式出现。绘制在同一容器控件（窗体、分组框等）内的多个 CheckBox 控件成为一组，用户根据需要从选项组中实现多项选择的功能，如图 3-39 所示。

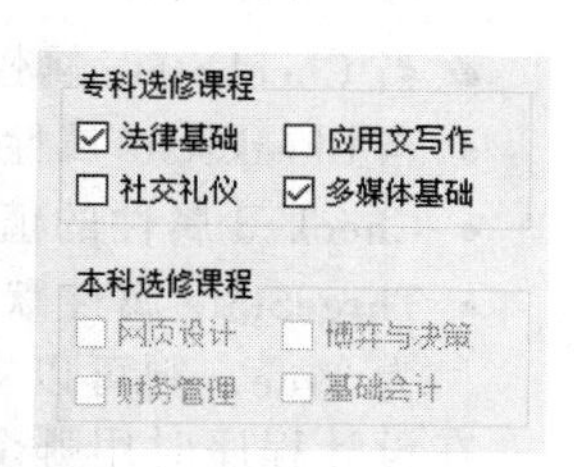

图 3-39 “复选框”示意图

CheckBox 控件与 RadioButton 控件的区别在于：对于一个组内的多个 RadioButton 控件，一次只能选择其中一个；对于一个组内的多个 CheckBox 控件，可同时选中多个。

常用属性：Name、Enabled、Font、ForeColor、Text、Visible、AutoCheck（自动选择）、CheckAlign（选框位置）、Checked（是否选中）等。

特有属性：CheckState（选择状态）、ThreeState（是否允许 3 种状态）等。

常用事件：CheckedChanged、Click、CheckStateChanged。

下面介绍“复选框”控件的主要属性和事件。

① Checked 属性。

**【功能】**Checked 属性用于获取或设置复选框是否被选中。其默认值为 False，即未选中；当被选中时，属性值改变为 True。在具体使用中 Checked 属性一般用来判断复选框的选中状态。

**【实现方式】**实现方式与 RadioButton 控件类似。在实际使用中，一组里某个复选框被选中时，该复选框的 Checked 属性会自动更改状态为 True。一组内的 CheckBox 控件允许有多个被选中，即允许多个 CheckBox 控件的 Checked 属性为 True，这是与一组内 RadioButton 控件只能选中一个的主要区别。一般在代码中判断复选框的选中状态，根据选中状态设计对应功能的实现。

② CheckState 属性

**【功能】**用于获取或设置复选框的选择状态。

**【实现方式】**在设计时通过属性窗口实现（静态实现），也可以通过代码实现（动态实现）。CheckState 属性的值是枚举常量，默认值为 UnChecked，即未选中状态。表 3-4 是 CheckState 属性取值说明。

表 3-4　CheckState 属性

| CheckState 属性的值 | 说　明 | 样　例 |
| --- | --- | --- |
| CheckState.Checked | 选中状态 | ☑ 应用文写作 |
| CheckState.UnChecked | 未选中状态 | ☐ 应用文写作 |
| CheckState.Indeterminate | 不确定状态 | ▣ 应用文写作 |

说明：

CheckState 属性和 Checked 属性对复选框状态设置的效果都是一样的，唯一的区别就是 CheckState 属性多了一个不确定状态。

CheckState 属性、Checked 属性和 ThreeState 属性的关联性：

- 当 CheckState 属性的值为 Unchecked 时，Checked 属性的值自动为 False。
- 当 CheckState 属性的值为 Checked 或 Indeterminate 时，Checked 属性的值自动为 True。
- Checked 属性的值为 True 时，CheckState 属性的值自动为 Checked。
- ThreeState 属性默认值为 Flase，即仅支持“未选中”和“选中”两种状态。如果为 True，则可以支持三种状态。

在设计程序时用哪个属性来判断和设置复选框状态，需要根据程序功能的设计思路来定。

③ Click 事件、CheckedChanged 事件和 CheckedStateChanged 事件。

- Click 事件触发条件：单击复选框，触发 Click 事件。
- CheckedChanged 事件触发条件：当复选框由未选中变为选中，或由选中变为未选中时（Checked 属性值改变），触发 CheckedChanged 事件。
- CheckedStateChanged 事件触发条件：当复选框的选择状态发生改变时（CheckState 属性值改变），触发 CheckedStateChanged 事件。

说明：

每次单击复选框时，都会触发 CheckedStateChanged 事件和 Click 事件，但不一定触发 CheckedChanged 事件。复选框状态在“选中（Checked）”和“不确定（Indeterminate）”之间切换时，Checked 属性值不变（True），不会触发 CheckedChanged 事件。

当三个事件都触发时，触发的顺序依次为：CheckedChanged 事件→CheckedStateChanged 事件→Click 事件。

在实际应用中，这三个事件使用最多的是 CheckedStateChanged 事件。

## 任务驱动

### 任务一　储户取现票面换算

操作任务：日常生活中人们到银行柜台取钱，银行职员如何根据储户提交的取现金额自动换算成不同票面的数量呢？本任务根据输入的取现金额，按照票面（100 元、50 元、20 元、10 元、5 元、1 元）从大到小的顺序，计算不同票面的数量。“换算”按钮实现换算的过程；6 个只读文本框显示换算后对应票面的数量。实例运行效果如图 3-40 所示。

操作方案：利用整除和求余运算，顺序执行每一个语句求得对应的票面数。假设需要换算的金额 iNum=888。i100=iNum/100=8（求出 100 元票面数），iRemain= iNum % 100=88（求出去除所有 100 元面值后的余额）。i50=iRemain/50（求出 50 元票面数）iRemain=iRemain%50（求出去除所有 50 元面值的余额）。依此类推，直到求出小于 5 的值，全部是 1 元面值的数量。

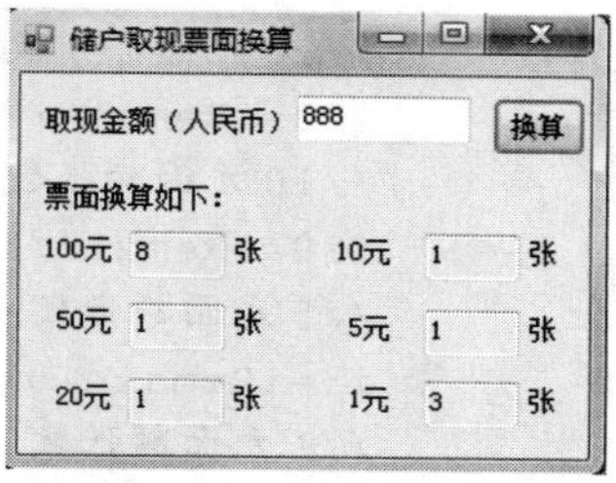

图 3-40　储户取现票面换算

（1）Parse()方法。

功能：将特定格式的字符串转换为数值。

语法格式如下：

```
数值类型名称.Parse(字符串表达式)
```

（2）ToString()方法.

功能：将其他数据类型的变量值转换为字符串。

语法格式如下：

```
变量名称.ToString()
```

操作步骤：

（1）建立项目，在窗体中添加控件，调整它们的位置，并修改相应的属性，如表 3-5 所示。

**表 3-5　控件属性设置**

| 对象名 | 属性名 | 属　性　值 | 说　　明 |
|---|---|---|---|
| Form1 | Text | “储户取现票面换算” | 窗体标题栏显示的内容 |
| label1～label14 | Text | “取现金额（人民币）　票面换算如下：　100 元　张　50 元　张　20 元　张　10 元　张　5 元　张　1 元　张” | 各标签显示的内容 |
| textBox1 | Name | “txtNum” | 文本框对象名称 |
| textBox2～textBox7 | Name | “ txt100　txt50　txt20　txt10　txt5　txt1” | 各文本框对象名称 |
| | ReadOnly | “True” | 各文本框设置为只读 |
| button1 | Name | “btnOK” | 按钮对象名称 |
| | Text | “换算” | 按钮显示的内容 |

（2）主要代码如下：

```
// “换算” 按钮
private void btnOK_Click(object sender, EventArgs e)
{
/*iNum: 换算金额，i100: 100 元张数，i50: 50 元张数，i20: 20 元张数，i10: 10
元张数，i5: 5 元张数，i1: 1 元张数，iRemain:换算过程中的余额*/
    int iNum,iRemain,i100,i50,i20,i10,i5,i1;
    iNum=int.Parse(this.txtNum.Text);
    //100 元面额张数
    i100=iNum/100; iRemain=iNum%100;
    //50 元面额张数
    i50=iRemain/50; iRemain=iRemain%50;
```

```
        //20 元面额张数
        i20=iRemain/20; iRemain=iRemain%20;
        //10 元面额张数
        i10=iRemain/10; iRemain=iRemain%10;
        //5 元面额张数
        i5=iRemain/5; iRemain=iRemain%5;
        //1 元面额张数
        i1=iRemain;
        //文本框显示各种票面钱币的张数
        this.txt100.Text=i100.ToString();
        this.txt50.Text=i50.ToString();
        this.txt20.Text=i20.ToString();
        this.txt10.Text=i10.ToString();
        this.txt5.Text=i5.ToString();
        this.txt1.Text=i1.ToString();
    }
```

【思考】本任务只能实现整数部分的换算。如果输入的金额带 1~2 位小数，如何换算角和分？

## 任务二　2 个浮点数求最大值

操作任务：求最大值和最小值是数据处理的基本操作之一。本任务实现两个浮点数比较大小，求最大值。“求最大”按钮实现两个数求最大值的过程，“重置”按钮实现清空文本框内容。运行效果如图 3-41 所示。

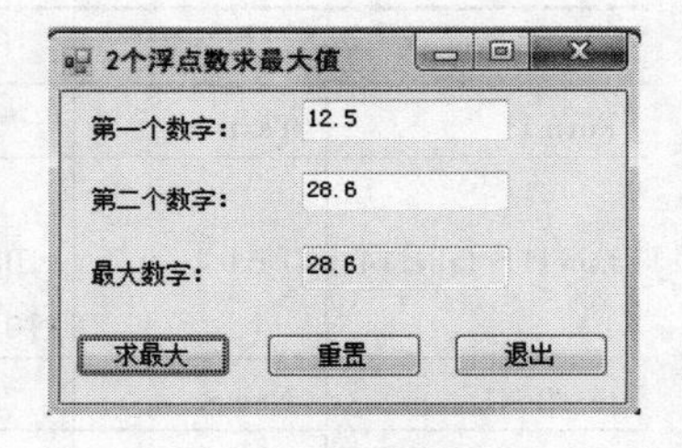


图 3-41　2 个浮点数求最大值

操作方案：实现时先使用 Parse 方法将输入的数字字符串转换成数值，再利用比较大小的方法求出最大值，使用 if...else 语句实现。

操作步骤：

（1）建立项目，在窗体中添加控件，调整它们的位置，并修改相应的属性，如表 3-6 所示。

表 3-6　控件属性设置

| 对　象　名 | 属　性　名 | 属　性　值 | 说　　明 |
|---|---|---|---|
| Form1 | Text | “2 个浮点数求最大值” | 窗体标题栏显示的内容 |
| label1 | Text | “第一个数字:” | 标签显示的内容 |
| label2 | Text | “第二个数字:” | 标签显示的内容 |
| label3 | Text | “最大数字:” | 标签显示的内容 |
| textBox1 | Text | “” | 显示第一个数字 |
| textBox2 | Text | “” | 显示第二个数字 |

续表

| 对 象 名 | 属 性 名 | 属 性 值 | 说 明 |
|---|---|---|---|
| textBox3 | ReadOnly | “True” | 文本框设置为只读 |
| button1 | Text | “求最大” | 按钮显示的内容 |
| button2 | Text | “重置” | 按钮显示的内容 |
| button3 | Text | “退出” | 按钮显示的内容 |

（2）主要代码如下：

```
//“求最大”按钮
private void button1_Click(object sender, EventArgs e)
{
    double op1,op2,max;
    //数字字符串转换成数值存储
    op1=double.Parse(this.textBox1.Text);
    op2=double.Parse(this.textBox2.Text);
    //2 个浮点数判断大小，最大数存储在 max 变量中
    if(op1>op2) max=op1;
    else max=op2;
    //显示结果
    this.textBox3.Text=max.ToString();
}
```

【思考】本任务实现了 2 个数求最大值。如果有 3 个数，如何通过比较大小，求最大值？

## 任务三　商家促销打折付款计算

操作任务：本任务模拟商家促销打折付款计算功能，根据顾客购买商品总价 $x$ 来指定不同的优惠折扣，通过输入顾客购买商品应付总金额，自动计算优惠金额和实付金额。“付款”按钮实现根据输入的应付商品总额和指定的优惠折扣，计算实付款。“重置”按钮实现所有文本框内容的清空。优惠折扣率 $y$ 的计算公式如下：

$$y=\begin{cases}0, & x<300\\ 5\%, & 300\leqslant x<800\\ 8\%, & 800\leqslant x<1000\\ 10\%, & 1000\leqslant x<5000\\ 15\%, & x\geqslant 5000\end{cases}$$

运行效果如图 3-42、图 3-43 所示。

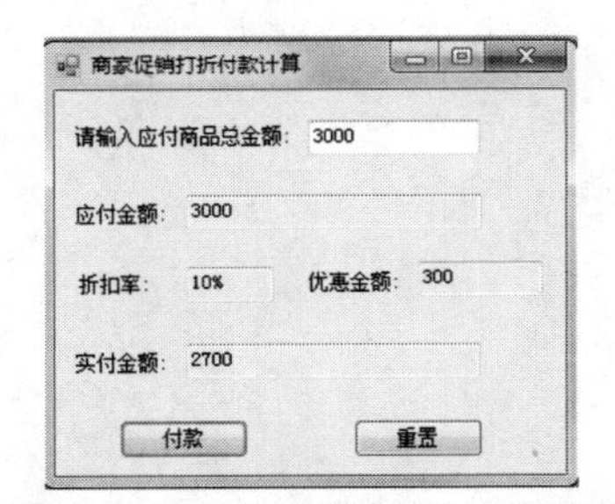


图 3-42　商家促销打折付款计算

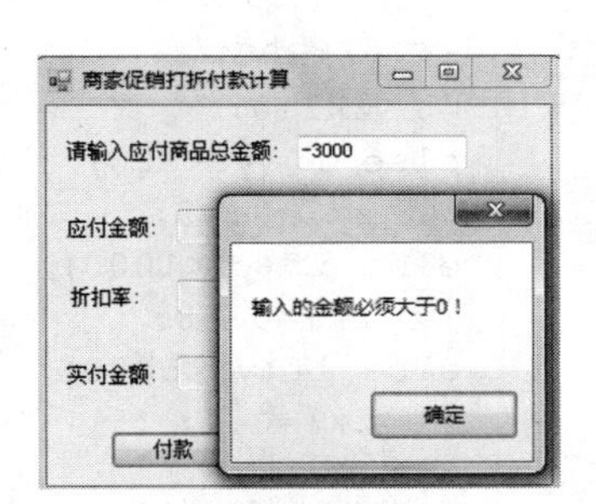


图 3-43　错误提示

操作方案：此任务的关键在于需要对 5 个价格区间分别进行判断，确定对应的折扣率再进行计算。所以要使用多分支控制结构来实现，计算出折扣率和实付金额。

操作步骤：

（1）建立项目，在窗体中添加控件，调整它们的位置，并修改相应的属性，如表 3-7 所示。

**表 3-7　控件属性设置**

| 对 象 名 | 属 性 名 | 属 性 值 | 说 明 |
|---|---|---|---|
| Form1 | Text | “商家促销打折付款计算” | 窗体标题栏显示的内容 |
| label1 | Text | “请输入应付商品总金额：” | 标签显示的内容 |
| label2 | Text | “应付金额：” | 标签显示的内容 |
| label3 | Text | “折扣率：” | 标签显示的内容 |
| label4 | Text | “优惠金额：” | 标签显示的内容 |
| label5 | Text | “实付金额：” | 标签显示的内容 |
| textBox1 | Text | “” | |
| textBox2～textBox5 | ReadOnly | “True” | 文本框设置为只读 |
| button1 | Text | “付款” | 按钮显示的内容 |
| button2 | Text | “重置” | 按钮显示的内容 |

（2）主要代码如下：

方法一：嵌套 if...else 语句

```
//“付款”按钮
private void button1_Click(object sender, EventArgs e)
{
    //应付金额:yf、折扣率:zkl、优惠金额:yh、实付金额:sf
    double yf,zkl,yh,sf;
    //将数字字符串转换成数值存储
    //如果输入为负数，显示出错提示信息
    //如果输入正确，根据对应的折扣率计算实付金额
    yf=double.Parse(this.textBox1.Text);
    if(yf<0)
        MessageBox.Show("输入的金额必须大于 0! ");
    else
    {
        //计算折扣率
        if(yf<300)
            zkl=0;
        else if(yf<800)
            zkl=0.05;
        else if(yf<1000)
            zkl=0.08;
        else if(yf<5000)
            zkl=0.1;
        else
            zkl=0.15;
```

```
        //计算优惠金额和实付金额
        yh=yf*zkl; sf=yf-yh;
        //显示输出
        this.textBox2.Text=yf.ToString();
        this.textBox3.Text=(zkl*100).ToString()+"%";
        this.textBox4.Text=yh.ToString();
        this.textBox5.Text=sf.ToString();
    }
}
```

方法二：switch 语句

```
//付款按钮
private void button1_Click(object sender, EventArgs e)
{
    //应付金额:yf、折扣率:zkl、优惠金额:yh、实付金额:sf
    double yf,zkl=0,yh,sf;
    //将数字字符串转换成数值存储
    //如果输入不正确，显示出错提示信息
    //如果输入正确，根据对应的折扣率计算实付金额
    yf=double.Parse(this.textBox1.Text);
    //计算折扣率
    switch(yf)
    {
        case double data when data<=0:
            MessageBox.Show("输入的金额必须大于 0! ");
            break;
        case double data when data<300:
            zkl=0;
            break;
        case double data when data<800:
            zkl=0.05;
            break;
        case double data when data<1000:
            zkl=0.08;
            break;
        case double data when data<5000:
            zkl=0.1;
            break;
        case double data when data>=5000:
            zkl=0.15;
            break;
    }
    if(yf>0)
    {
        //计算优惠金额和实付金额
        yh=yf*zkl; sf=yf-yh;
        //显示输出
        this.textBox2.Text=yf.ToString();
        this.textBox3.Text=(zkl*100).ToString()+"%";
        this.textBox4.Text=yh.ToString();
        this.textBox5.Text=sf.ToString();
```

```
        }
    }
```

## 任务四 求整数 *n* 到 *m* 之间偶数之和

操作任务：本任务通过累加求和的操作进一步掌握循环的概念和循环语句的应用。“计算（for 语句）”按钮实现判断输入数据的正确性，并计算 *n* 到 *m* 之间偶数之和（*n* 和 *m* 必须为正整数），要求利用 for 语句实现；“计算（while 语句）”按钮功能同上，要求利用 while 语句实现；“重置”按钮实现两个文本框内容清空。运行效果图 3-44、图 3-45 所示。

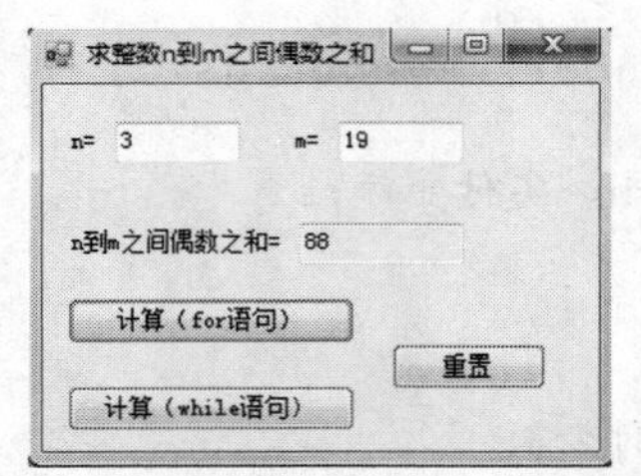


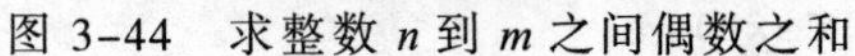

图 3-44 求整数 *n* 到 *m* 之间偶数之和

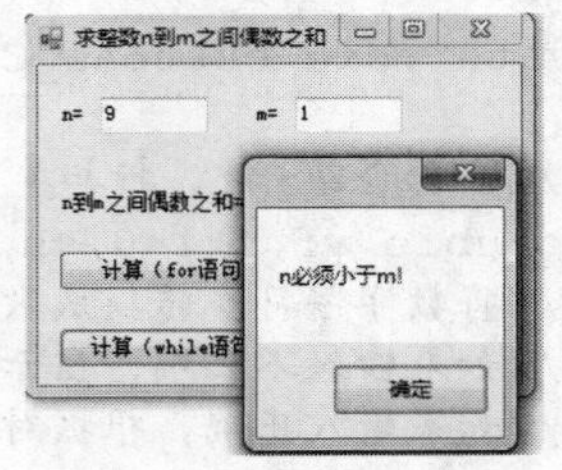


图 3-45 错误提示

操作方案：先使用 Parse 方法将输入的数字字符串转换成数值，再利用 if 语句判断 *n* 是否小于 *m*。因为是偶数的累加求和，所以要确定累加求和的起始点，利用取余运算，判断第一个数是否是偶数。最后利用循环结构实现一个数字区间所有偶数累加求和。

操作步骤：

（1）建立项目，在窗体中添加控件，调整它们的位置，并修改相应的属性，如表 3-8 所示。

表 3-8 控件属性设置

| 对 象 名 | 属 性 名 | 属 性 值 | 说 明 |
|---|---|---|---|
| Form1 | Text | “求整数 n 到 m 之间偶数之和” | 窗体标题栏显示的内容 |
| label1 | Text | “n=” | 标签显示的内容 |
| label2 | Text | “m=” | 标签显示的内容 |
| label3 | Text | “n 到 m 之间偶数之和=” | 标签显示的内容 |
| textBox1 | Text | “” | |
| textBox2 | Text | “” | |
| textBox3 | ReadOnly | “True” | 文本框设置为只读 |
| button1 | Text | “计算（for 语句）” | 按钮显示的内容 |
| button2 | Text | “计算（while 语句）” | 按钮显示的内容 |
| button3 | Text | “重置” | 按钮显示的内容 |

（2）“计算（for 语句）”按钮代码如下：

```
//“计算（for 语句）”按钮
private void button1_Click(object sender, EventArgs e)
{
```

```
        uint n,m,i,sum;
        //获取n和m的值
        n=uint.Parse(this.textBox1.Text);
        m=uint.Parse(this.textBox2.Text);
        if(n>=m)
        {//输入数据有误，提示错误信息
            MessageBox.Show("n必须小于m!");
            this.textBox1.Text=this.textBox2.Text=this.textBox3.Text="";
            return;
        }
        //确定区间偶数起始点
        if(n%2==0)i=n;
        else i=n+1;
        //累加求和
        for(sum=0;i<=m;i+=2)
            sum+=i;
        this.textBox3.Text=sum.ToString();
    }
```

（3）“计算（while语句）”按钮的代码请自行完善。

**【思考】**

（1）如果用do...while语句如何实现？

（2）求下列算式的值：

① $S=1\times2\times3\times\cdots\times n$

② $S=\frac{1}{2}+\frac{3}{4}+\frac{5}{6}+\cdots+\frac{n-1}{n}$（$n$为偶数）

## 任务五　简单计算器

操作任务：本任务实现2个数的加减乘除4种简单算术运算。两个文本框分别输入两个数值，4个单选按钮选择运算符，只读文本框显示运算结果，“运算”按钮实现计算。“重置”按钮实现将文本框和单选按钮恢复初始状态。运行效果如图3-46～图3-48所示。

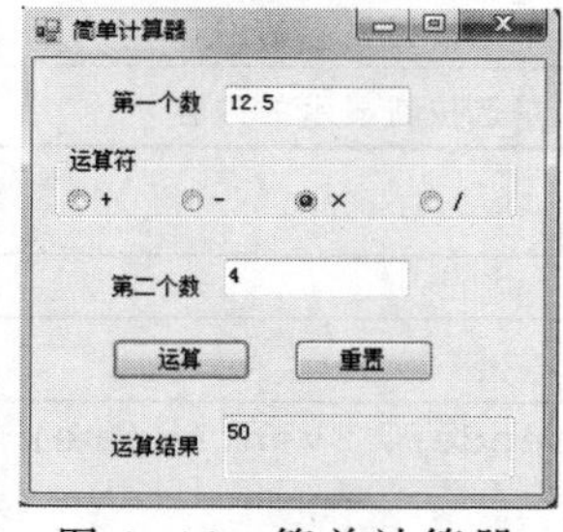


图3-46　简单计算器

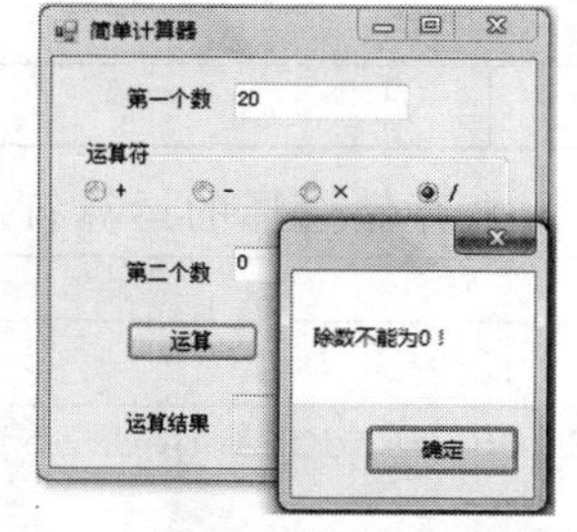


图3-47　除数不能为0错误提示

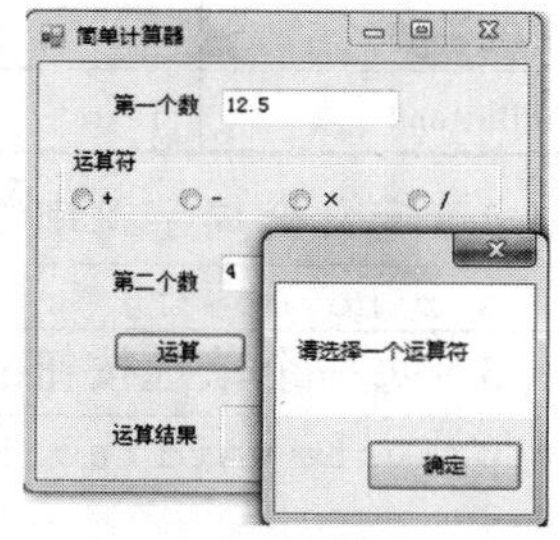


图3-48　选择运算符错误提示

操作方案：

（1）如何获取选择的运算符。

① 4个单选按钮的Text属性值分别设置为：“+”、“-”、“×”和“/”。

② 4个运算符单选按钮Checked属性初始值都为False，当某个运算符单选按钮被选中时，其Checked属性将变为True，并触发CheckedChanged事件。

③ 定义一个全局字符串变量 op，用来存储选择的运算符。

④ 在每一个单选按钮的 CheckedChanged 事件中编写代码，当选中该单选按钮时，获取对应的运算符。

（2）利用 switch 语句判断选择的运算符。

（3）容错处理，对于错误情况给出相应的提示信息。

① 设计逻辑条件，判断选择运算符“/”且除数（第 2 个数）为 0 的情况。

② 如果没有一个运算符被选中，则存储运算符信息的字符串变量 op 的值为空。利用 switch 语句 default 标签功能，处理没有一个运算符被选中的情况。

操作步骤：

（1）建立项目，在窗体中添加控件，调整它们的位置，并修改相应的属性，如表 3-9 所示。

表 3-9 控件属性设置

| 对象名 | 属性名 | 属性值 | 说明 |
| --- | --- | --- | --- |
| Form1 | Text | “简单计算器” | 窗体标题栏显示的内容 |
| label1 | Text | “第一个数” | 标签显示的内容 |
| label2 | Text | “第二个数” | 标签显示的内容 |
| label3 | Text | “运算结果” | 标签显示的内容 |
| textBox1 | Text | “” | |
| textBox2 | Text | “” | |
| textBox3 | ReadOnly | “True” | 文本框设置为只读 |
| button1 | Text | “运算” | 按钮显示的内容 |
| button2 | Text | “重置” | 按钮显示的内容 |
| groupBox1 | Text | “运算符” | 分组框显示的内容 |
| radioButton1 | Text | “+” | 单选按钮显示的内容 |
| radioButton2 | Text | “-” | 单选按钮显示的内容 |
| radioButton3 | Text | “×” | 单选按钮显示的内容 |
| radioButton4 | Text | “/” | 单选按钮显示的内容 |

（2）定义全局字符串变量 op，用来存储选择的运算符。

```
string op="";
```

（3）每一个单选按钮的代码如下：

```
private void radioButton1_CheckedChanged(object sender, EventArgs e)
{
    //选择"+"运算符，将运算符号存储在op变量中
    op=radioButton1.Text;
}
```

（4）“运算”按钮代码如下：

```
private void button1_Click(object sender, EventArgs e)
{
    //num1:第一个数字，num2:第二个数字，result:计算结果
```

```
    double num1,num2,result;
    //数字字符串转换成数值
    num1=double.Parse(this.textBox1.Text);
    num2=double.Parse(this.textBox2.Text);
    //容错处理，判断除数不能为 0
    if(this.radioButton4.Checked==true&&num2==0)
    {
        MessageBox.Show("除数不能为 0! ");
        this.textBox3.Text="";
    }
    else
    {
        //判断选择的运算符并计算
        switch(op)
        {
            case "+":
                result=num1+num2;
                this.textBox3.Text=result.ToString();
                break;
            case "-":
                result=num1-num2;
                this.textBox3.Text=result.ToString();
                break;
            case "×":
                result=num1*num2;
                this.textBox3.Text=result.ToString();
                break;
            case "/":
                result=num1/num2;
                this.textBox3.Text=result.ToString();
                break;
            default:
                MessageBox.Show("请选择一个运算符");
                this.textBox3.Text="";
                break;
        }
    }
}
```

【思考】使用 if...else 语句改写以上程序，看看哪种实现方便，可读性强？

## 任务六　学生选课程序（单选按钮和复选框）

操作任务：通过模拟一个学生选课程序的实现，掌握 CheckBox（复选框）控件的基本使用方法。两个文本框内输入“姓名”和“学号”；选择“学历”组内的单选按钮，显示对应学历的选修课程；“提交”按钮实现将收集的各类信息输出到消息框。运行效果如图 3-49、图 3-50 所示。

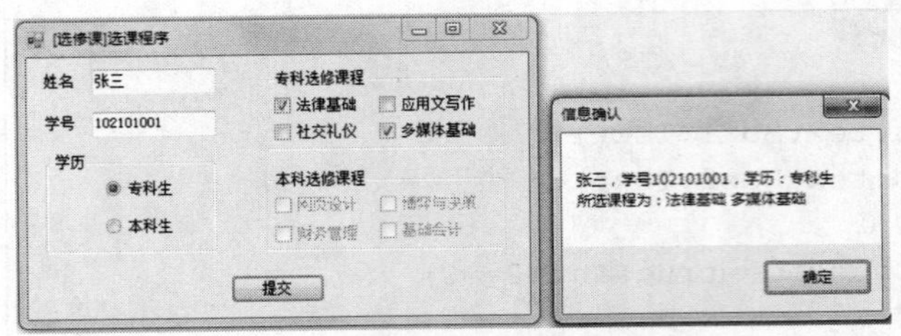


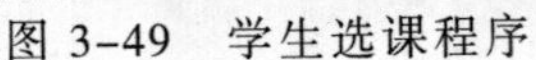
图 3-49　学生选课程序

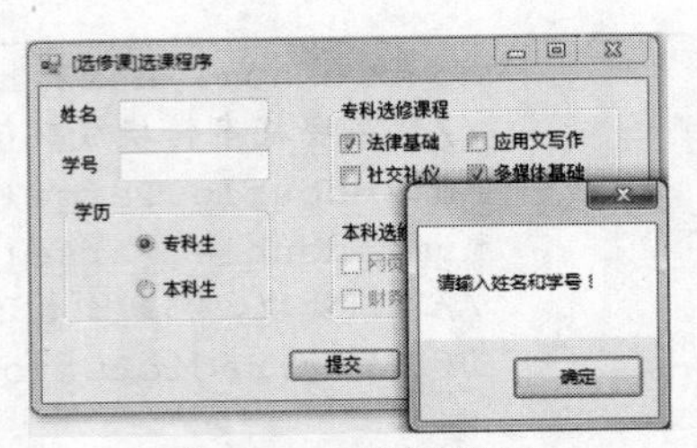


图 3-50　错误提示

操作方案：

（1）设置运行初始状态。

初始状态默认选中“专科生”单选按钮，并设置专科选修课程的 4 个复选框为启用状态，本科选修课程的 4 个复选框为不启用状态。在窗体的 Load 事件中利用代码设置单选按钮和复选框属性的初始状态比在属性窗口中设置更简单、直观。

（2）学历单选按钮的选择与对应选修课程的关联。

单击对应学历单选按钮后，对对应的选修课程复选框进行初始化操作，需要利用对应单选按钮的 CheckedChanged 事件及复选框的 Enabled 属性和 Checked 属性。

（3）存储选择的课程名称。

① 设置一个全局字符串变量 course 存储复选框中选择的课程名称。

② 当选中或取消复选框时，利用复选框的 Checked 属性和 CheckStateChanged 事件编写代码实现课程名称的存储。

如果选中一个复选框，将复选框对应的课程名称添加到 course 变量中。

如果取消选中一个复选框，利用 Replace()方法从 course 变量中删除取消选中的课程名称。

Replace()方法的语法格式如下：

```
字符串对象名=字符串对象名.Replace(字符串 1, 字符串 2);
```

功能：将一个字符串中的所有字符串 1 用字符串 2 替换，返回替换后的新字符串。

操作步骤：

（1）建立项目，在窗体中添加控件，调整它们的位置，并修改相应的属性，如表 3-10 所示。

表 3-10　控件属性设置

| 对象名 | 属性名 | 属性值 | 说明 |
|---|---|---|---|
| Form1 | Text | “【选修课】选课程序” | 窗体标题栏显示的内容 |
| label1 | Text | “姓名” | 标签显示的内容 |
| label2 | Text | “学号” | 标签显示的内容 |
| textBox1 | Text | “” | |
| textBox2 | Text | “” | |
| button1 | Text | “提交” | 按钮显示的内容 |
| groupBox1 | Text | “学历” | 分组框显示的内容 |
| groupBox2 | Text | “专科选修课程” | 分组框显示的内容 |

续表

| 对象名 | 属性名 | 属性值 | 说明 |
| --- | --- | --- | --- |
| groupBox3 | Text | "本科选修课程" | 分组框显示的内容 |
| radioButton1 | Text | "专科生" | 单选按钮显示的内容 |
| radioButton2 | Text | "本科生" | 单选按钮显示的内容 |
| checkBox1 | Text | "法律基础" | 复选框显示的内容 |
| checkBox2 | Text | "社交礼仪" | 复选框显示的内容 |
| checkBox3 | Text | "应用文写作" | 复选框显示的内容 |
| checkBox4 | Text | "多媒体基础" | 复选框显示的内容 |
| checkBox5 | Text | "网页设计" | 复选框显示的内容 |
| checkBox6 | Text | "财务管理" | 复选框显示的内容 |
| checkBox7 | Text | "博弈与决策" | 复选框显示的内容 |
| checkBox8 | Text | "基础会计" | 复选框显示的内容 |

（2）定义全局字符串变量 course，用来存储复选框中选择的课程名称：

```
string course ="";
```

（3）窗体的初始化代码：

```
private void Form1_Load(object sender, EventArgs e)
{
    /*对窗体内的控件初始化，默认选择"专科生"单选按钮，将本科生课程复选框设置
为不可用*/
    this.radioButton1.Checked=true;
    this.checkBox5.Enabled=this.checkBox6.Enabled=this.checkBox7.
Enabled=this.checkBox8.Enabled=false;
}
```

（4）每一个单选按钮的代码如下：（以 radioButton1 为例）

```
private void radioButton1_CheckedChanged(object sender, EventArgs e)
{
    //专科选修课程复选框选择状态启用
    this.checkBox1.Enabled=this.checkBox2.Enabled=this.
checkBox3.Enabled=this.checkBox4.Enabled=true;
    //本科选修课程复选框选择状态不启用
    this.checkBox5.Enabled=this.checkBox6.Enabled=this.
checkBox7.Enabled=this.checkBox8.Enabled=false;
    //本科选修课程复选框恢复为不选中状态
    this.checkBox5.Checked=this.checkBox6.Checked=this.
checkBox7.Checked=this.checkBox8.Checked=false;
    //课程选择字符串变量 course 置空
    course="";}
```

（5）每一个复选框的代码如下：（以 checkBox1 为例）

```
private void checkBox1_CheckStateChanged(object sender, EventArgs e)
{
    /*判断复选框状态是否选中。如果选中，将课程名称存储到 course 中；如果取消选
中，将课程名称从 course 中删除*/
    if(this.checkBox1.CheckState==CheckState.Checked)
```

```
        course+=this.checkBox1.Text+" ";
    else
        course=course.Replace(this.checkBox1.Text,"");
}
```

6. “提交”按钮代码如下：

```
private void button1_Click(object sender, EventArgs e)
{
    //sname:姓名,sno:学号,sdegree:学历,info:信息汇总
    string sname,sno,sdegree,info;
    sname=this.textBox1.Text.Trim();
    sno=this.textBox2.Text.Trim();
    //学历判断
    if(this.radioButton1.Checked==true)
        sdegree="专科生";
    else
        sdegree="本科生";
    //信息汇总输出
    if(sname==""||sno=="")
        MessageBox.Show("请输入姓名和学号！");
    else
    {
        info=sname+"，学号"+sno+"，学历："+sdegree+"\n 所选课程为：
"+course;
        MessageBox.Show(info,"信息确认");
    }
```

【思考】本任务只用到了复选框的“选中”和“未选中”两种选择状态，所以也可利用复选框的 Checked 属性和 CheckedChanged 事件实现存储选择的课程名称的过程。试试改写程序。

## 任务七　简单相册

操作任务：使用 ImageList 组件存储一批图片文件，利用 PictureBox 控件显示图片，label2 标签显示对应的图片文件名，label1 标签同步显示下一张图片的缩略图，“下一张”按钮实现图片的切换，并循环播放。示例图片存放在本项目文件夹下的 bin\Debug\pic 子文件夹中。运行效果如图 3-51 所示。

操作方案：使用 ImageList 组件的 Images 属性加载要显示的所有图片，并将 PictureBox 控件和 label1 标签的 ImageList 属性与 ImageList 组件进行关联。设置计数器变量 i 操作图像的编号，通过 ImageList 组件 Count 属性统计出图像集合中的图片数量。如果显示到最后一张图片，就将计数器归零，达到循环播放的效果。

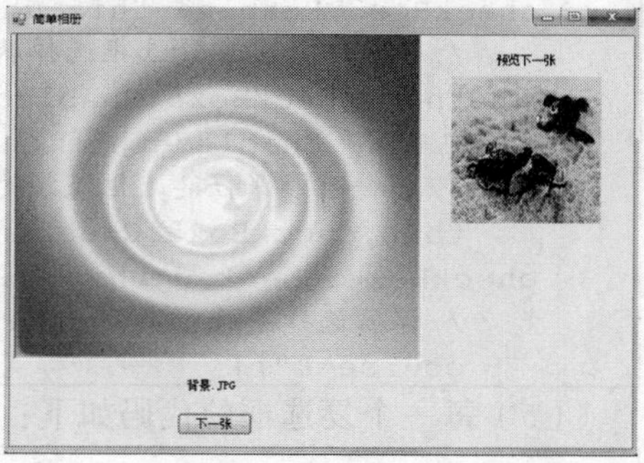

图 3-51　简单相册

操作步骤：

（1）建立项目，在窗体中添加控件，调整它们的位置，并修改相应的属性，如表 3-11 所示。

表 3-11 控件属性设置

| 对 象 名 | 属 性 名 | 属 性 值 | 说 明 |
|---|---|---|---|
| Form1 | Text | “简单相册” | 窗体标题栏显示的内容 |
| imageList1 | Images | “添加 5 幅图像文件” | 图像集合添加图像文件 |
| | ImageSize | “150,150” | 图像集合中每个图像的大小 |
| | ColorDepth | “Depth32Bit” | 设置图像颜色数 |
| pictureBox1 | SizeMode | “StretchImage” | 设置图像显示的大小效果 |
| | BorderStyle | “Fixed3D” | 设置边框样式 |
| label1 | Text | “预览下一张” | 标签显示的内容 |
| | AutoSize | “False” | 标签内容手动调节大小 |
| | ImageList | “ImageList1” | 关联 ImageList 组件 |
| | TextAlign | “TopCenter” | 确定标签中文本的位置 |
| | ImageAlign | “BottomCenter” | 关联的图像在标签中的对齐位置 |
| label2 | Text | “图片名称” | 标签显示的内容 |
| button1 | Text | “下一张” | 按钮显示的内容 |

（2）定义全局变量 i，作为计数器：

```
Int i=0;
```

（3）窗体的初始化代码：

```
private void Form1_Load(object sender, EventArgs e)
{
    //窗体初始化，显示图像集合中第一张图片
    this.pictureBox1.Image=this.imageList1.Images[i];
    this.label2.Text=this.imageList1.Images.Keys[i];
    //判断图像集合里是否有多张图片，如果只有一张，显示相同内容
    if (i==this.imageList1.Images.Count-1)
        this.label1.ImageIndex=i;
    else
        this.label1.ImageIndex=i+1;
}
```

（4）“下一张”按钮代码如下：

```
// “下一张”按钮
private void button1_Click(object sender, EventArgs e)
{
    i+=1;   //获取下一张图片的编号
    //判断下一张图片编号的值是否越界，如果越界，从第一张开始，达到循环播放的效果
    i=i>this.imageList1.Images.Count-1?0:i;
    this.pictureBox1.Image=this.imageList1.Images[i];
    this.label2.Text=this.imageList1.Images.Keys[i];
    //如果播放到最后一张，则预览图片需要从第一张开始
    if (i==this.imageList1.Images.Count-1)
        this.label1.ImageIndex=0;
    else
        this.label1.ImageIndex=i+1;
}
```

## 实践提高

### 实践一　求一个任意位整数的各个位数之和

实践操作：编写一个求整数（*n* 位）各个位数之和的程序。输入文本框内输入一个任意位整数；“计算”按钮实现整数的各个位数分解及各个位数之和的计算；只读文本框显示求和结果（要考虑如果输入负数，如何处理）。程序运行界面如图 3-52 所示。（独立练习）

操作步骤（主要源程序）：

### 实践二　4 个数字求最小

实践操作：编写一个求 4 个数字最小值的程序。在 4 个文本框内分别输入 4 个数字；“求最小”按钮实现 4 个数字求出最小值的功能；只读文本框显示结果。程序运行界面如图 3-53 所示。

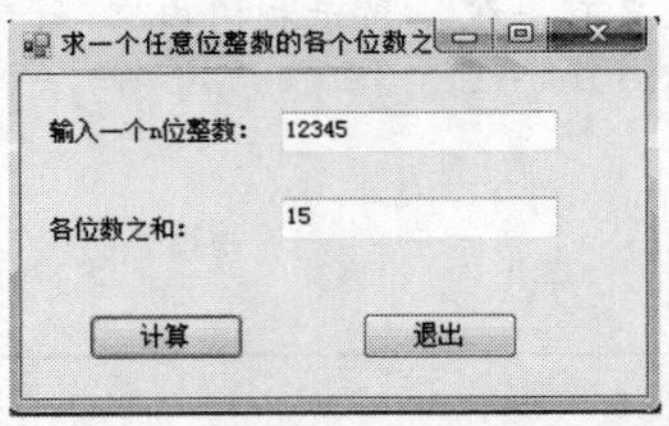


图 3-52　求一个任意位整数的各个位数之和

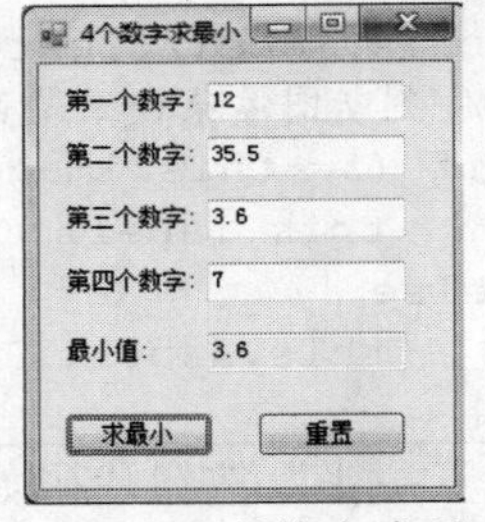


图 3-53　4 个数字求最小

操作步骤（主要源程序）：

### 实践三　更改窗体颜色

实践操作：设置 3 个颜色的单选按钮，“设置”按钮实现根据用户的选择更改窗体颜色，运行界面如图 3-54、图 3-55 所示。

图 3-54 更改窗体颜色

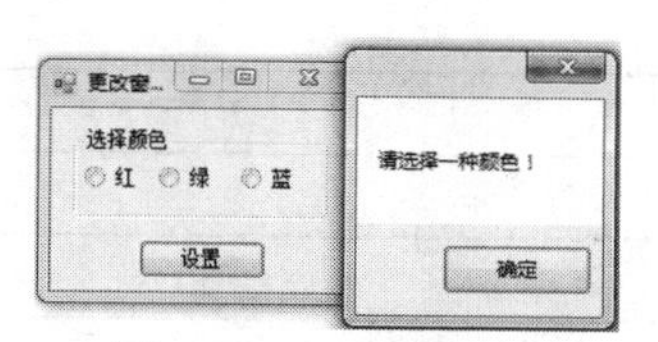


图 3-55 错误提示

操作步骤（主要源程序）：

______________________________________________

______________________________________________

______________________________________________

______________________________________________

______________________________________________

______________________________________________

______________________________________________

## 实践四 调查表

实践操作：编写调查表程序，输入姓名及选择相应的性别和兴趣爱好，“确认”按钮实现将选择的信息显示在窗体的 Label 控件中，并对信息选择做容错处理；“重置”按钮清空文本框、标签的内容和复选框的选择。运行界面如图 3-56～图 3-58 所示。

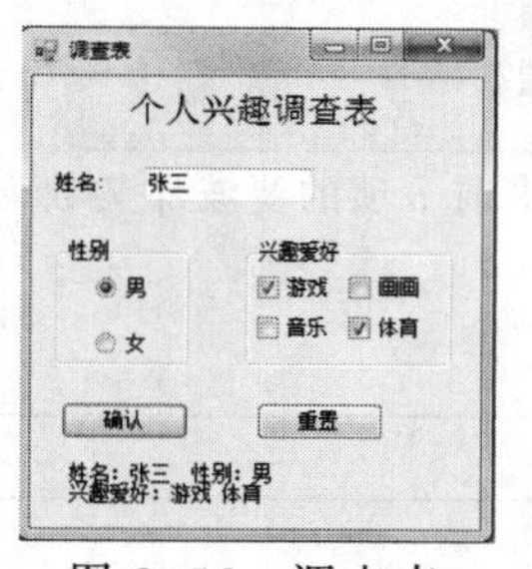


图 3-56 调查表

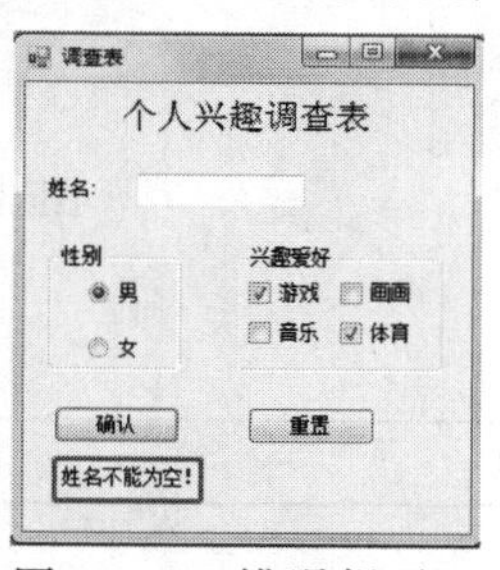


图 3-57 错误提示 1

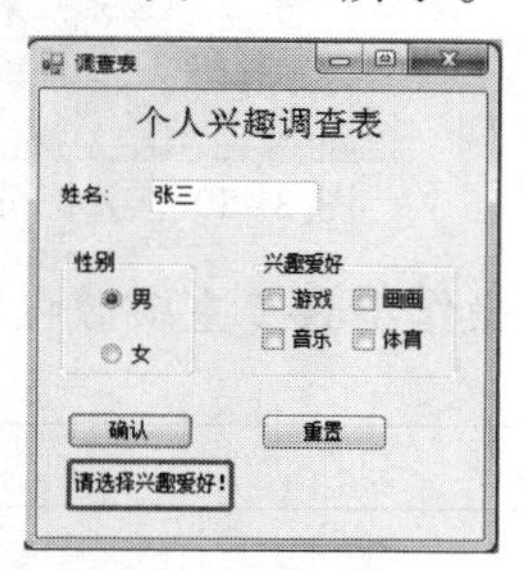


图 3-58 错误提示 2

操作步骤（主要源程序）：

______________________________________________

______________________________________________

______________________________________________

______________________________________________

______________________________________________

______________________________________________

______________________________________________

## 实践五 分类统计字符个数

实践操作：编写一个分类统计字符个数的程序，统计输入的字符串中所含空格、数字、大写字母、小写字母和其他字符的个数，运行界面如图 3-59 所示。

操作步骤（主要源程序）：

## 实践六　求前 *n* 项的斐波那契数列

实践操作：斐波那契数列是一组有规律的数据。设 F($n$)为该数列第 $n$ 项的值（$n$ 为正整数），F(1)=1，F(2)=1，F(3)=2，F(4)=3，…，F($n$)=F($n$–1)+F($n$–2)($n$≥3)，运行界面如图 3-60 所示。

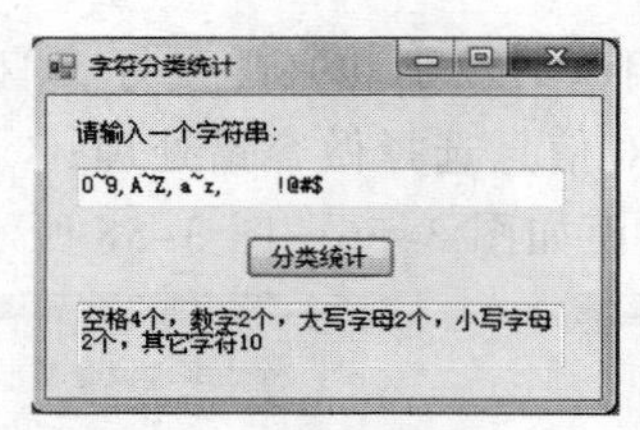


图 3-59　字符分类统计

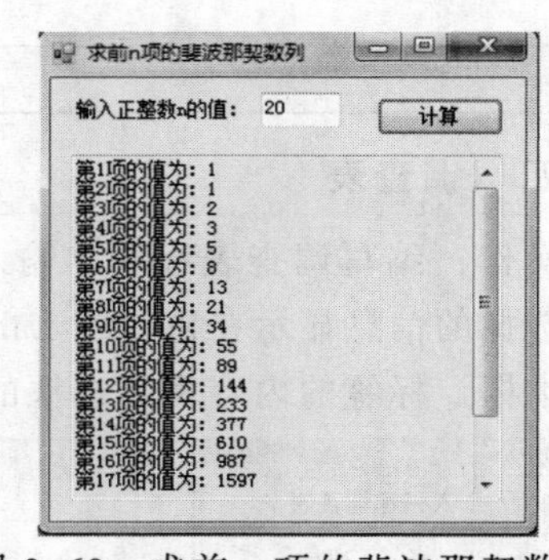


图 3-60　求前 *n* 项的斐波那契数列

操作步骤（主要源程序）：

## 理论巩固

### 一、选择题

1. C#.NET 提供了结构化程序设计的 3 种基本结构，分别是（　　）。

   A. 递归结构、选择结构、循环结构

   B. 选择结构、过程结构、顺序结构

   C. 过程结构、输入输出结构、转向结构

   D. 选择结构、循环结构、顺序结构

2. 一年中的12个月，每个月的中文对应一个数字，如“一月”对应1，“二月”对应2。现在输入一个整数，希望能输出数字对应的中文，例如输入1，输出“一月”。使用（　　）最适合。

A. 单一的if结构　　B. 嵌套的if结构

C. switch结构　　D. 嵌套的if...else结构变量

3. 为了避免在嵌套的条件语句if...else中产生二义性，C语言规定else子句总是与（　　）配对。

A. 缩排位置相同的if

B. 与之前最近的，同一复合语句的，而且没有和其他else匹配的if

C. 其之后最近的if

D. 同一行上的if

4. switch语句中，用（　　）来处理不匹配case语句的值。

A. default　　B. anyelse　　C. break　　D. goto

5. 如果循环次数已知，一般用（　　）循环语句实现比较合适。

A. for　　B. while　　C. switch　　D. if

6. 先判断条件的循环语句是（　　）。

A. do...while　　B. while　　C. while...do　　D. do...loop

7. 在C#语言的循环结构中，首先执行一次，然后再判断条件的循环结构是（　　）。

A. while循环　　B. do...while循环　　C. for循环　　D. foreach循环

8. 关于如下程序结构的描述中，（　　）是正确的。

```
for( ; ; )
  {循环体;}
```

A. 不执行循环体　　B. 一直执行循环体，即死循环

C. 执行循环体一次　　D. 程序不符合语法要求

9. 循环语句“for（int i=30;i>=10;i-=3）{ }”的循环次数为（　　）次。

A. 5　　B. 6　　C. 7　　D. 8

10. 在下面循环语句中，循环体执行的次数为（　　）。

```
for(int i=0; i<n; i++)
  if(i>n/2) break;
```

A. $n/2$　　B. $n/2+1$　　C. $n/2-1$　　D. $n-1$

11. 下面程序段的运行后，n的值为（　　）。

```
n=1;
for(i=1;i<=3;i++)
  n=n*i;
```

A. 3　　B. 2　　C. 6　　D. 5

12. 下列语句执行后y的值为（　　）。

```
int x=0,y=0;
while(x<10)
{
    y+=(x+=2);
}
```

A．10　　B．20　　C．30　　D．55

13．下列属性中，RadioButton 和 CheckBox 控件都具有的属性是（　　）。

A．ThreeState　　B．BorderStyle　　C．Checked　　D．CheckState

14．当单选按钮的 Checked 属性值改变后，会触发（　　）事件。

A．Click　　B．CheckedChanged

C．MouseClick　　D．CheckedStateChanged

15．当复选框的 CheckedChanged 事件、CheckedStateChanged 事件和 Click 事件都被触发时，触发的次序为（　　）。

A．CheckedChanged、CheckedStateChanged、Click

B．CheckedChanged、Click、CheckedStateChanged

C．Click、CheckedChanged、CheckedStateChanged

D．Click、CheckedStateChanged、CheckedChanged

## 二、填空题

1．已知 int x=10，y=20，z=30；执行以下程序段后，x、y、z 的值是________。

```
if(x>y)
  z=x;x=y;y=z;
```

2．当 a=1、b=3、c=5、d=4 时，执行以下程序段后，x 的值是________。

```
if(a<b)
  if(c<d) x=1;
  else if(a<c)
      if(b<d) x=2;
      else x=3;
      else x=6;
else x=7;
```

3．当 month 等于 6 时，以下程序段的输出结果是________。

```
int days=0;
switch(month)
{
   case 2:
       days=28;
       break;
   case 4:
   case 6:
   case 9:
   case 11:
       days=30;
       break;
   default:
       days=31;
       break;
}
```

4．以下程序段执行后，sum 的值为________。

```
int i,sum;
for(i=1,sum=0;i<=10;i++)
```

```
    sum+=i;
```

5. 以下程序段执行后，s 的值是为________。

```
int x=0,s=0;
while(!x! = 0)  s+=++x;
```

**三、程序阅读题**

1. 下面程序段的功能是计算 1 ~ 50 中是 7 的倍数的数值之和，请将程序补充完整。

```
private void button1_Click(object sender, EventArgs e)
{
    int i,sum=0;
    for(i=1; ______________;i++)
        if(______________) sum+=i;
    this.textBox1.Text =______________
}
```

2. 下面程序段的功能是判断并输出 2000—2018 年之间所有的闰年。判断闰年的条件为：年份能被 4 整除但不能被 100 整除，或者能被 400 整除。请将程序补充完整。

```
private void button1_Click(object sender, EventArgs e)
{
    int year,ybegin,yend;
    ybegin=2000;  yend=2018;
    for(year=ybegin; year<=yend; year++)
       if(__________________________________________________)
          this.textBox1.Text+=__________________________
}
```

## 模块小结

通过本模块的学习，重点掌握以下知识点：

① 三种流程控制结构（顺序结构、选择结构、循环结构）的概念。

② if 语句和 switch 语句的格式及使用方法。

③ while 语句、do...while 语句和 for 语句的格式及使用方法。

④ 处理图像的控件和组件的应用：PictureBox 控件和 ImageList 组件。

⑤ 选择控件的应用：RadioButton 控件、CheckBox 控件。

## 模块四

# 数　组 >>>

### 知识提纲

- 数组的概念。
- 数组的特点。
- 数组在内存中的存储情况。
- 一维数组的定义、初始化。
- 一维数组元素的引用。
- 二维数组的定义、初始化。
- 随机数初始化及生成。

### 知识导读

## 一、数组的概念

在编写程序时，经常需要存储多个同类型的数据。例如，保存100个学生的C#课程考试成绩。那是否需要声明100个double类型的变量呢？如果我们又要对100个成绩计算平均成绩，统计最高分，统计不及格人数，以及对成绩进行排序等操作，是否需要给每个变量进行多次新赋值呢？C#提供了数组，用于专门存储一组相同类型的数据。

数组在所有程序设计语言中都是一个非常重要的概念。数组的作用是允许程序员用同一个名称来引用多个变量，因此采用数组索引可以区分这些变量。很多情况下利用数组索引来设置一个循环，就可以高效地处理复杂的情况，因此在很多情况下，使用数组可以缩短或者简化程序的代码。

数组是具有一定顺序关系的变量的集合体。组成数组的变量称为数组的元素，它们在内存中连续存放。同一数组的各元素具有相同的数据类型。数组必须先声明后使用。

数组中的第一个元素的下标称为下界，最后一个元素的下标称为上界，其余元素连续地分布在上下界之间。数组在内存中是用连续的区域来存储的。

## 二、一维数组

### 1. 一维数组的声明

声明一维数组时需要定义数组的名称、维数和数组元素的类型。一般语法格式如下：

```
数据类型[ ] 数组名=new 数据类型[长度];
```

例如：声明并初始化长度为3的double类型数组。

```
double[ ] score=new double[3];
```

其中数组名为 score，数组名的命名与变量名一样，要遵循标识符的命名规则；长度必须是整数。score 数组中包含了 3 个 double 类型的数组元素，因为在初始化数组时，[ ]中声明的长度为 3。既然都在数组 score 中，所以 3 个数组元素的名字都是 score，为了区分它们，按照顺序给它们加上索引[0]、[1]、[2]。

需要注意的是数组的索引从 0 开始编号。因此，数组 score 中 3 个元素的名字就分别是 score[0]、score[1]、score[2]。数组经过初始化以后，每个数组元素都有默认的初始值，double 类型为 0.0，int 类型为 0，char 类型为'a'，bool 类型为 false，string 类型为 null。

2. 一维数组的赋值

C#中数组元素有多种初始化方式。例如，声明一个 double 类型数组，并为其赋初始值，以下几种方法都是等效的。

```
double[ ] a=new double[3];                   //数组长度为 3
a[0]=88;                                     //给数组 a 第一个元素赋值
a[1]=89;                                     //给数组 a 第二个元素赋值
a[2]=66;                                     //给数组 a 第三个元素赋值
double[ ] b=new double[3] {88,89,66};        //数组长度为 3，并赋初值
double[ ] c=new double[ ] {88,89,66};        //数组长度为 3，并赋初值
double[ ] d={88,89,66};                      //数组长度为 3，并赋初值
```

数组 a 的初始化，是给每个数组元素逐个赋值；数组 b、c、d 是在初始化时为数组元素指定初始值。请注意数组 b 在定义时用[3]声明了数组长度，后面{ }中的初始值个数要与[ ]中声明的长度相同。数组 c、d 初始化没有声明长度，长度由{ }中的初始值个数确定。

3. 一维数组元素的访问

数组作为一个整体不能参加数据的处理，参加数据处理的只能是单个的数组元素。在实际应用中，经常可以通过循环来控制对数组元素的访问。访问数组的下标随循环控制变量的变化而变化。

下面介绍使用 foreach 语句遍历数组。

使用 for 语句控制循环，可以通过索引访问数组元素；而使用 foreach 语句则可以不依赖索引就可以读取每一个数组元素。foreach 语句的一般语法格式如下：

```
foreach (数据类型  迭代变量名 in 数组名)
{
    使用迭代变量
}
```

例如：foreach(double t in score)。数组名为 score，迭代变量 t 为双精度型，用来存放数组中的每个元素，然后可用迭代变量实现相关功能，如统计不同分数段的学生人数等。

## 三、二维数组和多维数组

二维数组就是一个特殊的一维数组，它的每个元素都是一个一维数组。二维数组也是以数组作为数组元素的数组。将这个概念进行推广，即可得到多维数组。C#支持多维数组，二维数组是最简单的多维数组。

1. 二维数组的声明

在使用二维数组变量前要声明二维数组变量，语法格式如下：

```
类型[,] 数组名;
```

例如，声明整型二维数组变量 arr：

```
int[,] arr;
```

数组变量 arr 常简称为数组 arr，是一个变量，用于引用一个二维数组实例。数组元素的类型是 int。

再如，声明字符串型二维数组 names：

```
string[,] names;
```

又如，声明整型二维数组 array，使它引用一个 2 行 3 列的整型数组：

```
int[,] array=new int[2,3];  //2 和 3 表示 2 行 3 列
```

第 2 行第 3 列的元素为 array[1, 2]，该元素中 1 是行下标的值，表示第 2 行。因为行号从 0 开始标识。该元素中的 2 是列下标的值，表示第 3 列。因为列号从 0 开始标识。

2. 二维数组的初始化

为二维数组变量指定一个二维数组实例，例如：

```
int[,] a=new int[3,4];//a 引用 3 行 4 列的二维数组对象，每个元素自动为 0
float[,] floatarr=new float[,]{{1,2,3},{4,5,6},{7,8,9}};
                                        //指定元素 3 行 3 列的值
floatarr=new float[2,3] ;               //floatarr 重新引用另一个数组对象
double[,] score={{80,90},{70,60}};      //2 行 2 列的数组
```

二维数组对象可以被认为是一个 *x* 行 *y* 列的表格，上面声明的二维数组 a 的元素如表 4-1 所示。

表 4-1 二维数组 a 中的元素

| 列<br>行 | 第 0 列 | 第 1 列 | 第 2 列 | 第 3 列 |
|---|---|---|---|---|
| 第 0 行 | a[0,0] | a[0,1] | a[0,2] | a[0,3] |
| 第 1 行 | a[1,0] | a[1,1] | a[1,2] | a[1,3] |
| 第 2 行 | a[2,0] | a[2,1] | a[2,2] | a[2,3] |

3. 二维数组的遍历

遍历二维数组时，需要了解二维数组的常用属性和方法。

Length 属性：表示 system.array 的所有维数中元素的总数。

GetLowerBound(int dimension)方法：返回某维索引的下限。

GetUpperBound(int dimension)方法：返回某维索引的上限。

可以利用 for 双重循环来遍历二维数组，代码如下：

```
static void Printvalues(int[,] a)
{
 for(int i=0;i<=a.GetUpperBound(0);i++)
 {
  for(int j=a.GetLowerBound(1);j<=a.GetUpperBound(1);j++)
        console.write(a[i,j] +" ");
   }
 }
```

### 4. foreach 语句与 for 语句遍历数组的区别

foreach 语句与 for 语句遍历数组时，前者语法更为简单，不需要考虑元素的下标，但是功能没有 for 语句强大。以下几种情况只能使用 for 语句遍历：

（1）foreach 语句总是遍历整个数组。如果只需要遍历数组的特定部分（如前半部分），或者需要绕过特定元素（如只需遍历索引为偶数的元素），那么最好是使用 for 语句。

（2）foreach 语句总是从索引 0 遍历到索引（length-1）。如果需要反向遍历，那么最好使用 for 语句。

（3）如果循环需要知道元素索引，而不仅仅是元素值，那么必须使用 for 语句。

（4）如果需要修改数组元素，那么必须使用 for 语句。这是因为 foreach 语句是一个只读访问。

## 四、数组常用的属性及方法

数组都是直接或间接从 System.Array 类继承而来，因此可以使用该类提供的一些预定义好的属性及方法。

### 1. 常用属性

IsFixedSize：返回一个值，指示数组是否具有固定大小。对于所有数组，该返回值都为 true，因为数组必须是具有固定数量的数据成员的集合。

IsReadOnly：返回一个值，指示数组是否为只读。对于所有数组，该返回值都为 false。

Length：返回数组的长度，即数组中所包含的元素的个数。

Rank：返回数组的秩（维数）。

主要代码如下：

```
{
    int[] myarray={1,3,5,7,9};
    this.label1.Text="数组是否具有固定大小:"+ myarray.IsFixedSize;
    this.label1.Text="数组是否只读:"+myarray.IsReadOnly;
    this.label1.Text="数组的长度:"+myarray.Length;
    this.label1.Text="数组的维数: "+myarray.Rank;
}
```

### 2. 常用方法

下面介绍的方法都是 System.Array 类下的静态方法，使用时直接通过类名 Array 调用。

（1）Array.Clear()方法。

```
Array.Clear(Array array,int index,int length)
```

Array.Clear 方法是将数组中指定的元素清空。数值型数据清空后值为 0，引用型数据清空后为 null，布尔型数据清空后为 false。3 个参数中，第 1 个参数是指需要清空的数组；第 2 个参数是起始索引（下标），从该位置开始清空；第 3 个参数是需要清空的元素个数。如代码语句 Array.clear(myarray,2,3)表示从 myarray 数组中下标为 2 的位置开始，一共清空 3 个元素。

（2）Array.Sort()方法。

```
Array.Sort(Array array,int index,int length)
```

Array.Sort 方法是对数组中的元素按照从小到大的顺序排列，参数的含义跟 Clear()方法中的基本一样。Sort()方法有很多重载，下面演示的是最简单的一种：Array.Sort (myArray)，只使用一个数组名参数，表示对数组中所有元素进行排序。

【思考】Sort()方法如何对二维或多维数组排序？

（3）Array.Copy()方法。

```
    Array.Copy(Array sourceArray,int sourceIndex,Array destinationArray,
int destinationIndex,int length)
```

参数说明：

sourceArray：源数组，它包含要复制的数据。

sourceIndex：源数组的起始索引，表示从该位置开始复制。

destinationArray：目标数组，接收复制的数组。

destinationIndex：目标数组的起始索引，表示从该位置开始存储被复制的数据。

length：要复制的元素个数。

Array.Copy 方法提供了数组之间的复制功能，从源数组指定的起始索引开始，复制指定个数的元素，把它们粘贴到目标数组中（从指定位置开始存放）。如程序代码块：

```
int[] sourceArray={1,2,3,4,5};
int[] destinationArray=new int[5];    //该方式创建数组，元素默认值为 0
```

Array.Copy(sourceArray, 1, destinationArray, 0, 3);从源数组起始索引为 1 的元素开始复制，共复制 3 个元素到目标数组，目标数组从第 1 个元素开始存放，其他没有复制的元素仍为默认值 0

```
this.label1.Text="";
for(int index=0; index<destinationArray.Length; index++)
{
 this.label1.Text+=destinationArray[index ]+"";
 }
```

以上程序代码块运行结果为："2 3 4 0 0 "。

## 五、集合

### 1. 集合简介

集合类似于数组，是能够同时容纳多个数据元素的一种数据结构，但是集合比数组更为灵活。数组有两个明显的局限性：第一，数组元素的数据类型一定要相同；第二，在创建数组时必须明确数组的长度，即要知道有多少个数据元素。而实际应用中，很多时候可能无法在早期就能明确数据的规模，所以不能用固定大小的数组来定义存储数据。此时可以考虑使用集合。在程序的执行过程中，集合的大小可以动态变化。

C#中，集合中元素的数据类型是 Object 类型。由于 Object 是所有类型的基类，所以任意类型的数据（包括值类型和引用类型数据）都可以被组合到集合中。根据数据的存储内容，可以将集合分成值集合和键值集合，它们都位于命名空间 System.Collection 下。另外，每个集合都具有添加元素、删除元素、插入元素、清空元素等操作。

### 2. 值集合

如果集合元素只存储元素的一个值，称为值集合，它包括以下几种常见的类：

ArrayList（动态数组）：一维的动态数组。

Queue（队列）：具有先进先出特征的队列。

Stack（栈）：具有后进先出特征的栈。

（1）ArrayList 类。

动态数组类 ArrayList 因为没有限制元素的个数和数据类型而得名，它与数组类 Array 的主要区别如下：

① Array 的大小是固定的，而 ArrayList 的大小可根据需要自动扩充。

② Array 可以具有多个维度，而 ArrayList 始终只是一维的。

③ Array 位于 System 命名空间中，ArrayList 位于 System.Collection 命名空间。

创建动态数组对象的语法格式如下：

```
ArrayList 数组对象名=new ArrayList();
```

例如，ArrayList list=new ArrayList();这条语句表示创建了一个动态数组对象 list。

ArrayList 类还提供了一些常用方法，如添加方法（Add()）、删除方法（Remove()）、插入方法（Insert()）、清空方法（Clear()）、排序方法（Sort()）等。代码案例如下：

```
ArrayList  list=new ArrayList();
list.Add(123);                  //添加元素
list.Insert（1,123）;           //指定位置插入元素
list.Remove(123);               //删除元素
```

（2）Queue 类。

Queue 类是一种先进先出的队列结构，从一端插入元素，从另外一端移除元素，并且最先入队的元素最先被移除，因此队列一般用于顺序处理对象。

创建队列对象的语法格式如下：

```
Queue  队列名=new Queue([队列长度] [,增长因子]);
```

其中，队列长度默认为 32，增长因子默认为 2.0（即每当队列容量不足时，队列长度调整为原来的 2 倍）。

Queue 类也提供了一些常用的属性及方法，如 Count 属性，获取队列中元素的个数，类似数组的 Length 属性；Enqueue()方法，入队操作，即向队列中插入元素；Dequeue()方法，出队操作，即从队列中移除元素；Clear()方法，表示从队列中移除所有元素。代码案例如下：

```
queue queue=new queue();              //创建队列
queue.Enqueue(123);                   //元素入队
queue.Dequeque();                     //元素出队
foreach(object obj in queue);         //遍历队列
```

（3）Stack 类。

Stack 类是一种后进先出的栈结构，数据的进出都在一端进行，即从栈顶插入元素，也从栈顶移除元素。创建栈对象的语法格式如下：

```
Stack 栈名=new Stack();
```

栈中添加元素使用 Push()方法，移除栈顶元素使用 Pop()方法，返回栈顶数据使用 Peek()方法，清空栈元素使用 Clear()方法。

```
Stack stack=new Stack;                //创建栈
stack.Push(123);                      //元素入栈
foreach(object obj in stack);         //遍历栈
stack.Pop();                          //元素出栈
```

## 任务驱动

### 任务一　使用一维数组处理数字中的极值

操作任务：编写一个程序，用来随机产生 8 个两位整数，并求出其中的最小数及其位置。程序设计界面如图 4-1 所示，程序运行时单击“产生随机数”按钮，将产生 8 个两位数并显示在第一个文本框中。单击“求最小数及下标”按钮将从中找出最小数及其下标，并分别显示在第二和第三个文本框中。程序运行界面如图 4-2 所示。

图 4-1　初始界面

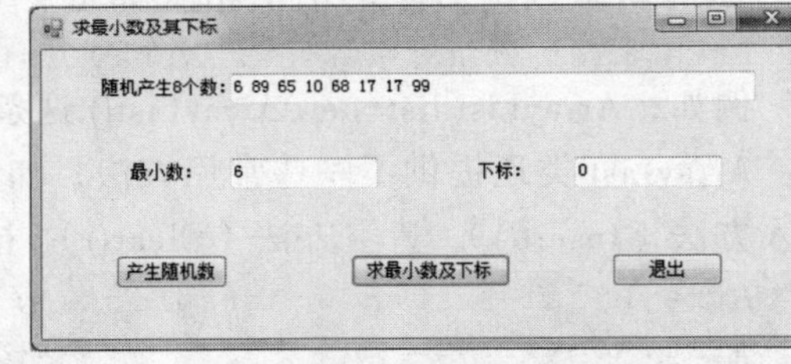


图 4-2　“求最小数及其下标”运行界面

操作方案：用一个数组来存放一批随机产生的数，再设置两个变量，一个用来存放最小数，一个用来存放最小数的位置（即下标）。首先认为数组中第一个数为最小，记下它的值和位置。然后用记下的最小数和后面的数比较。如果后面的数小，则用存放最小数的变量存放该数，用存放最小数位置的变量存放该数的位置。然后再用存放最小数的变量和后面的数比较……直到数组中所有数都比较完毕，存放最小数变量中的值即最小数，存放最小数下标的变量中的值即最小数的位置。

操作步骤：

（1）按表 4-2 所示，在项目窗体上添加控件（标签控件省略），并把其相应属性设置好。

**表 4-2　控件属性设置**

| 对　象　名 | 属　性　名 | 属　性　值 | 说　　明 |
|---|---|---|---|
| Form1 | Text | “求最小数及其下标” | 窗体标题栏上的内容 |
| textBox1 | Text | “” | 显示产生的两位随机数 |
| textBox2 | Text | “” | 显示最小数 |
| textBox3 | Text | “” | 显示最小数位置（下标） |
| button1 | Text | “产生随机数” | 单击产生随机数 |
| button2 | Text | “求最小数” | 单击找出最小数及下标 |
| button3 | Text | “退出” | 单击退出程序 |

（2）在控件相应事件下面添加代码如下：

```
int[] a=new int[8];
private void button1_Click(object sender, EventArgs e)
{
    int i;
    Random rd=new Random();
    textBox1.Text="";
```

```
        for(i=0;i<=7;i++)
        {
            int RandKey=rd.Next(10,100);
            a[i]=RandKey;
            textBox1.Text+=a[i].ToString()+"";
        }
    }
    private void button2_Click(object sender, EventArgs e)
    {
        int i;
        int min,min_i;
        min=a[0];
        min_i=0;
        for(i=1;i<=7;i++)
        {
            if (min>a[i])
            {
                min=a[i];
                min_i=i;
            }
        }
        textBox2.Text=min.ToString();
        textBox3.Text=min_i.ToString();
    }
    private void button3_Click(object sender, EventArgs e)
    {
        this.Close();
    }
```

## 任务二　一维数组处理反序输出

操作任务：编写一个程序，生成 10 个两位随机整数，存入到一维数组，再按反序存放后输出。程序的设计界面如图 4-3 所示，程序运行时单击“生成一维数组”按钮，产生 10 个两位随机整数组成的数组，并显示在第一个文本框中。单击“反序显示”按钮将把数组中的元素反序存放并显示在第二个文本框中，如图 4-4 所示。

图 4-3　设计界面

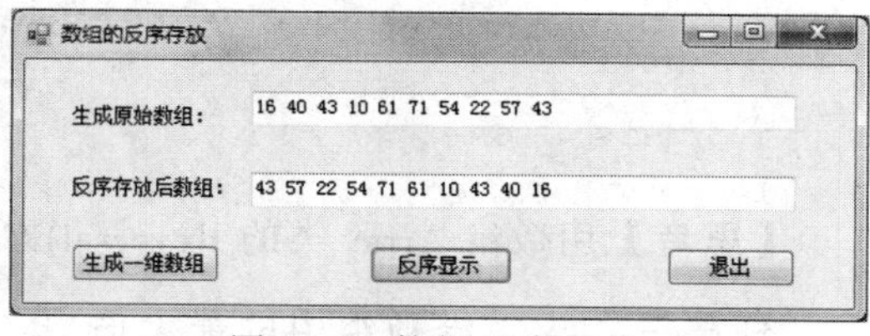


图 4-4　数组反序输出

操作方案：定义两个数组，int[] a = new int[10]，全局变量数组；int[] b = new int[10]，局部变量数组。数组 a 用来存放原始数组内容，数组 b 用来存放反序输出的内容，关键语句是：b[j] = a[9-j]。

操作步骤：

（1）按表 4-3 所示，在项目窗体上添加控件（标签控件省略），并把其相应属性设置好。

表 4-3 控件属性设置

| 对 象 名 | 属 性 名 | 属 性 值 | 说 明 |
|---|---|---|---|
| Form1 | Text | “数组的反序存放” | 窗体标题栏上的内容 |
| textBox1 | Text | “” | 显示生成数组元素 |
| textBox2 | Text | “” | 显示反序存放数组元素 |
| button1 | Text | “生成一维数组” | 单击产生数组元素 |
| button2 | Text | “反序存放” | 单击生成反序数组元素 |
| button3 | Text | “退出” | 单击退出程序 |

（2）在控件相应事件下面添加代码如下：

```
int[] a=new int[10];
private void button1_Click(object sender, EventArgs e)
{
    int i;
    Random b=new Random();
    textBox1.Text="";
    for(i=0;i<=9;i++)
    {
        a[i]=b.Next(10,100);
        textBox1.Text=textBox1.Text+a[i].ToString()+"";
    }
}
private void button2_Click(object sender, EventArgs e)
{
    int[] b=new int[10];
    int j;
    textBox2.Text="";
    for(j=0;j<=9;j++)
    {
        b[j]=a[9-j];
        textBox2.Text+=b[j].ToString()+"";
    }
}
private void button3_Click(object sender, EventArgs e)
{
    this.Close();
}
```

【思考】用数组 Array 类的 Reverse()方法如何实现数组反转？

## 任务三 求二维数组中的最大值

操作任务：定义 1 个 5 行 4 列的二维数组，随机给每个元素赋值（两位整数），求这 20 个数字中的最大值。设计界面如图 4-5 所示，运行界面如图 4-6 所示。

操作方案：先随机产生 20 个数字，并赋值给对应的数组元素。二维数组遍历要使用嵌套 for 循环（也可以使用 foreach）。显示二维数组还要借助于“\r\n”，表示回车\换行。

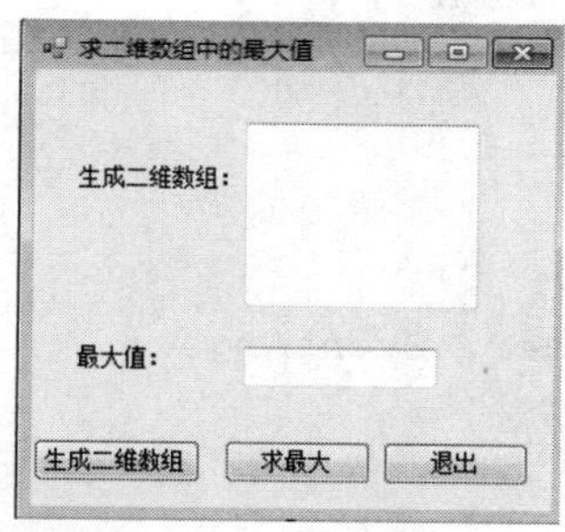

图 4-5 设计界面

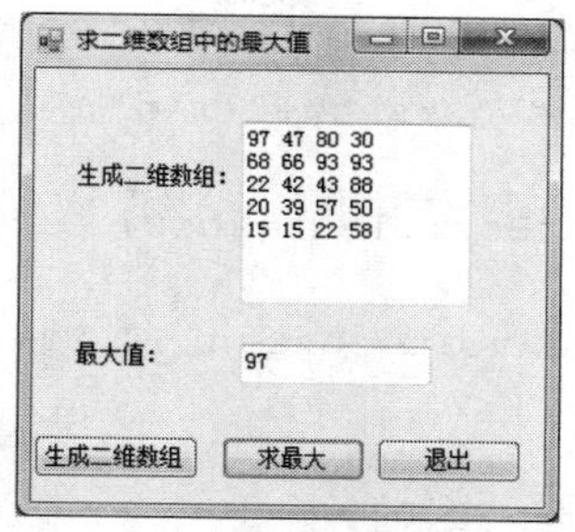

图 4-6 求二维数组最大值

操作步骤:

(1)按表 4-4 所示,在项目窗体上添加控件(标签控件省略),并把其相应属性设置好。

表 4-4 控件属性设置

| 对 象 名 | 属 性 名 | 属 性 值 | 说 明 |
|---|---|---|---|
| Form1 | Text | “求二维数组中最大” | 窗体标题栏上的内容 |
| textBox1 | Text | “” | 显示生成的数组元素 |
| textBox1 | Multiline | “True” | 允许多行显示文本 |
| textBox2 | Text | “” | 显示元素中最大值 |
| button1 | Text | “生成二维数组” | 单击产生数组元素 |
| button2 | Text | “求最大” | 单击生成最大元素 |
| button3 | Text | “退出” | 单击退出程序 |

(2)在控件相应事件下面添加代码如下:

```
const int m=5;
const int n=4;
int[,] a=new int[m,n];
private void button1_Click(object sender, EventArgs e)
{
    int i,j;
    Random b=new Random();
    string show;
    textBox1.Text="";
    for(i=0;i<=m-1;i++)
    {
        for(j=0;j<=n-1;j++)
        {
            a[i,j]=b.Next(10,100);
        }
    }
    show="";
    for(i=0;i<=m-1;i++)
    {
        for(j=0;j<=n-1;j++)
        {
            show=show+a[i,j].ToString()+"";
```

```
        }
        show=show+"\r\n";
    }
    textBox1.Text=show;
}
private void button2_Click(object sender, EventArgs e)
{
    int i,j,max;
    max=a[0,0];
    for(i=0;i<=m-1;i++)
    {
        for(j=0;j<=n-1;j++)
        {
            if(max<a[i,j])
            {
                max=a[i,j];
            }
        }
    }
    textBox2.Text=max.ToString();
}
private void button3_Click(object sender, EventArgs e)
{
   this.Close();
}
```

## 任务四 “冒泡”法排序

操作任务：使用“冒泡”法进行排序（由小到大）。冒泡排序又称简单交换排序，其基本思想是对存放原始数据的数组，按从后往前的方向进行多次扫描。每次扫描称为一趟排序，当发现相邻两个数据的次序与排序要求不符时，将这两个数据交换。这样，较小的数据就会逐单元往前移动，好像气泡往上浮一样。设计界面如图 4-7 所示，运行界面如图 4-8 所示。

操作方案：首先定义一个一维数组，然后输出显示出来，利用双重 for 循环进行排序，关键语句是：for (int i = 1; i < n; i++)，进行 *n*–1 趟排序。

```
{
   for(int j=0;j<n-i;j++)
   {
      if(a[j]>a[j+1])                        //前大后小，交换
      {
         //交换元素
         int temp;
         temp=a[j];
         a[j]=a[j+1];
         a[j+1]=temp;
      }
   }
}
```

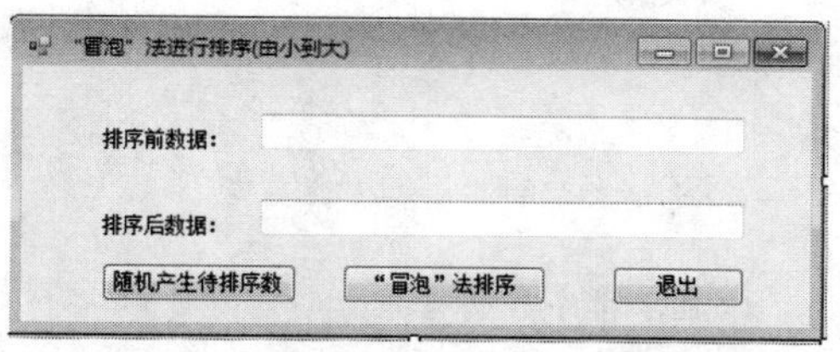


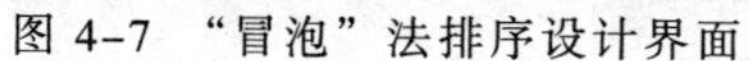
图 4-7 "冒泡"法排序设计界面

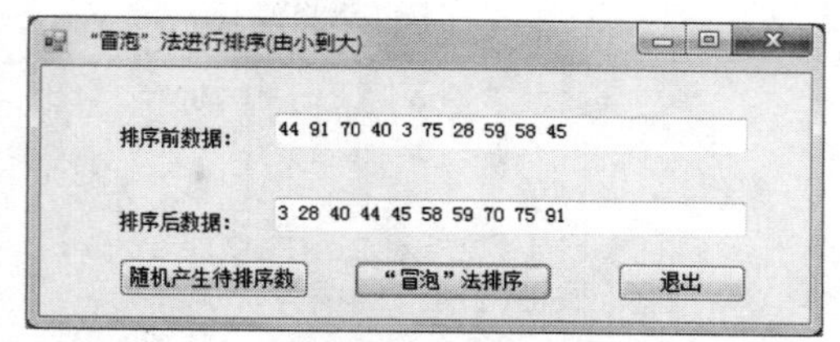


图 4-8 "冒泡"法排序运行界面

操作步骤：

（1）按表 4-5 所示，在项目窗体上添加控件（标签控件省略），并把其相应属性设置好。

表 4-5 控件属性设置

| 对 象 名 | 属 性 名 | 属 性 值 | 说 明 |
|---|---|---|---|
| Form1 | Text | "冒泡法进行排序（由小到大）" | 窗体标题栏上的内容 |
| textBox1 | Text | "" | 显示排序前数据 |
| textBox2 | Text | "" | 显示排序后数据 |
| button1 | Text | "随机产生待排序数" | 单击生成待排序数据 |
| button2 | Text | "冒泡法排序" | 单击显示排序后数据 |
| button3 | Text | "退出" | 单击退出程序 |

（2）在控件相应事件下面添加代码如下：

```
int[] a=new int[10];
int n;
private void button1_Click(object sender, EventArgs e)
{
    int i;
    n=a.Length;
    Random b=new Random();
    textBox1.Text="";
    for(i=0;i<n;i++)
    {
        a[i]=b.Next(1,100);
        textBox1.Text=textBox1.Text+a[i].ToString()+"";
    }
}
private void button2_Click(object sender, EventArgs e)
{
    n=a.Length;
    for(int i=1;i<n;i++)              //进行n-1趟排序
    {
        for(int j=0;j<n-i;j++)
        {
            if(a[j]>a[j+1])          //前大后小，交换
            {
                //交换元素
                int temp;
                temp=a[j];
```

```
                a[j]=a[j+1];
                a[j+1]=temp;
            }
        }
        this.textBox2.Clear();
        for(int j=0;j<n;j++)              //显示排序后的结果
        {
            textBox2.Text=textBox2.Text+a[j].ToString()+"";
        }
    }
}
private void button3_Click(object sender, EventArgs e)
{ this.Close();}
```

【思考】此任务可以利用数组的排序方法来实现，即 Array.Sort(Array array,int index,int length)，请问如何实现？那利用 Array.Sort(Array array,int index,int length)方法，如何实现数组从大到小排序？

## 任务五　数组常用方法的使用

操作任务：利用 Array.Clear(Array array,int index,int length)方法将数组中指定的元素清空。数值型数据清空后值为 0，引用型数据清空后为 null，布尔型数据清空后为 false。利用 Array.Sort( Array array,int index,int length )方法对数组中元素按照从小到大的顺序排列，参数的含义跟 Clear()方法中基本一样。利用 Array.Copy(Array sourceArray,int sourceIndex, Array destinationArray,int destinationIndex,int length)方法进行数组之间的复制。

操作方案：首先随机产生一个含有 10 个整数的一维数组，然后利用数组以上三种常用方法，实现相应功能。程序设计界面如图 4-9 所示，运行界面如图 4-10 所示。

图 4-9　数组方法使用设计界面

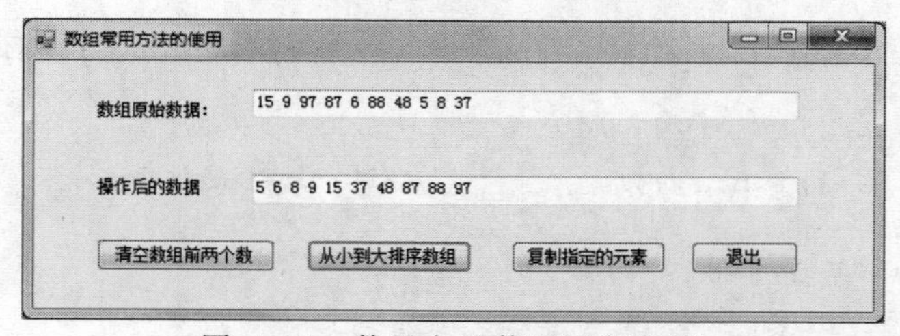


图 4-10　数组方法使用运行界面

操作步骤：

（1）按表 4-6 所示，在项目窗体上添加控件（标签控件省略），并把其相应属性设置好。

表 4-6 控件属性设置

| 对象名 | 属性名 | 属性值 | 说明 |
|---|---|---|---|
| Form1 | Text | "数组常用方法的使用" | 窗体标题栏上的内容 |
| textBox1 | Text | "" | 显示数组原始数据 |
| textBox2 | Text | "" | 显示操作后的数据 |
| button1 | Text | "清空数组前两个数" | 单击清空数组前两个数 |
| button2 | Text | "从小到排序" | 单击显示排序后数组 |
| button3 | Text | "复制指定的元素" | 单击复制指定元素到空数组 |
| button4 | Text | "退出" | 单击退出程序 |

（2）在控件相应事件下面添加代码如下：

```
int[] a=new int[10];
int n;
private void button1_Click(object sender, EventArgs e)
{
    int i;
    n=a.Length;
    Random b=new Random();
    textBox1.Text="";
    this.textBox1.Clear();
    this.textBox2.Clear();
    for(i=0;i<n;i++)
    {
        a[i]=b.Next(1,100);
        textBox1.Text=textBox1.Text+a[i].ToString()+"";
    }
    Array.Clear(a,0,2);         //从下标为 0 的位置开始，一共清空 2 个元素

    for(i=0;i<n;i++)
    {
        textBox2.Text=textBox2.Text+a[i].ToString()+"";
    }
}
private void button2_Click(object sender, EventArgs e)
{
    int i;
    n=a.Length;
    Random b=new Random();
    this.textBox1.Clear();
    this.textBox2.Clear();
    for(i=0;i<n;i++)
    {
        a[i]=b.Next(1,100);
        textBox1.Text=textBox1.Text+a[i].ToString()+"";
    }
    Array.Sort(a);              //从小到大排序数组 a
    for(i=0;i<n;i++)
```

```
        {
            textBox2.Text=textBox2.Text+a[i].ToString()+"";
        }
    }
    private void button3_Click(object sender, EventArgs e)
    {
        int i;
        n=a.Length;
        Random b=new Random();
        this.textBox1.Clear();
        this.textBox2.Clear();
        for(i=0;i<n;i++)
        {
            a[i]=b.Next(1,100);
            textBox1.Text=textBox1.Text+a[i].ToString()+"";
        }
        int[] destination=new int[n];        //该方式创建数组，元素默认值为 0
        Array.Copy(a,1,destination,0,3);  //从源数组 a 中索引为 1 开始的元素，连
续复制到目标数组 destination 中，且目标数组从第一个开始存放
        for(i=0;i<n;i++)
        {
            textBox2.Text=textBox2.Text+destination [i].ToString()+"";
        }
    }
    private void button4_Click(object sender, EventArgs e)
    {
        this.Close();
    }
```

实践提高

## 实践一　一维数组处理平均值

实践操作：定义一个具有 10 个元素的一维数组，给它的每一个元素赋一个随机数。然后求出该数组中所有元素的平均值及比平均值小的元素个数。程序运行界面如图 4-11 所示。（独立练习）

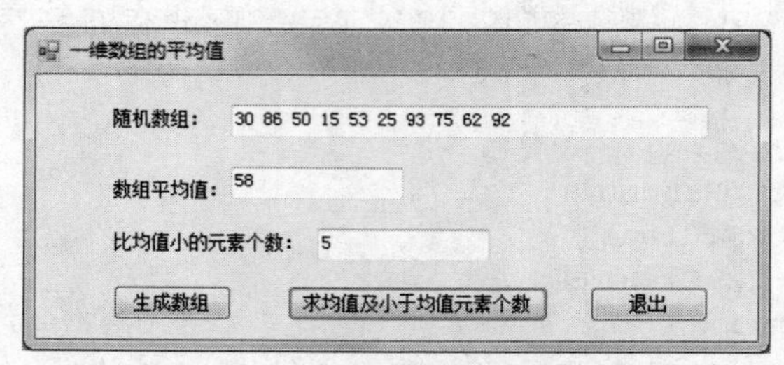


图 4-11　一维数组处理平均值

操作步骤（主要源程序）：

## 实践二　求二维数组平均值

实践操作：定义 1 个 5 行 5 列的二维数组，随机给每个元素赋值（两位整数），求这 25 个数字的平均值。设计及运行结果界面如图 4-12、图 4-13 所示。

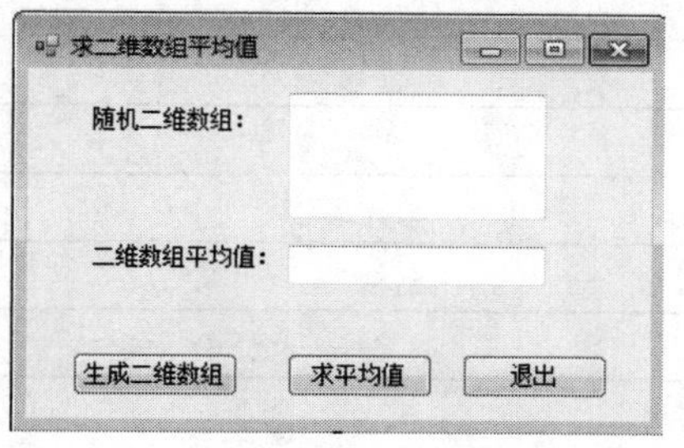


图 4-12　初始界面

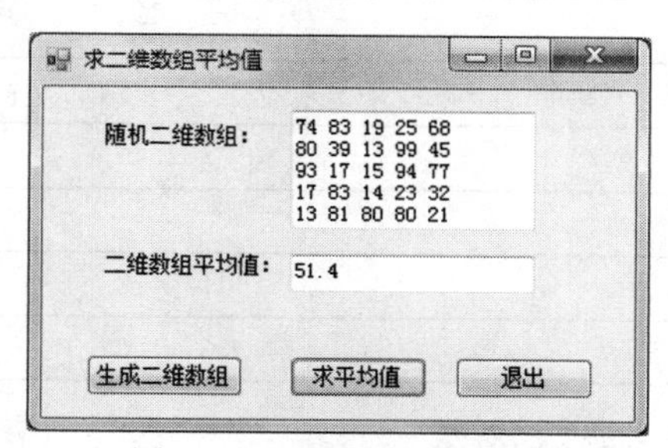


图 4-13　运行结果界面

操作步骤（主要源程序）：

## 实践三　学生成绩调查统计

实践操作：编写一个“学生成绩统计”程序，随机产生 30 位同学的“C#程序设计”课程成绩，并存放在一个 5 行 6 列的二维数组中，分别统计本课程成绩的优秀人数、良好人数、一般人数、合格人数和不合格人数（90 分及以上为优秀，80 分及以上为良好，70 分及以上为一般，60 分及以上为合格，60 分以下为不合格）。程序设计界面如图 4-14 所示，程序运行结果界面如图 4-15 所示。

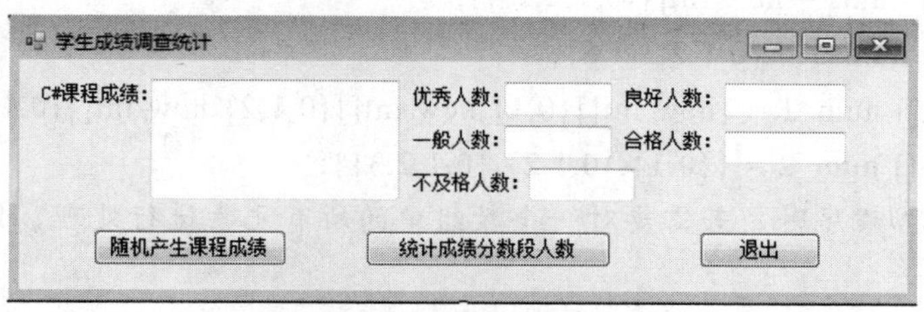


图 4-14　成绩统计设计界面

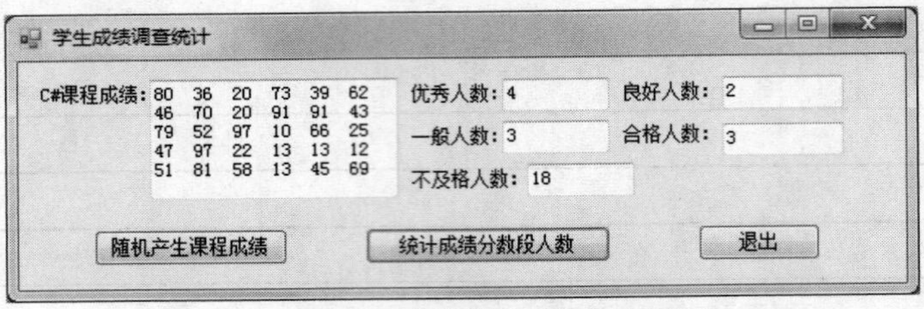

图 4-15　成绩统计运行结果界面

操作步骤（主要源程序）：

## 理论巩固

### 一、选择题

1. 可变数组的数组元素是（　　）。

　A. 数组　　B. 数据　　C. 整数数组类型　　D. 小数

2. 对于语句“int[,,,] Array;”的描述，正确的是（　　）。

　A. 声明了一个有 4 个元素的数组　　B. 声明了一个四维数组

　C. 声明了一个五维数组　　D. 声明了一个有 5 个元素的数组

3. 声明一个一维数组和一个二维数组，乃至三维数组，……只不过是（　　）不同而已。

　A. 数值　　B. 逗号　　C. 下标　　D. 元素个数

4. 数组 pins 的定义如下:string[ ] pins = new string[4]{"a","b","c","d"};执行 string[ ] myArr = pins ;myArr [3] = "e"后，数组 pins 的值为（　　）。

　A. "a","b","e","d"　　B. "a","b","c","e"

　C. "a","b","c","d"　　D. "e","e","e","d"

5. 下列数组初始化语句中，不正确的是（　　）。

　A. int[] nums = new int[]{0,1,2,3,4};

　B. int[] nums2 = {0,1,2,3,4,5};

　C. int[][] num_1 = {new int[]{0,1},new int[]{0,1,2},new int[]{0,1,2,3}};

　D. int[][] num_2 = {{0,1},{0,1,2},{0,1,2,3}};

6. 在编写 C#程序时，若需要对一个数组中的所有元素进行处理，则使用（　　）循环体最好。

　A. for 循环　　B. foreach 循环　　C. while 循环　　D. do 循环

7. 在 Array 类中，可以对一维数组中的元素进行排序的方法是（　　）。

A. Sort()　　B. Clear()　　C. Copy()　　D. Reverse()

8. 在 Array 类中，可以对一维数组中的元素进行查找的方法是（　　）。

A. Sort()　　B. BinarySearch()　　C. Convert()　　D. Index()

9. 使用下列（　　）方法可以减少一个 ArrayList 对象的容量。

A. 调用 Remove 方法　　B. 调用 TrimToSize 方法

C. 调用 Clear 方法　　D. 其他

10. 声明了一个数组 Array[10]，则 Array[3]表示第（　　）个元素。

A. 3　　B. 4　　C. 5　　D. 无法知道

11. 语句 int[] Array= new int[]{5,6,7,8,9,11}，该数组的第 4 个元素为（　　）。

A. 8　　B. 7　　C. 9　　D. 11

12. 声明了一个数组 Array[10,10]，则 Array[4,5]表示（　　）的元素。

A. 第 4 行第 5 列　　B. 第 5 行第 6 列

C. 第 3 行第 4 列　　D. 第 3 行第 5 列

13. 创建相当于 3 行 4 列矩阵的二维数组，正确的代码是（　　）。

A. double[][] a=new double[3][4];　　B. double a[][] =new double[3][4];

C. double[,] a =new double[3,4];　　D. double a[,] =new double[3,4];

14. 假定一个 10 行 20 列的二维整型数组，下列定义语句中，（　　）正确的。

A. int[]arr = new int[10,20];　　B. int[]arr = int new[10,20];

C. int[,]arr = new int[10,20];　　D. int[,]arr = new int[20;10];

15. 以下能正确定义一维数组的选项是（　　）。

A. int a[5]={0,1,2,3,4,5};　　B. char []a={0,1,2,3,4,5};

C. char a={'A','B','C'};　　D. int a[5]="0123";

**二、填空题**

1. C#数组类型是一种引用类型，所有的数组都是从 System 命名空间的________类继承而来的引用对象。

2. 在 C#程序中，使用________关键字来创建数组。

3. C#数组主要有三种形式，它们是________、________、________。

4. C#数组声明时，方括号内有 *n* 个逗号，就是________维数组。

5. C#数组声明后，如果数组中元素类型为数据型，如果没有对数组元素赋初值，请问此时数组元素的值为________。

**三、程序阅读题**

1.在 C#中，试写出下列代码的运行结果。

```
using System
class Test
{
   static void Main(string[] args)
   {
    string[] strings={"a","b","c"};
```

```
        foreach(string info in strings)
         {
             console.Write(info);
         }
      }
}
```

2. 在 C#中，试写出下列代码的运行结果。

```
int[] age=new int[]{16,20,30,60,80};
foreach(int i in age)
{
    if(i>20)
        continue;
    console.Write(i.ToString()+"");
}
```

## 模块小结

一维数组与数学中的数列有着很大的相似性。在 C#语言中，数组与其他基本类型的变量一样，需要遵循“先声明，后使用”的原则。使用 for 语句控制循环，可以通过索引访问数组元素；使用 foreach 语句则可以不依赖索引而读取每一个数组元素。二维数组就是一个特殊的一维数组，它的每个元素是一个一维数组。二维数组也是以数组作为元素的数组，多维数组的本质也类似。

本模块详细介绍了一维和二维数组的概念、声明、遍历、引用和应用，同时介绍了数组常用的属性和方法，以及集合的特征、集合与数组的区别等。

模块五

# 界 面 设 计 »»

## 知识提纲

- 分组框、列表框、组合框和树状等控件。
- 窗体菜单、工具栏和状态栏等控件。
- 通用对话框。
- 窗体界面布局。
- 窗体、控件对象焦点。
- 多窗体程序设计。
- MDI 界面程序设计。
- 鼠标和键盘操作。

## 知识导读

### 一、分组框控件

分组框（GroupBox）控件主要用于组织用户界面，组成一个控件组。组成控件组的方法是：首先添加一个分组框控件，然后把其他控件放置在分组框中，这些控件就组成了一个控件组。当分组框架移动时，控件也跟着一起移动；分组框控件隐藏时，分组框架中的控件也一起隐藏。分组框控件最常用的属性是 Text 和 Visible。它一般与 RadioButton、CheckBox 控件结合使用。

### 二、列表框控件

#### 1. 列表框（ListBox）控件的样式和消息

列表框按性质来分，有单选、多选、扩展多选以及非选 4 种类型，如图 5-1 所示。

当列表框中发生了某个动作，如双击选择了列表框中某一项时，列表框就会向其父窗口发送一条通知消息。常用的通知消息如表 5-1 所示。

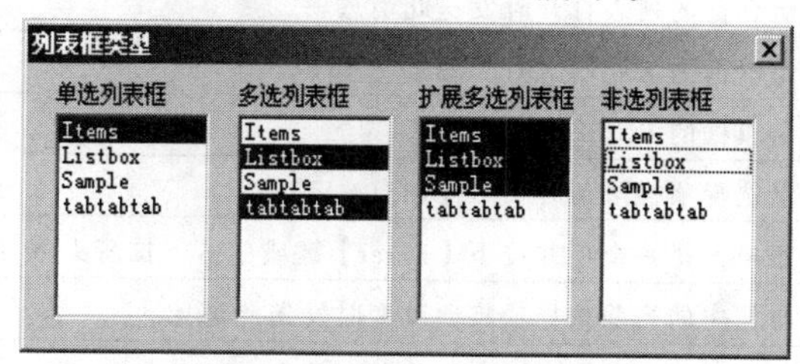


图 5-1　列表框控件的类型

表 5-1　常用通知消息

| 通知消息 | 说　明 |
|---|---|
| LBN_DBLCLK | 用户双击列表框的某项字符串时发送此消息 |
| LBN_KILLFOCUS | 列表框失去键盘输入焦点时发送此消息 |
| LBN_SELCANCEL | 当前选择项被取消时发送此消息 |
| LBN_SELCHANGE | 列表框中的当前选择项将要改变时发送此消息 |
| LBN_SETFOCUS | 列表框获得键盘输入焦点时发送此消息 |

### 2. ListBox 控件项目添加

通过 ListBox 控件的 Items 属性的 Add 方法，可以向 ListBox 控件中添加项目。

如：this.listbox.items.add("this.textbox.text")

若 ListBox 控件的 HorizontalScrollbar 属性设置为 true，则显示水平滚动条。若 ScrollAlwaysVisble 属性设置为 true，则显示垂直滚动条。

### 3. ListBox 控件项目删除

通过 ListBox 控件的 Items 属性的 Remove 方法，可以向 ListBox 控件中删除项目。

如：this.listbox.items.remove("this.textbox.text")

ListBox 控件的 MultiColumn 属性设置为 true，则支持多列显示。

ListBox 控件的 SelectionMode 属性设置为 MultiExtended，则表示支持多选。

## 三、组合框控件

### 1. 组合框（ComboBox）控件的样式和消息

按照组合框控件的主要样式特征，可把组合框分为三类：简单组合框、下拉式组合框、下拉式列表框，如图 5-2 所示。

在组合框的通知消息中，有的是列表框发出的，有的是编辑框发出的，如表 5-2 所示。

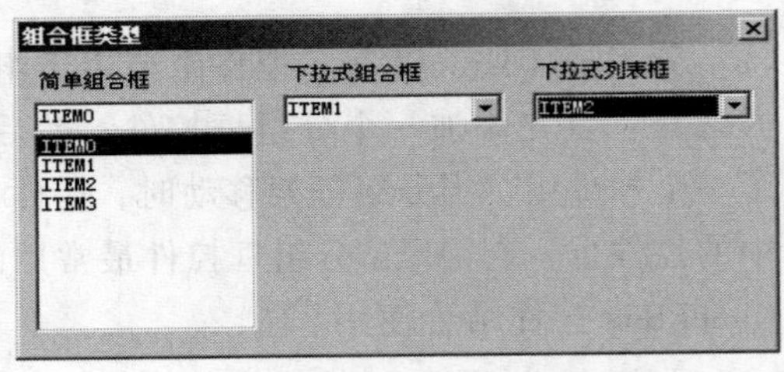


图 5-2　组合框控件类型

表 5-2　组合框通知消息

| 通知消息 | 说　明 |
|---|---|
| CBN_DBLCLK | 用户双击组合框的某项字符串时发送此消息 |
| CBN_DROPDOWN | 当组合框的列表打开时发送此消息 |
| CBN_EDITCHANGE | 同编辑框的 EN_CHANGE 消息 |
| CBN_EDITUPDATE | 同编辑框的 EN_UPDATE 消息 |
| CBN_SELENDCANCEL | 当前选择项被取消时发送此消息 |
| CBN_SELENDOK | 当用户选择一个项并按下【Enter】键或单击下拉箭头(▾)隐藏列表框时发送此消息 |
| CBN_SELCHANGE | 组合框中的当前选择项将要改变时发送此消息 |
| CBN_SETFOCUS | 组合框获得键盘输入焦点时发送此消息 |

2．ComboBox 控件项目添加

通过 ComboBox 控件的 Items 属性的 Add 方法，可以向 ComboBox 控件中添加项目。

如：this.ComboBox.items.add("this.textbox.text")

ComboBox 控件的 DropDownStyle 属性可设置组合框的不同样式，具体参见属性窗口。通过 SelectAll 方法，可以选择 ComboBox 控件中可编辑部分的所有文本。

3．ComboBox 控件项目删除

通过 ComboBox 的 Items 属性的 Remove 方法，可以向 ComboBox 控件中删除项目。

如：this.ComboBox.items.remove("this.textbox.text")

ComboBox 控件更改响应事件。当组合框中的选中项发生改变时，将触发 ComboBox 控件的 SelectedValueChanged 事件。只有更改 SelectedValue 属性时，才会触发 Selected ValueChanged 事件。

## 四、图像列表控件

1．图像列表（ImageList）控件

ImageList 控件主要用于存储图像资源，并将图像在控件上显示出来。通过该控件，可以极大地简化对图像的管理。ImageList 控件的主要属性是 Image，其中包含关联控件将使用的图片。每个单独的图像可通过其索引值或其键值来访问。所有图像将以同样的大小显示，该大小由 ImageSize 属性设置，较大的图像将缩小至适当的尺寸。ImageList 控件实际上就相当于一个图片集，也就是将多个图片存储到图片集中。如果要对某一图片进行操作，只需根据其编号，就可以找出该图片，并对其进行操作。ImageList 控件不能独立使用，只是作为一个便于向其他控件提供图像的资料中心，如图 5-3 所示。

图 5-3 图像列表控件

2．ImageList 控件添加图像

使用 ImageList 控件的 Images 属性的 Add 方法，可以以编程的方式向 ImageList 控件中添加图像。Add 方法用于将指定图像添加到 ImageList 中。其语法格式如下：

```
public void Add(Image value)
```

其中 value 是指要添加到列表中的图像。

3．ImageList 控件移除图像

在 ImageList 控件中，可以使用 RemoveAt 方法移除单个图像，还可以使用 Clear 方法清除图像列表中的所有图像。

RemoveAt 方法的语法格式如下：

```
public  void RemoveAt(int index)
```

Clear 方法的语法格式如下：

```
public  void  Clear()
```

## 五、树状控件

1．树状（TreeView）控件

TreeView 控件可以为用户显示节点层次结构。每个节点又可以包含子节点。包含子节点的节点称为父节点。如同 Windows 资源管理器的左窗口中所显示的文件和文件夹一样，如图 5-4 所示。

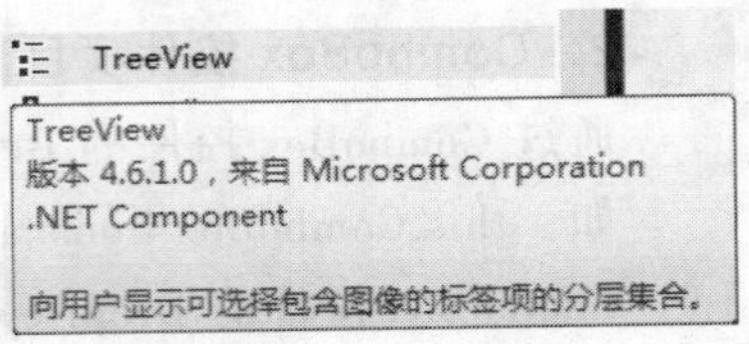

TreeView
TreeView
版本 4.6.1.0，来自 Microsoft Corporation
.NET Component
向用户显示可选择包含图像的标签项的分层集合。

图 5-4　树状控件

### 2. TreeView 控件添加节点

通过 Nodes 属性的 Add 方法，可以向 TreeView 控件中添加节点。该方法的语法格式如下：

```
Public  virtual  int  Add(TreeNode  node)
```

其中，node 是指要添加到树节点集合中的 TreeNode。

返回值：添加到树节点集合中的 TreeNode 从 0 开始的索引值。

### 3. TreeView 控件移除节点。

使用 TreeView 控件的 Nodes 属性的 Remove 方法可以从树节点集合中移除指定的树节点。该方法的语法格式如下：

```
public void Remove(TreeNode node)
```

其中，node 是指要移除的 TreeNode。

### 4. 获取 TreeView 控件中选中的节点。

可以在 TreeView 控件的 AfterSelect 事件中，使用 EventArgs 对象返回对已单击节点对象的引用。通过检查 TreeView EventArgs 类（它包含与事件有关的数据），即可确定单击了哪个节点。在 BeforeCheck（在选中树节点复选框前发生）或 AfterCheck（在选中树节点复选框后发生）事件中，尽可能不要使用 TreeNode.Checked 属性。

## 六、日期/时间控件

### 1. 日期/时间（DateTimePicker）控件

DateTimePicker 控件用于选择日期/时间。DateTimePicker 控件只能选择一个日期/时间，而不是连续的时间段。此外，还可以直接输入日期/时间，如图 5-5 所示。

DateTimePicker
DateTimePicker
版本 4.6.1.0，来自 Microsoft Corporation
.NET Component
允许用户选择日期和时间，并以指定的格式显示该日期和时间。

图 5-5　DateTimePicker 控件

### 2. DateTimePicker 控件显示时间

通过将 DateTimePicker 控件的 Format 属性设置为 Time，可实现只显示时间。

Format 属性用于获取或设置 DateTimePicker 控件中显示的日期和时间格式。其语法格式如下：

```
public  DateTimePickerFormat  Format{get;set;}
```

属性值：DateTimePickerFormat 值之一，默认为 Long。

### 3. DateTimePicker 控件以自定义格式显示日期/时间

通过 DateTimePicker 控件的 CustomFormat 属性，可以自定义日期/时间格式字符串。该属性的语法格式如下：

```
Public  string  CustomFormat{get;set;}
```

属性值：表示自定义日期/时间格式的字符串。

**注意**：Format 属性必须设置为 DateTimePickerFormat.Custom，才能影响显示的日期/时间格式设置。

4．返回 DateTimePicker 控件中选择的日期/时间

通过 Text 属性，可以返回与 DateTimePicker 控件中日期/时间格式相同的完整值；也可以调用 Value 属性的适当方法来返回部分值（其中包括 Year、Month 和 Day 方法等），然后使用 ToString 函数将信息转换成可显示给用户的字符串。

## 七、计时器控件

1．计时器（Timer）控件

Timer 控件是为 Windows 窗体环境设计的，可以定期触发 Tick 事件。时间间隔的长度由 Interval 属性定义，其值以毫秒为单位。若启用了该控件，则每个时间间隔都会触发一个 Tick 事件，在 Tick 事件中添加要执行的代码，如图 5-6 所示。

图 5-6 Timer 控件

2．Interval 属性。

Interval 属性用于设置计时器开始计时的时间间隔。其语法格式如下：

```
public int Interva{get;set;}
```

属性值：计时器每次开始计时之间的毫秒数，该值不小于 1。

当指定的计时器间隔已过去而且计时器处于启用状态时会触发 Tick 事件。

3．Enabled 属性

该属性用于设置是否启用计时器。其语法格式如下：

```
public virtual bool Enabled{get;set;}
```

属性值：如果计时器当前处于启用状态，则为 true；否则为 false。默认为 false。

当然，在启用和停止计时器时，也可以使用 Start 和 Stop 方法来实现。

4．ProgressBar 控件

ProgressBar 控件通过在水平放置的方框中显示适当数目的矩形，来指示工作的进度。工作完成时，进度条被填满。

ProgressBar 控件比较重要的属性有 Value、Minimum 和 Maximum。Minimum 和 Maximum 属性主要用于设置进度条的最小值和最大值，Value 属性表示操作过程中已完成的进度。此外，可以通过控件的 Step 属性来指定 Value 属性递增的值，然后调用 PerformStep 方法来递增该值。

## 八、菜单设计

菜单是用户界面极其重要的组成部分，编程人员可以根据需要定制各种风格的菜单。菜单按其使用方式可分为下拉式菜单和弹出式菜单两种。

1．下拉式菜单

MenuStrip（菜单栏）控件用于创建下拉式菜单。下拉式菜单，也称主菜单、菜单栏，一般位于窗口的顶部，由多个菜单项组成，如图 5-7 所示。每个菜单项可以是应用程序的一条命令，也可以是其他子菜单

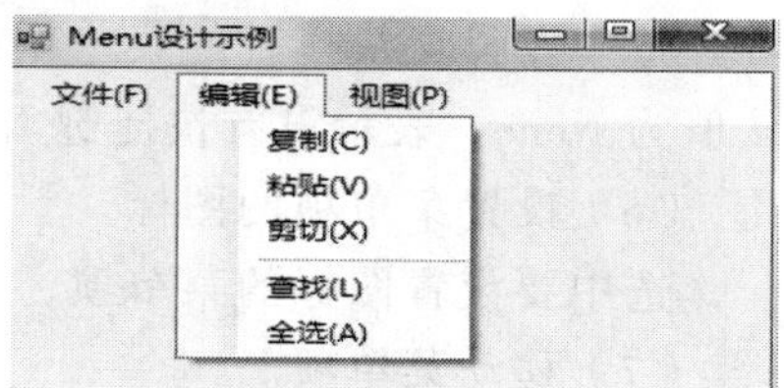


图 5-7 下拉式菜单

项的父菜单。

（1）创建菜单栏。

工具箱中双击 MenuStrip 控件即可创建菜单栏，但控件本身并不存在于窗体之上，而是在窗体设计器下方的组件区中。单击组件区中的 MenuStrip 控件，将会在窗体的标题栏下面看到文本“请在此处键入”。

第一个创建的 MenuStrip 控件，会自动通过窗体的 MainMenuStrip 属性绑定到当前窗体，成为其主菜单栏。

**提示**：MenuStrip 控件只是一个容纳菜单项的容器，本身没有常用的事件和方法，较常用的属性是 Items，可以通过项集合编辑器对菜单项进行管理，如添加或删除菜单项、调整菜单项的次序等。菜单栏的具体功能由各个菜单项实现，所以主要使用菜单项的属性、方法和事件。

（2）创建菜单项。

菜单栏由多个菜单项组成，选中组件区中的 MenuStrip 控件，在窗体标题栏下面的“请在此处键入”文本处单击并输入菜单项的名称（如“文件”），将创建一个菜单项，其 Text 属性由输入的文本指定。

此时，在该菜单项的下方和右方分别显示一个标注为“请在此键入”区域，可以选择区域继续添加菜单项。

（3）创建菜单项之间的分隔符。

常用方法有四种：

方法 1：把鼠标移动到“请在此键入”区域，会发现该区域的右侧出现一个下拉箭头，单击该箭头，会出现一个下拉列表。单击“Separator”，则该菜单项被创建为一个分隔符。

方法 2：直接在“请在此键入”区域输入“-”，则该菜单项被创建为一个分隔符。

方法 3：单击“请在此键入”区域，在属性窗口设置其 Text 属性为“-”，则该菜单项被创建为一个分隔符。

方法 4：如果要在某个菜单项之前插入分隔符，在该菜单项上右击，在弹出的快捷菜单中选择“插入”→“Separator”命令，即可将一个分隔符插入当前菜单项的上方。

（4）创建菜单项的访问键。

可以在菜单项名称中的某个字母前加符号“&”，将该字母作为该菜单项的访问键。例如，输入菜单项名称为“文件(&F)”，F 就被设置为该菜单项的访问键，这一字符会自动加上一条下画线。程序运行时，按【Alt+F】组合键就相当于单击“文件”菜单项。

（5）创建菜单项的快捷键。

选中要设置快捷键的菜单项，在属性窗口中设置 ShortcutKeys 属性即可。该属性默认值为 None，表示没有快捷键。

（6）设置菜单项的图标。

选中要设置图标的菜单项，在属性窗口中设置 Image 属性即可。

（7）移动菜单项。

选中要移动的菜单项，用鼠标将其拖动到相应的位置即可。

（8）插入菜单项。

如果要在某个菜单项之前插入一个新的菜单项，右击该菜单项，在弹出的快捷菜单中选择“插入”即可。

（9）删除菜单项。

右击要删除的菜单项，在弹出的快捷菜单中选择“删除”即可。

（10）编辑菜单项。

如果要编辑一个菜单项，先选中该菜单项再单击就可以进入编辑状态，然后添加、删除或修改文字即可。

**2. 运行时控制菜单的常用操作**

在应用程序中，菜单常常会因执行条件的变化而发生一些相应的变化，主要体现在菜单项的有效性、可见性和选择性方面。

（1）有效性控制。

菜单项的 Enabled 属性用来决定菜单项是否有效。在默认情况下，菜单项的 Enabled 属性的值为 true，即菜单项是有效的。如果将该属性设置为 false，则该菜单项被设置为无效（不可用）。可以在设计时通过属性窗口设置 Enabled 属性，也可以在运行时通过代码来设置 Enabled 属性，从而控制菜单项是否有效。

（2）可见性控制。

菜单项的 Visible 属性用来决定菜单项是否可见。在默认情况下，菜单项的 Visible 属性的值为 true，即菜单项是可见的。如果将该属性设置为 false，则该菜单项运行时不显示。可以在设计时通过“属性”窗口设置 Visible 属性，也可以在运行时通过代码来设置 Visible 属性，从而控制菜单项的隐藏或显示。提示：隐藏菜单项的同时必须禁用菜单项，因为仅靠隐藏无法禁止通过快捷键访问菜单命令。

（3）选择性控制。

菜单项的 Checked 属性用来决定菜单项是否处于选中状态。在默认情况下，菜单项的 Checked 属性的值为 false，即菜单项未选中。如果将该属性设置为 true，则该菜单项处于选中状态，其左边显示“√”标记。可以在设计时通过属性窗口设置 Checked 属性，也可以在运行时通过代码来设置 Checked 属性，从而控制菜单项是否选中。

**3. 菜单项的常用属性**

前面介绍的常用操作中，已经介绍并用到了菜单项的几个属性，如 Text、ShortcutKeys、Enabled、Visible、Checked 等，这里不再重述。

**4. 菜单项的常用事件**

菜单栏通过单击菜单项与程序进行交互，一般通过相应菜单项的 Click 事件来实现相应的功能。单击某个菜单项时，将触发该菜单项的 Click 事件。通过一些键盘操作也可以触发菜单项的 Click 事件，例如使用该菜单项的快捷键。

**5. 弹出式菜单**

弹出式菜单，也称快捷菜单、上下文菜单，是窗体内的浮动菜单，用鼠标右击窗体或控件时才显示，如图 5-8 所示。弹出式菜单能以灵活的方式为用户提供更加便利的操作，但需要与别的对象（如窗体、文本框、图片框）结合使用，并提供与此对象有关的特殊命令。所以，当用户在窗体中不同位置右击时，通常显示不同的菜单项。上下文菜单（ContextMenuStrip）控件用于创建弹出式菜单。

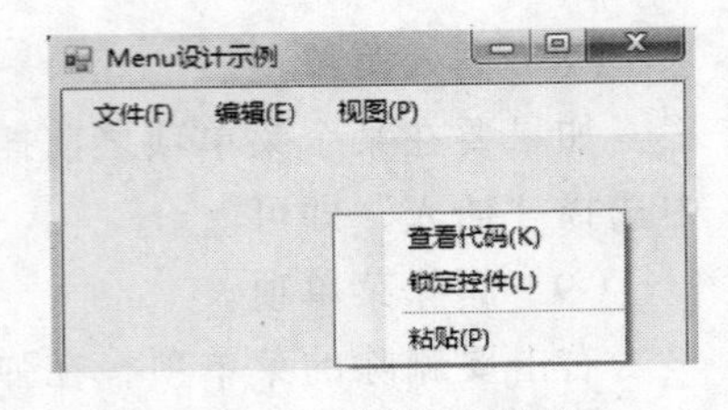

图 5-8　弹出式菜单

**6. 弹出式菜单设计的基本步骤**

（1）添加 ContextMenuStrip 控件。

在工具箱中双击 ContextMenuStrip 控件，即可在窗体的组件区中添加一个弹出式菜单控件。组件区中，刚创建的控件处于被选中状态，窗体设计器中可以看到 ContextMenuStrip 及“请在此键入”字样。

（2）设计菜单项。

弹出式菜单的设计方法与下拉式菜单基本相同，只是不必设计主菜单项。

（3）激活弹出式菜单。

选中需要使用弹出式菜单的窗体或控件，在其属性窗口中设置其弹出式菜单属性。

## 九、工具栏控件

一般来说，当程序具有菜单时，也应该有工具栏。工具栏是 Windows 的标准特性，也是用户操作程序的最简单方法。通过使用工具栏，可以美化软件的界面设计，还可以达到快速实现相应功能的目的。

**1. 设计工具栏**

工具栏包含一组以图标按钮为主的工具项，通过单击其中的各个工具项就可以执行相应的操作。

实际上，可以把工具栏看成是常用菜单项的快捷方式，工具栏中的每个工具项都应该有对应的菜单项。工具栏（ToolStrip）控件用于创建工具栏，如图 5-9 所示。

图 5-9　工具栏控件

**2. 创建工具栏**

创建工具栏的基本步骤如下：

（1）添加 ToolStrip 控件。在工具箱中双击 ToolStrip 控件，可在窗体上添加一个工具栏。

（2）为工具栏添加工具项。单击 ToolStrip 控件中的下拉箭头按钮，将弹出一个下拉列表，其中共有 8 种工具项。使用最多的是 Button（按钮，对应 ToolStripButton 类）。

在工具栏中添加工具项最快捷的方法是直接在设计视图中单击下拉箭头按钮，从弹出的下拉列表中选择一种工具项，即可完成该工具项的添加。也可以通过 ToolStrip 控件的 Items 属性，在“项集合编辑器”中添加工具项。

**3. ToolStrip 控件的常用属性**

ToolStrip 控件的常用属性除了 Name、BackColor、Enabled、Location、Locked、Visible 等一般属性，还有一些自己特有的属性，读者可自行翻阅资料参考。

4. 工具栏按钮的常用属性和事件

ToolStripButton 对象的常用属性除了 Name、Enabled、Text、TextAlign、Visible 等一般属性，还有一些自己特有的属性。

Click 事件是工具栏按钮的常用事件，可以为其编写事件处理程序来实现相应功能。工具栏按钮往往实现和下拉式菜单中的菜单项相同的功能，可以在 ToolStripButton 的 Click 事件处理程序中调用菜单项的 Click 事件方法。

## 十、状态栏控件

1. 状态栏（StatusStrip）控件

状态栏一般位于窗体的底部，主要用来显示应用程序的各种状态信息，即将当前程序的某项信息显示到窗体上作为提示。

StatusStrip 控件用于创建状态栏，如图 5-10 所示。状态栏可以由若干个状态面板组成，显示为状态栏中的一个个小窗格，每个面板中可以显示一种指示状态的文本、图标或指示进程正在进行的进度条。

图 5-10 状态栏控件

2. 创建状态栏的基本步骤

（1）添加 StatusStrip 控件。

在工具箱中双击 StatusStrip 控件，可在窗体底部添加一个状态栏。

（2）为状态栏添加状态面板。

单击 StatusStrip 控件中的下拉箭头按钮，将弹出一个下拉列表，共有 4 种状态面板，其中使用最多的是 StatusLabel（状态标签）。在状态栏中添加状态面板最快捷的方法是直接在设计视图中单击下拉箭头按钮，从弹出的下拉列表中选择一种状态面板，即可完成该状态面板的添加。也可以通过 StatusStrip 控件的 Items 属性，在“项集合编辑器”中添加工具项。

3. 状态栏的常用属性

StatusStrip 控件的常用属性除了 Name、BackColor、Enabled、Location、Locked、Visible 等一般属性，还有一些自己特有的属性，如表 5-3 所示。

表 5-3 状态栏属性

| 属 性 | 说 明 |
| --- | --- |
| Items | 状态栏项目集合，可以对状态面板进行添加、删除和编辑 |
| ShowItemToolTips | 指定是否显示状态面板的提示文本，默认值 false |
| SizingGrip | 确定是否显示大小调整手柄，默认值 true，即该手柄在状态栏右下角显示 |

4. 状态标签的常用属性

ToolStripStatusLabel 对象的常用属性与 Label 控件非常类似，但有些属性意义不同，有些属性是状态标签特有的。

其赋值语句为：this.toolStripStatusLabel1.Text = DateTime.Now.ToShortDateString()

## 十一、文件对话框控件

文件对话框控件主要有两种：OpenFileDialog（打开文件对话框）和 SaveFileDialog（保存文件对话框）控件。

### 1. 打开文件对话框

OpenFileDialog 控件用于提供标准的 Windows 对话框，可以从中选择要打开的文件。在工具箱中双击 OpenFileDialog 控件，就会在窗体下方的组件区中看到一个 OpenFileDialog 对象。

（1）常用属性。

通过设置 OpenFileDialog 控件的属性可以定制需要的“打开”对话框。

（2）常用方法。

OpenFileDialog 控件的属性设置好后，可以通过调用 ShowDialog()方法在运行时显示对话框，例如：OpenFileDialog1.ShowDialog();OpenFileDialog 控件的常用方法除了 ShowDialog() 和 Reset()，还有 OpenFile()方法。OpenFile()方法用于打开用户选定的具有只读权限的文件，并返回该文件的 Stream(流)对象。例如：System.IO.Stream stream = openFileDialog1.OpenFile()。

（3）常用事件。

OpenFileDialog 控件只有两个事件：FileOk 和 HelpRequest。FileOk 事件当用户在对话框中单击“打开”按钮时发生，HelpRequest 事件当用户在对话框中单击“帮助”按钮时发生。

### 2. 保存文件对话框

SaveFileDialog 控件用于提供标准的 Windows 另存为对话框，可以从中指定要保存的文件路径和文件名。在工具箱中双击 SaveFileDialog 控件，就会在窗体下方的组件区中看到一个 SaveFileDialog 对象。

（1）常用属性。

SaveFileDialog 控件的常用属性大多与 OpenFileDialog 控件相同，但其 CheckFileExists 属性的默认值为 false，没有 Multiselect 属性。另外，SaveFileDialog 控件还有两个特有属性：CreatPrompt 和 OverwritePrompt。

CreatePrompt 属性用来控制在将要创建新文件时是否提示用户允许创建该文件，而 OverwritePrompt 属性用来控制在将要改写现有文件时是否提示用户允许替换该文件。这两个属性仅在 ValidateNames 属性为 true 时才适用。

（2）常用方法和事件。

SaveFileDialog 控件的常用方法和事件与 OpenFileDialog 控件相同，但其 OpenFile() 方法是用于打开用户选定的具有读/写权限的文件。其 FileOk 事件当用户在对话框中单击“保存”按钮时发生。

## 十二、字体对话框控件

### 1. 字体对话框（FontDialog）控件

FontDialog 类封装了 Windows 字体对话框，用户可以从系统安装的字体列表中选择要用的字体。同时，在字体对话框中还可以设置字体的大小、颜色、效果、字符集等属性。

利用 FontDialog 控件，可以方便地设置文本的字体、字形、字号及文字的各种效果（如删除线、下画线），还可以预览字体设置的效果，也可以设置文字的颜色。

## 十三、颜色对话框控件

ColorDialog 类是标准的颜色对话框类。利用颜色对话框，可以选择一种颜色，程序会根据选择的颜色创建绘图所需要的画笔颜色。颜色对话框（ColorDialog）控件用于提供标准的 Windows 颜色对话框，其用法类似于 FontDialog 对话框控件。

## 十四、窗体界面布局

在实际的程序中，往往一个窗体上会有多个控件，要合理地对窗体上的控件进行布局，才能让用户界面有一个比较满意的效果。

### 1. 控件的布局

所谓布局，主要就是对多个控件进行对齐、大小、间距、在窗体中居中、叠放顺序等操作。对控件进行布局，可以通过“格式”菜单或“布局”工具栏实现。如果“布局”工具栏没有显示，可以通过“视图”菜单下的“工具栏”→“布局”命令来显示“布局”工具栏。当多个控件被同时选中时，控件的所有布局功能都可用；只有一个控件被选中时，只有少数布局功能可用。一旦选中了多个控件，就可以使用“格式”菜单或“布局”工具栏对这些控件进行布局操作。针对选中的多个控件，VS .NET 还会自动地提取出这些控件的共同属性并显示在属性窗口中，这时对任何一个属性所做的修改都会同时作用于所有选中的控件。

（1）对齐。

常用的对齐操作有 6 种，其中“左对齐”、“居中对齐”和“右对齐”操作通常是对垂直方向的一组控件进行对齐操作，“顶端对齐”、“中间对齐”和“底端对齐”操作通常是对水平方向的一组控件进行对齐操作。

（2）使大小相同。

用的大小操作有 3 种，即“使高度相同”、“使宽度相同”和“使大小相同”，通常是对同一类型的一组控件进行大小操作。

（3）间距。

间距分水平间距和垂直间距两种，每种间距可以有“相同间隔”、“递增”、“递减”和“移除间隔”4 种操作，所以间距操作有 8 种。其中，“使水平间距相等”、“增加水平间距”、“减小水平间距”和“移除水平间距”操作通常是对水平方向的一组控件进行间距操作，“使垂直间距相等”、“增加垂直间距”、“减小垂直间距”和“移除垂直间距”操作通常是对垂直方向的一组控件进行间距操作。

（4）在窗体中居中。

在窗体中居中的操作有两种，即“水平居中”和“垂直居中”。居中操作是对所选多个控件的整体（包含所有选定控件的最小矩形区域）进行居中，如果这些控件放在同一容器控件中，则是在该容器控件中居中，而不是在窗体中居中。

（5）叠放顺序。

顺序操作有两种，即“置于顶层”和“置于底层”。置于顶层的控件可能会遮住其他控件的一部分或全部，而置于底层的控件可能会被其他控件完全遮住或部分遮住。

（6）锁定控件。

通过“格式”菜单的“锁定控件”命令，可以锁定控件或撤销选定，这是一个切换命令。

（7）Tab 键顺序。

通过“布局”工具栏的“Tab 键顺序”按钮，可以设置窗体上所有控件的 Tab 键顺序。

## 十五、对象焦点

在程序设计中，一个对象拥有焦点，表明它可以接收来自键盘或鼠标的用户输入。只有获得焦点的对象才能够接受键盘和鼠标的输入，所以在处理键盘和鼠标事件时，应该注意对象焦点的处理。

### 1. 窗体对象的焦点

获得焦点的窗体，通常具有蓝色的标题栏。多窗体程序中，窗体对象的焦点，一般在程序运行时设置。窗体对象焦点的设置方法主要有两种：一种是通过用户的选择来实现，另一种是利用窗体对象的方法来实现。

（1）通过用户的选择设置焦点。

程序运行时，用户可以利用鼠标和键盘操作来选择窗体。用户选择窗体，最简单的方法是用鼠标单击窗体或任务栏的窗体图标，使窗体获得焦点。通过鼠标操作，用户可以很方便地在多个窗体之间随意切换。用户选择窗体，也可以在按住【Alt】键的同时按【Tab】键切换，直到选中想要使之获得焦点的窗体。

（2）利用窗体对象的方法设置焦点。

多窗体程序中，可以在主窗体中对从窗体对象调用 Activate()方法，使从窗体获得焦点。例如，可以在主窗体 frmMain 中的适当位置编写代码“frmSub1.Activate();”，使从窗体对象 frmSub1 获得焦点。MDI 程序中，也可以在父窗体中通过 ActivateMdiChild 方法来激活指定的子窗体使之获得焦点。例如，可以在父窗体 frmParent 中的适当位置编写代码“this.ActivateMdiChild (frmChild);”，使子窗体对象 frmChild 获得焦点。拥有焦点的控件，一般都显示一个闪烁的光标（如 TextBox）或者突出显示（如 Button 周围会出现一个虚线框）。

### 2. 控件对象的焦点

可以在设计阶段设置，也可以在程序运行时设置。控件对象焦点的设置方法主要有三种：第一种是运行时通过用户的选择来实现，第二种是运行时利用控件对象的方法来实现，第三种是设计时利用控件对象的属性来实现。

（1）通过用户的选择设置焦点。

程序运行时，用户可以利用鼠标和键盘操作来选择控件对象。用户选择控件对象的最简单的方法是用鼠标单击控件对象使之获得焦点。通过鼠标操作，用户可以很方便地在多个控件对象之间随意切换。用户选择控件对象，也可以按【Tab】键切换，直到选中想要使之获得焦点的控件对象；如果控件对象有访问键或快捷键，也可以通过访问键或快捷键选择控件对象。

（2）利用控件对象的方法设置焦点。

C#.NET的所有标准控件都有一个Focus方法，通过该方法可以使控件对象获得焦点。如果在程序运行到某个阶段时，需要把某个控件对象激活以进行下一步操作，只要在适当位置编写代码“对象名.Focus();”就能使该对象获得焦点。例如，程序运行完代码“textBox1.Focus();”，就可以使文本框textBox1获得焦点。

（3）利用控件对象的属性设置焦点。

在程序的设计阶段，可以利用控件对象的TabIndex属性来设置焦点。该属性可以指示控件的Tab键顺序索引，也就是当按下【Tab】键时焦点在控件间移动的顺序。程序运行时，通过【Tab】键，可以按照TabIndex从小到大的顺序使焦点在众多控件之间切换。默认情况下，建立的第一个控件的TabIndex值为0，第二个控件的TabIndex值为1，依此类推。可以在“属性”窗口中设置控件对象的TabIndex属性来改变该控件的Tab键顺序，也可以通过“视图”菜单的“Tab 键顺序”选项来查看和修改一个窗体上所有控件的Tab键顺序。

当然，并非所有的控件都具有接收焦点的能力，通常是可以和用户交互的控件（如Button、TextBox）才能接收焦点；而Label、PictureBox等只能显示信息的控件，则没有获得焦点的能力。大多数不能获得焦点的控件也具有Focus方法和TabIndex属性，但都无法使其获得焦点，按【Tab】键时这些控件将被跳过。通常情况下，在程序运行时按【Tab】键，能够选择Tab键顺序中的每一个可接收焦点的控件。但是有时某个控件不需要获得焦点，只需将控件的TabStop属性设为false，便可将此控件从Tab键顺序中删除，但仍然保持它在实际Tab键顺序中的位置，只不过在按【Tab】键时这个控件将被跳过。TabStop属性指示是否可以使用【Tab】键为控件提供焦点。只有当对象的Enabled和Visible属性均为True时，才能接收焦点。

## 十六、多窗体程序设计

简单应用程序通常只包括一个窗体，称为单窗体程序。在实际应用中，单一窗体往往不能满足需要，必须通过多个窗体来实现。包含多个窗体的程序，称为多窗体程序。在多窗体程序中，每个窗体可以有自己的界面和程序代码，以完成不同的功能。创建一个Windows应用程序的项目时，会自动添加一个名为“Form1”的窗体。如果要建立多窗体应用程序，还需要为项目添加1个或多个窗体。

### 1. 添加窗体的方法

（1）在创建好的项目中，选择“项目”→“添加Windows窗体”命令，出现“添加新项”对话框。

（2）“添加新项”对话框中默认选择了“Windows窗体”模板，窗体名默认为Form2，在“名称”文本框中输入窗体名，单击“添加”按钮，就为应用程序添加了一个窗体。

（3）如果项目需要多个窗体，重复上述步骤即可。

### 2. 设置启动窗体

当在应用程序中添加了多个窗体后，默认情况下，应用程序中的第一个窗体被自动指定为启动窗体。如果要将其他窗体设置为启动窗体，可以在“解决方案资源管理器”窗口中双击 Program.cs 文件，在打开的代码窗口中，找到 Main 函数中的代码“Application.Run(new Form1())”，将 Form1 改为要设置为启动窗体的窗体名称即可。例如，要将 Form2 设置为启动窗体，则在 Main 函数中将代码修改为：Application.Run(new Form2())。

**3．多窗体程序设计的相关操作**

在单窗体程序设计中，所有的操作都在一个窗体中完成，不需要在多个窗体之间切换。而在多窗体程序设计中，需要打开、关闭、隐藏或显示指定的窗体，而且窗体之间可能还需要传递特定的信息。

（1）打开窗体。

启动窗体在程序运行时会自动打开，如果要打开另一个窗体，首先该窗体的实例必须存在，即要创建该窗体的对象，然后再调用 Show()或 ShowDialog()方法将窗体对象显示出来。前面介绍过，用 ShowDialog()方法显示的窗体称为模式窗体，在该窗体关闭或隐藏前无法切换到其他窗体；用 Show()方法显示的窗体称为非模式窗体，可以在窗体之间随意切换。在多窗体程序设计中，大多数窗体都是以非模式的方式显示。例如，要通过 Form1 窗体以非模式的方式显示 From2 窗体，可在 Form1 中编写代码如下：

```
Form2 frm2=new Form2();
frm2.Show()。
```

（2）关闭窗体。

要关闭一个窗体，可以对该窗体调用 Close()方法。如果要关闭当前窗体，直接在该窗体中编写代码“this.Close();”即可。如果要在当前窗体中关闭另外一个窗体，需要对该窗体对象调用 Close()方法。例如，要在 Form1 中关闭 Form2 窗体的对象 frm2，可在 Form1 中编写代码“frm2.Close();”。关闭窗体后，该窗体和所有创建在该窗体中的资源都被销毁。

（3）隐藏窗体。

要隐藏一个已经显示的窗体，可以对该窗体调用 Hide()方法。如果要隐藏当前窗体，直接在该窗体中编写代码“this.Hide();”即可。如果要在当前窗体中隐藏另外一个窗体，需要对该窗体对象调用 Hide()方法。例如，要在 Form1 中隐藏已经显示的 Form2 窗体的对象 frm2，可在 Form1 中编写代码“frm2.Hide();”。窗体被隐藏后，虽然看不到，但它和它所包含的对象与变量仍然保留在内存中，需要时该窗体还可以被显示出来。在多窗体程序设计中，至少要保证有一个窗体是可见的，否则无法继续操作程序，只能强制结束该程序。

（4）显示窗体。

如果要显示一个已经隐藏的窗体，只需对该窗体调用 Show()或 ShowDialog()方法即可。一个窗体被隐藏后，只能通过其他窗体来显示。例如，要在 Form1 中显示已经隐藏的 Form2 窗体的对象 frm2，可在 Form1 中编写代码“frm2.Show();”。

（5）退出应用程序。

对启动窗体调用 Close()方法，就可以退出整个应用程序。在任何一个窗体中编写代码“Application.Exit(); ”，都可以退出应用程序。

## 十七、MDI界面程序设计

单文档界面（Single Document Interface，SDI）和多文档界面（Multiple Document Interface，MDI）是Windows应用程序的两种典型结构。SDI一次只能打开一个窗体，一次只能显示一个文档。Windows的记事本和写字板是典型的SDI应用程序，一次只能处理一个文档。如果用户要打开第二个文档就必须打开一个新的程序实例。两个程序实例之间没有关系，对一个实例的任何配置都不会影响第二个实例。MDI可以在一个容器窗体中包含多个窗体，能够同时显示多个文档，而每个文档都在自己的窗口内显示。MDI应用程序由父窗口和子窗口构成。容器窗体称为父窗口，容器窗体内部的窗体则称为子窗口。Office的PowerPoint和Excel就是典型的MDI应用程序。

MDI应用程序所使用的属性、方法和事件，大多数与SDI应用程序相同，但增加了专门用于MDI的属性、方法和事件。

### 1. MDI相关属性

MDI专用的相关属性如表5-4所示。（以下属性可以在代码窗体下显示出来，只要输入frm.mdi。）

表5-4 MDI属性

| 属　性 | 说　明 |
| --- | --- |
| ActiveMDIChild | 获取当前活动的MDI子窗口。该属性返回表示当前活动的MDI子窗口的Form。如果当前没有子窗口，则返回null。可以通过该属性来确定MDI应用程序中是否有任何打开的MDI子窗口，也可以通过该属性从MDI父窗口或者从应用程序中显示的其他窗体对该MDI子窗口执行操作 |
| IsMDIChild | 获取一个值，该值指示该窗体是否为MDI子窗体。如果该窗体是MDI子窗体，则为true，否则为false |
| IsMDIContainer | 指示该窗体是否为MDI容器，默认值为false |
| MDIChildren | 获取窗体的数组，这些窗体表示以此窗体作为父级的MDI子窗体 |
| MDIParent | 获取或设置此窗体的当前MDI父窗体 |

### 2. 添加子窗体到父窗体

在Form类提供一个属性MdiParent，用来获取或设置当前窗体的多文档父窗体。要为一个多文档父窗体添加子窗体主要有3个步骤。

（1）获取要添加的子窗体childForm，创建新窗体或从其他地方获取已经存在的窗体。

（2）将子窗体childForm的MdiParent属性设为当前多文档父窗体。

（3）显示子窗体childForm。

### 3. 创建MDI应用程序

MDI应用程序至少由两个窗口组成，即一个父窗口和一个子窗口。创建MDI应用程序的方法如下：

（1）创建一个Windows应用程序的项目，项目中自动添加了一个名为Form1的窗体。假设窗体Form1作为父窗口，只需在“属性”窗口中把Form1窗体的IsMdiContainer属性设置为true即可。

（2）在项目中添加一个新窗体，窗体名默认为 Form2。假设窗体 Form2 作为子窗口，只需在父窗口中打开子窗口的代码处，添加如下代码：

```
Form2 frm2=new Form2();          //创建子窗体对象
frm2.MdiParent=this;             //指定当前窗体为 MDI 父窗体
frm2.Show();                     //打开子窗体
```

此外 Visual Studio 2017 中，可以直接添加 MDI 父窗体，添加过程如图 5-11 所示，添加后的 MDI 父窗体如图 5-12 所示。

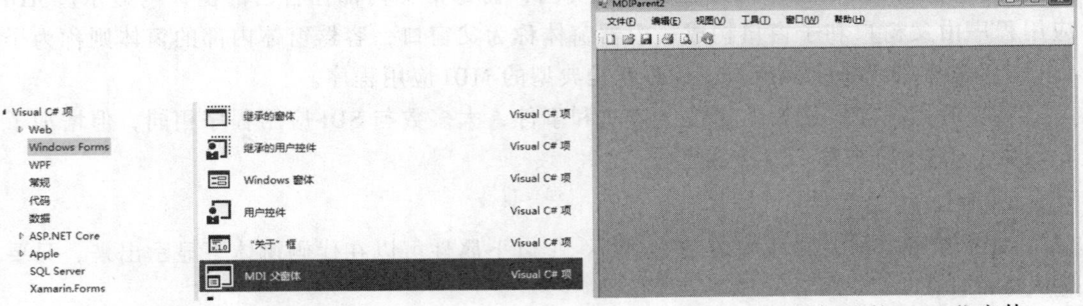

图 5-11　添加 MDI 父窗体　　图 5-12　添加后的 MDI 父窗体

## 十八、键盘和鼠标操作

### 1. 键盘操作

Windows 应用程序能够响应多种键盘操作，键盘事件是用户与程序之间交互操作的主要方法。C# .NET 主要为对象提供了 KeyPress、KeyDown 和 KeyUp 三种键盘事件。在.NET 框架中，KeyEventArgs 和 KeyPressEventArgs 类负责提供键盘数据。KeyEventArgs 类为 KeyDown 和 KeyUp 事件提供数据，KeyPressEventArgs 类为 KeyPress 事件提供数据。

（1）按键事件发生的顺序。

在程序中，经常需要判断用户是否按下了特定的键，KeyPress、KeyDown 和 KeyUp 事件可以用于读取按键。当按下并松开一个键时，按键事件按下列顺序发生：KeyDown、KeyPress、KeyUp。需要注意的是，并不是按下键盘上的任意一个键都会引发 KeyPress 事件，KeyPress 事件只对会产生 ACSII 码的字符键有反应，包括数字、大小写字母、【Enter】、【Backspace】、【Esc】、【Tab】等键；对于方向键、功能键等不会产生 ASCII 码的非字符键，KeyPress 事件不会发生。KeyPress、KeyDown 和 KeyUp 事件一般用于可获得焦点的对象，如窗体、按钮、文本框、单选按钮、复选框、组合框等。

总之，按下任意键时会触发 KeyDown 事件，松开任意键时会触发 KeyUp 事件。按下并松开键盘上的某个字符键时会依次触发 KeyDown、KeyPress、KeyUp 事件，按下并松开键盘上的某个非字符键时会依次触发 KeyDown 和 KeyUp 事件。

当用户按下键盘上某一个字符键时，会引发当前拥有焦点对象的 KeyPress 事件。如果要为某个窗体对象或控件对象添加 KeyPress 事件处理程序，首先在设计器窗口选中该对象，然后在属性窗口的事件列表中找到 KeyPress 事件并双击它，即可在代码窗口看到该对象的 KeyPress 事件处理程序，其代码格式如下：

```
private void 对象名_KeyPress(object sender, KeyPressEventArgs e)
```

```
{
    //程序代码
}
```

（2）KeyPress 事件。

当用户按下键盘上某一个字符键时，会引发当前拥有焦点对象的 KeyPress 事件。如果要为某个窗体对象或控件对象添加 KeyPress 事件处理程序，首先在设计器窗口选中该对象，然后在属性窗口的事件列表中找到 KeyPress 事件并双击它，即可在代码窗口看到该对象的 KeyPress 事件处理程序，其代码格式如下：

```
private void 对象名_KeyPress(object sender, KeyPressEventArgs e)
{
    //程序代码
}
```

KeyPress 事件处理程序接收一个 KeyPressEventArgs 类型的参数，它含有与此事件相关的数据。在 KeyPress 事件中，可以通过 KeyPressEventArgs 类的 KeyChar 属性来判断按键字符。KeyChar 属性的取值是 Char 类型，其值为用户按键所得的组合字符。例如，如果用户按下的是【Shift+A】，则 KeyChar 属性的值将为大写字母 A。

以下代码用于检测是否按下大写字母 A：

```
private void textBox1_KeyPress(object sender, KeyPressEventArgs e)
{
    if(e.KeyChar=='A')
        label1.Text="所按字符键为"+e.KeyChar.ToString();
}
```

以下代码用于检测是否按下回车键：

```
private void textBox1_KeyPress(object sender, KeyPressEventArgs e)
{
    if(e.KeyChar==(Char)Keys.Enter)
        label1.Text="所按字符键为 Enter 键";
}
```

类 Char 提供了一系列的静态方法用于判断字符类别，如 IsControl、IsDigit、IsLetter、IsLetterOrDigit、IsLower、IsNumber、IsPunctuation、IsSeparator、IsSymbol、IsUpper、IsWhiteSpace 分别用于判断一个字符是否是控制字符、十进制数字、字母、字母或十进制数字、小写字母、数字、标点符号、分隔符、符号、大写字母、空白。

以下代码用于检测键入的字符是否是字母或数字：

```
private void textBox1_KeyPress(object sender, KeyPressEventArgs e)
{
    if(Char.IsLetterOrDigit(e.KeyChar))
        label1.Text="键入的字符是字母或数字";
}
```

（3）KeyDown 和 KeyUp 事件。

KeyDown 和 KeyUp 事件提供了最低级的键盘响应，按下任意键时会触发 KeyDown 事件，松开任意键时会触发 KeyUp 事件。利用 KeyDown 和 KeyUp 事件可以解决 KeyPress 事件的问题，非字符键不会引发 KeyPress 事件，但非字符键却可以引发 KeyDown 和 KeyUp

事件。如果要为某个窗体对象或控件对象添加 KeyDown 或 KeyUp 事件处理程序，首先在设计器窗口选中该对象，然后在属性窗口的事件列表中找到 KeyDown 或 KeyUp 事件并双击它，即可在代码窗口看到该对象的 KeyDown 或 KeyUp 事件处理程序，其代码格式如下：

```
private void 对象名_KeyDown(object sender,KeyEventArgs e)
{
    //程序代码
}
private void 对象名_KeyUp(object sender,KeyEventArgs e)
{
    //程序代码
}
```

KeyDown 和 KeyUp 事件处理程序的参数相同，都接收一个 KeyEventArgs 类型的参数，它含有与此事件相关的数据。可以通过 KeyEventArgs 类的属性来判断用户按键。KeyDown 和 KeyUp 事件中，一般通过 KeyCode 和 KeyValue 属性来获取用户的按键，通过 Alt、Control 和 Shift 属性来判断用户是否使用了【Alt】、【Control】、【Shift】组合键。

以下代码用于检测是否按下【F1】键：

```
private void textBox1_KeyDown(object sender, KeyEventArgs e)
{
    if(e.KeyCode==Keys.F1)
        label1.Text="所按键为"+e.KeyCode.ToString();
}
```

以下代码用于判断是否按下数字键盘上的数字键：

```
private void textBox1_KeyUp(object sender, KeyEventArgs e)
{
    if(e.KeyValue>=96&&e.KeyValue<=105)
        label1.Text="所按键为数字键盘上的键"+e.KeyCode.ToString();
}
```

以下代码用于检测是否按下【Ctrl + C】组合键：

```
private void textBox1_KeyUp(object sender, KeyEventArgs e)
{
    if(e.Control==true && e.KeyCode==Keys.C)
        label1.Text="复制操作的快捷键为 Control+C";
}
```

下列两种情况不能引用 KeyDown 和 KeyUp 事件。一是当窗体有一个 Button 控件，并且窗体的 AcceptButton 属性设置为该 Button 控件时，不能引用【Enter】键的 KeyDown 和 KeyUp 事件；二是当窗体有一个 Button 控件，并且窗体的 CancelButton 属性设置为该 Button 控件时，不能引用【Esc】键的 KeyDown 和 KeyUp 事件。

**2. 鼠标操作**

Windows 应用程序能够响应多种鼠标操作，鼠标事件是用户与程序之间交互操作的主要方法。C# .NET 为对象提供了多种鼠标事件，主要包括 MouseEnter、MouseLeave、MouseMove、MouseHover、MouseDown、MouseUp、MouseWheel、MouseClick、MouseDouble Click、Click 和 DoubleClick 事件。在.NET 框架中，MouseEventArgs 类专门负责提供鼠标

数据。另外，还有一些鼠标数据由 EventArgs 类负责提供，EventArgs 是包含事件数据的类的基类。MouseEventArgs 类为 MouseMove、MouseDown、MouseUp、MouseWheel、MouseClick、MouseDoubleClick 事件提供数据，EventArgs 类为 MouseEnter、MouseLeave、MouseHover、Click 和 DoubleClick 事件提供数据。

（1）MouseEnter 和 MouseLeave 事件。

当鼠标指针进入窗体或控件时将触发 MouseEnter 事件，当鼠标指针离开窗体或控件时将触发 MouseLeave 事件。这两个事件可以用于窗体和大多数控件，其事件处理程序参数完全相同。如果要为某个窗体对象或控件对象添加 MouseEnter 或 MouseLeave 事件处理程序，首先在设计器窗口选中该对象，然后在属性窗口的事件列表中找到 MouseEnter 或 MouseLeave 事件并双击它，即可在代码窗口看到该对象的 MouseEnter 或 MouseLeave 事件处理程序。其代码格式如下：

```
private void 对象名_MouseEnter(object sender, EventArgs e)
{
    //程序代码
}
private void 对象名_MouseLeave(object sender, EventArgs e)
{
    //程序代码
}
```

（2）MouseMove 和 MouseHover 事件。

当鼠标指针在窗体或控件上移动时将触发 MouseMove 事件，当鼠标指针悬停在窗体或控件上时将触发 MouseHover 事件。这两个事件可以用于窗体和大多数控件，但其事件处理程序参数不同。如果要为某个窗体对象或控件对象添加 MouseMove 或 MouseHover 事件处理程序，可以通过属性窗口的事件列表来完成。其代码格式如下：

```
private void 对象名_MouseMove(object sender, MouseEventArgs e)
{
    //程序代码
}
```

```
private void 对象名_MouseHover(object sender, EventArgs e)
{
    //程序代码
}
```

MouseMove 事件由 MouseEventArgs 类提供数据，MouseEventArgs 类包括六个属性。

（3）MouseDown 和 MouseUp 事件。

当鼠标指针位于窗体或控件上并按下鼠标键时将触发 MouseDown 事件，当在窗体或控件上释放按下的鼠标键时将触发 MouseUp 事件。这两个事件可以用于窗体和大多数控件，其事件处理程序参数完全相同。如果要为某个窗体对象或控件对象添加 MouseDown 或 MouseUp 事件处理程序，可以通过属性窗口的事件列表来完成。其代码格式如下：

```
private void 对象名_MouseDown(object sender, MouseEventArgs e)
{
    //程序代码
}
private void 对象名_MouseUp(object sender, MouseEventArgs e)
{
    //程序代码
}
```

MouseDown 和 MouseUp 事件由 MouseEventArgs 类提供数据，通过参数 e 的 Button、Clicks、Location、X 和 Y 属性，可以获取按下或释放的是哪个鼠标键、按下并释放鼠标键的次数以及按下或释放鼠标时的位置。

（4）MouseWheel 事件。

MouseWheel 事件由 MouseEventArgs 类提供数据，通过参数 e 的 Delta 属性，可以获取鼠标滚轮的滚动量。通常情况下，应用程序并不需要去获取具体的滚动量，而是通过检查该值为正还是为负来确定鼠标的滚动方向：正值，说明鼠标滚轮向前（远离用户的方向）滚动；负值，说明鼠标滚轮向后（朝着用户的方向）滚动。

（5）MouseClick 和 MouseDoubleClick 事件。

当用鼠标单击窗体或控件时将触发 MouseClick 事件，当用鼠标双击窗体或控件时将触发 MouseDoubleClick 事件。MouseClick 事件可以用于窗体和大多数控件，而 MouseDoubleClick 事件可以用于窗体和标签、文本框、图片框、组合框、列表框、复选列表框、多格式文本框等控件，但不能用于按钮、单选按钮、复选框等控件。这两个事件的处理程序的参数完全相同。如果要为某个窗体对象或控件对象添加 MouseClick 或 MouseDoubleClick 事件处理程序，可以通过属性窗口的事件列表来完成。其代码格式如下：

```
private void 对象名_MouseClick(object sender, MouseEventArgs e)
{
    //程序代码
}
private void 对象名_MouseDoubleClick(object sender, MouseEventArgs e)
{
    //程序代码
}
```

MouseClick 和 MouseDoubleClick 事件由 MouseEventArgs 类提供数据，通过参数 e 的 Button、Location、X 和 Y 属性，可以获取按下或释放的是哪个鼠标键以及按下或释放鼠标时的位置。

（6）Click 和 DoubleClick 事件。

当单击窗体或控件时将触发 Click 事件，当双击窗体或控件时将触发 DoubleClick 事件。Click 事件可以用于窗体和大多数控件，而 DoubleClick 事件一般用于窗体和文本框、多格式文本框、列表框、复选列表框等控件。这两个事件的处理程序的参数完全相同。如果要为某个窗体对象或控件对象添加 Click 或 DoubleClick 事件处理程序，可以通过属性窗口的事件列表来完成。其代码格式如下：

```
private void 对象名_Click(object sender, EventArgs e)
{
    //程序代码
}
private void 对象名_DoubleClick(object sender, EventArgs e)
{
    //程序代码
}
```

从逻辑上来说，Click 事件是控件的更高级别的事件，经常由其他用户操作引发，例如当焦点在控件上时按【Enter】键。DoubleClick 事件也是控件的更高级别的事件，也可以由其他用户操作引发，例如快捷键组合。Click 和 DoubleClick 事件都是将 EventArgs 传递给其事件处理程序，所以它仅指示发生了一次单击或双击。如果需要更具体的鼠标信息（按钮、次数、滚轮或位置），就得使用 MouseClick 和 MouseDoubleClick 事件。但是，如果导致单击或双击的操作不是鼠标操作，将不会引发 MouseClick 和 MouseDoubleClick 事件。一般情况下，同一对象的 Click 和 MouseClick 事件不能同时使用，因为如果是用鼠标单击对象，则会在触发 Click 事件后再触发 MouseClick 事件；同一对象的 DoubleClick 和 MouseDoubleClick 事件一般也不能同时使用，因为如果是用鼠标双击对象，则会在触发 DoubleClick 事件后再触发 MouseDoubleClick 事件。

（7）鼠标事件发生的顺序。

当用户操作鼠标时，将触发一系列的鼠标事件，这些事件的发生顺序如下：

① MouseEnter

② MouseMove

③ MouseHover / MouseDown / MouseWheel

④ Click

⑤ MouseClick

⑥ MouseUp

⑦ MouseLeave

上述顺序只是鼠标操作的一般顺序，而且没有包含 DoubleClick 和 MouseDoubleClick 事件。双击操作是一种特殊的操作，相当于两次快速的单击操作，两次单击的时间间隔是由用户操作系统的鼠标设置决定的。实际上，并不是所有 Windows 窗体控件都支持这些事件，所以针对不同情况引发事件的顺序也可能不同。

对于一次鼠标的单击（无论哪个按钮）操作，可能涉及的鼠标事件的发生顺序为：MouseEnter、MouseMove、MouseHover、MouseDown、Click、MouseClick、MouseUp、MouseLeave。

对于一次鼠标的双击（无论哪个按钮）操作，可能涉及的鼠标事件的发生顺序为：MouseEnter、MouseMove、MouseHover、MouseDown、Click、MouseClick、MouseUp、MouseDown、DoubleClick、MouseDoubleClick、MouseUp、MouseLeave。

对于一次鼠标的滚轮操作，可能涉及的鼠标事件的发生顺序为：MouseEnter、MouseMove、MouseHover、MouseWheel、MouseLeave。

（8）设置鼠标指针。

运行 Windows 应用程序时，默认情况下，在窗体和大多数控件上的鼠标指针都是空心箭头的形状，文本框、组合框的文本编辑区和多格式文本框中的鼠标指针是 I 形光标，链接标签上的鼠标指针是手形光标，在窗体边框上的鼠标指针则是各种双向箭头的形状。如果要重新设置对象的鼠标指针，可以利用对象的 Cursor 属性。Cursor 属性用于获取或设置当鼠标指针位于窗体或控件上时显示的光标，其值为 Cursor 类型，可以是 Cursors 枚举类型的成员，也可以是自定义光标。

① 设置等待光标：当程序正忙于处理某项工作时，需要将鼠标指针改为等待光标（沙漏形状），当工作结束时，再自动恢复默认光标。这可以通过设置 Cursor 类的静态属性 Current 实现。可以在完成某项工作的代码开始时，设置鼠标指针为等待光标，等到该项工作结束，就会自动恢复为默认的光标。一般代码格式如下：

```
Cursor.Current=Cursors.WaitCursor;
//完成较长时间的工作
```

② 自定义鼠标光标：利用对象的 Cursor 属性，可以动态改变鼠标指针的形状。除了 Cursors 类提供的十几种系统光标，也可以自己使用绘图工具绘制光标。VS .NET 中集成了光标编辑器，只需往项目中添加一个光标文件（扩展名为“.cur”）即可绘制光标，具体步骤如下：

从“项目”菜单中选择“添加新项”命令，在弹出的“选择新项”对话框中，选择“光标文件”模板。默认文件名为“Cursor1.cur”，根据自己的需要重新命名，然后单击“添加”按钮，即可进入光标编辑器。利用光标编辑器中的工具绘制光标，绘制完后保存文件（默认保存在项目文件夹中）。

光标文件完成之后，如果要在应用程序中使用它，一般代码格式如下：

```
string 项目文件夹路径=System.IO.Directory.GetParent(System.IO. Directory.
GetParent(Application.StartupPath).ToString()).ToString();
对象名.Cursor=new Cursor(项目文件夹路径 +"\\光标文件名.cur");
```

其中，Application.StartupPath 代表应用程序的启动路径，即“……\解决方案文件夹\项目文件夹\bin\Debug”；Directory.GetParent 方法用于检索指定路径的父目录。

## 任务驱动

### 任务一　RadioButton、CheckBox、Panel 和 GroupBox 的应用

操作任务：利用单选框、复选框和分组控件完成有关性别、爱好的设置。

操作方案：通过 RadioButton 控件和 Panel 控件完成性别的设置；通过 CheckBox 控件和 GroupBox 控件完成爱好的设置；通过 Button 控件确定后在 Label 控件中显示选定的信息。窗体设计界面如图 5-13 所示，运行界面如图 5-14 所示。

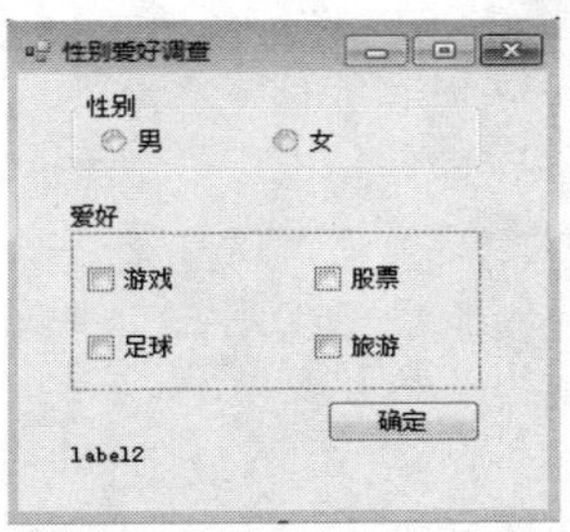

图 5-13　设计界面

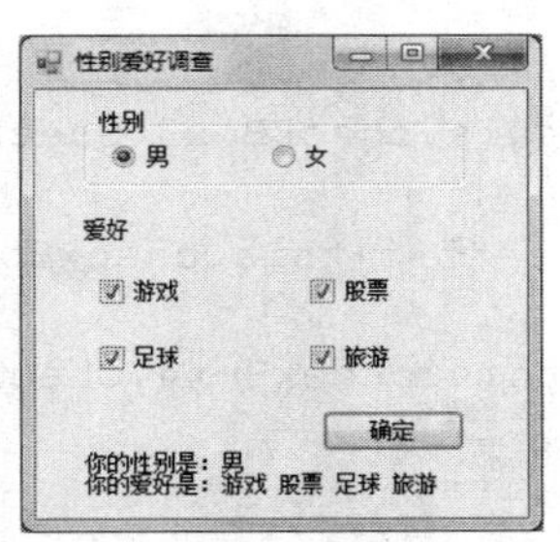

图 5-14　运行界面

操作步骤：

（1）按表 5-5 所示，在项目窗体上添加控件（标签控件省略），并把其相应属性设置好。

**表 5-5　控件属性设置**

| 对 象 名 | 属 性 名 | 属 性 值 | 说 明 |
|---|---|---|---|
| Form1 | Text | “性别爱好调查” | 窗体标题栏上的内容 |
| groupbox1 | Text | “性别” | 显示性别 |
| radiobutton1 | Text | “男” | 显示性别男 |
| radiobutton2 | Text | “女” | 显示性别女 |
| panel1 | 无 | 无 | 不用设置任何属性 |
| checkbox1 | Text | “游戏” | 显示爱好兴趣游戏 |
| checkbox2 | Text | “股票” | 显示爱好兴趣股票 |
| checkbox3 | Text | “足球” | 显示爱好兴趣足球 |
| checkbox4 | Text | “旅游” | 显示爱好兴趣游戏 |
| button1 | Text | “确定” | 显示调查结果 |

（2）在控件相应事件下面添加代码如下：

```
private void button1_Click(object sender, EventArgs e)
{
    string m,i;
    m=i="";
    if(this.radioButton1.Checked)
    {
        m=this.radioButton1.Text;
    }
    if(this.radioButton2.Checked)
    {
        m=this.radioButton2.Text;
    }
    if(this.checkBox1.Checked)
    {
        i=i+this.checkBox1.Text+"";
    }
    if(this.checkBox2.Checked)
    {
        i=i+this.checkBox2.Text+"";
```

```
    }
    if(this.checkBox3.Checked)
    {
        i=""+i+this.checkBox3.Text+"";
    }
    if(this.checkBox4.Checked)
    {
        i=""+i+this.checkBox4.Text;
    }
    this.label2.Text="你的性别是: "+m+"\r\n"+"你的爱好是: "+c;
}

private void Form1_Load(object sender, EventArgs e)
{
    this.radioButton1.Checked=true;
}
```

## 任务二 ListBox 和 ComboBox 的应用

操作任务：利用列表框、组合框等控件完成有关专业和课程选修的设置。

操作方案：编写一个程序，通过 ComboBox 控件实现专业选择，共有 4 个专业：计算机、英语、工商管理和物流管理；通过 ListBox 控件完成选修课程的设置（列表框可以多选）；单击“确定”按钮显示选定的信息。设计界面如图 5-15，运行界面如图 5-16 所示：

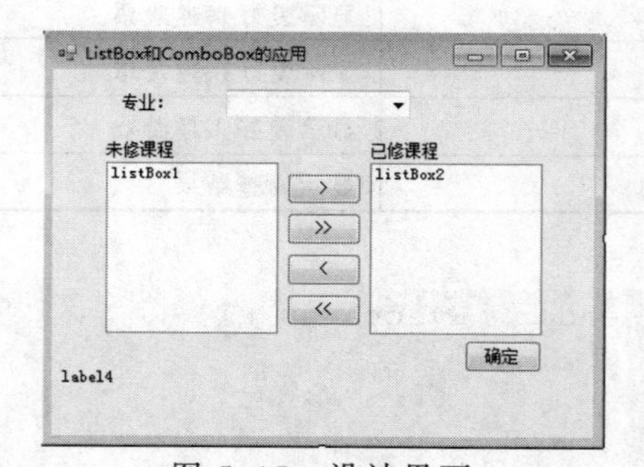


图 5-15　设计界面

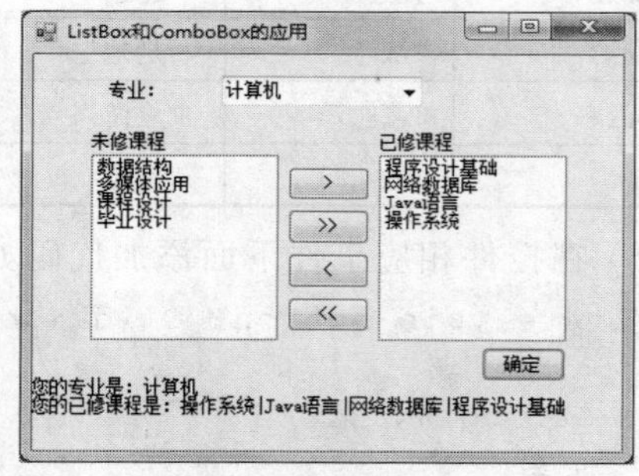


图 5-16　运行界面

操作步骤：

（1）按表 5-6 所示，在项目窗体上添加控件（标签控件省略），并把其相应属性设置好。

表 5-6　控件属性设置

| 对象名 | 属性名 | 属性值 | 说明 |
|---|---|---|---|
| Form1 | Text | “ListBox&ComboBox 的应用” | 窗体标题栏上的内容 |
| comboBox1 | Items | “” | 显示专业名称 |
| listBox1 | Items | “” | 显示未修课程名称 |
| listBox2 | Items | “” | 显示已修课程名称 |
| button1 | Text | “>” | 增加一门已修课程 |
| button2 | Text | “>>” | 增加多门已修课程 |

续表

| 对象名 | 属性名 | 属性值 | 说明 |
|---|---|---|---|
| button3 | Text | “<” | 减少一门已修课程 |
| button4 | Text | “<<” | 减少多门已修课程 |

（2）在控件相应事件下面添加代码如下：

```
string subject,major;
private void Form1_Load(object sender, EventArgs e)
{
    this.comboBox1.Items.Add("计算机");
    this.comboBox1.Items.Add("英语");
    this.comboBox1.Items.Add("工商管理");
    this.comboBox1.Items.Add("物流管理");
}
private void button1_Click(object sender, EventArgs e)
{
    int i;
    this.listBox2.Items.Add(this.listBox1.SelectedItem);
    this.listBox1.Items.Remove(this.listBox1.SelectedItem);
    subject="";
    for(i=listBox2.Items.Count-1;i>=0;i--)
    {
        subject+=this.listBox2.Items[i]+"|";
    }
    if(subject!="")
    {
        subject=subject.Substring(0,subject.Length-1);
    }
}
private void button2_Click(object sender, EventArgs e)
{
    int i;
    for(i=listBox1.Items.Count-1;i>=0;i--)
    {
        this.listBox2.Items.Add(this.listBox1.Items[0]);
        this.listBox1.Items.Remove(this.listBox1.Items[0]);
    }
    subject="";
    for(i=listBox2.Items.Count-1;i>=0;i--)
    {
        subject+=this.listBox2.Items[i]+"|";
    }
    if(subject!="")
    {
        subject=subject.Substring(0, subject.Length-1);
    }
}
private void button3_Click(object sender, EventArgs e)
{
```

```
        int i;
        this.listBox1.Items.Add(this.listBox2.SelectedItem);
        this.listBox2.Items.Remove(this.listBox2.SelectedItem);
        subject="";
        for(i=listBox2.Items.Count-1;i>=0;i--)
        {
            subject+=this.listBox2.Items[i]+"|";
        }
        if(subject!="")
        {
            subject=subject.Substring(0,subject.Length-1);
        }
    }
    private void button4_Click(object sender, EventArgs e)
    {
        int i;
        for(i=listBox2.Items.Count-1;i>=0;i--)
        {
            this.listBox1.Items.Add(this.listBox2.Items[0]);
            this.listBox2.Items.Remove(this.listBox2.Items[0]);
        }
        subject="";
        for(i=listBox2.Items.Count-1;i>=0;i--)
        {
            subject+=this.listBox2.Items[i]+"|";
        }
        if(subject!="")
        {
            subject=subject.Substring(0, subject.Length-1);
        }
    }
    private void button5_Click(object sender, EventArgs e)
    {
        string result;
        result="您的专业是: "+comboBox1.Text+"\r\n";
        result+="您的已修课程是: "+major;
        label4.Text = result;
    }
    private void comboBox1_SelectedIndexChanged(object sender, EventArgs e)
    {
        major=this.comboBox1.SelectedItem.ToString();
        this.listBox1.Items.Clear();
        this.listBox2.Items.Clear();
        switch(comboBox1.SelectedItem.ToString())
        {
            case "计算机":
                listBox1.Items.Add("程序设计基础");
                listBox1.Items.Add("网络数据库");
                listBox1.Items.Add("Java 语言");
                listBox1.Items.Add("数据结构");
```

```
            listBox1.Items.Add("多媒体应用");
            listBox1.Items.Add("课程设计");
            listBox1.Items.Add("操作系统");
            listBox1.Items.Add("毕业设计");
            break;
        case "英语":
            listBox1.Items.Add("英语阅读");
            listBox1.Items.Add("英语听力");
            listBox1.Items.Add("泛读");
            listBox1.Items.Add("美国文化");
            listBox1.Items.Add("英语经贸会话");
            listBox1.Items.Add("口语");
            listBox1.Items.Add("语法");
            listBox1.Items.Add("毕业作业");
            break;
        case "工商管理":
            listBox1.Items.Add("企业分析");
            listBox1.Items.Add("企业文化");
            listBox1.Items.Add("人力资源管理");
            listBox1.Items.Add("市场调查与预测");
            listBox1.Items.Add("市场营销");
            listBox1.Items.Add("现代管理思潮");
            listBox1.Items.Add("专业英语");
            listBox1.Items.Add("毕业作业");
            break;
        case "物流管理":
            listBox1.Items.Add("物流信息管理");
            listBox1.Items.Add("物流学概论");
            listBox1.Items.Add("管理学概论");
            listBox1.Items.Add("管理经济");
            listBox1.Items.Add("供应链管理");
            listBox1.Items.Add("企业物流");
            listBox1.Items.Add("专业英语");
            listBox1.Items.Add("毕业作业");
            break;
    }
```

## 任务三　利用单、复选按钮等控件进行字体设置

操作任务：在窗体上放置一个文本框，文本框中字体初始状态：黑体，16 磅，加粗。运行界面上用户可以任意选择“字体”、“大小”和“风格”，单击“确定”按钮后，按照所选格式去修改文本框中文字的字体、大小和风格，文本框设置成不可修改状态，程序设计界面如图 5-17，运行界面如图 5-18 所示。

操作方案：定义了三个变量，变量 fname 为字符串型，用来存放字体名称；变量 fsize 为整型，用来存放字体大小；变量 fstyle 为对象型，用来存放字体风格。通过关键语句：this.textBox1.Font = new Font(fname, fsize, fstyle)来实现文本框内容字体的设置。

操作步骤：

（1）按表 5-7 所示，在项目窗体上添加控件（标签控件省略），并把其相应属性设置好。

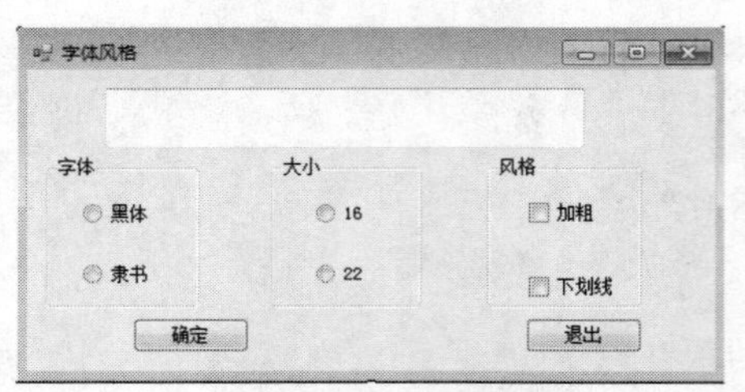


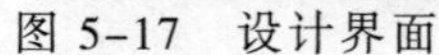
图 5-17　设计界面

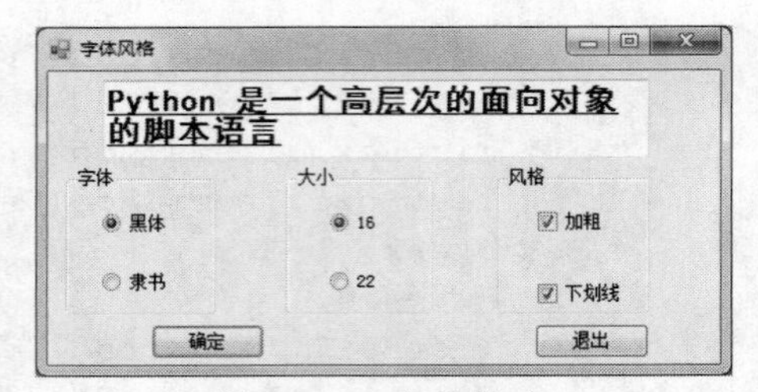


图 5-18　字体输出

表 5-7　控件属性设置

| 对　象　名 | 属　性　名 | 属　性　值 | 说　　明 |
|---|---|---|---|
| Form1 | Text | “字体风格” | 窗体标题栏上的内容 |
| textBox1 | Text | “” | 文本内容 |
| groupBox1 | Text | “字体” | 字体名称 |
| groupBox2 | Text | “大小” | 字体大小 |
| groupBox3 | Text | “风格” | 字体风格 |
| radioButton1 | Text | “黑体” | 字体为黑体 |
| radioButton2 | Text | “隶书” | 字体为隶书 |
| radioButton3 | Text | “16” | 16 号字体 |
| radioButton4 | Text | “22” | 22 号字体 |
| checkBox1 | Text | “加粗” | 加粗风格 |
| checkBox2 | Text | “下画线” | 下画线风格 |
| button1 | Text | “确定” | 确定字体设置 |
| button3 | Text | “退出” | 单击退出程序 |

（2）在控件相应事件下面添加代码如下：

```
string fname;
int fsize;
FontStyle fstyle=new FontStyle();
private void button1_Click(object sender, EventArgs e)
{
    this.textBox1.Font=new Font(fname, fsize, fstyle);
}
private void radioButton1_CheckedChanged(object sender, EventArgs e)
{
    fname=radioButton1.Text;
}
private void radioButton2_CheckedChanged(object sender, EventArgs e)
{
    fname=radioButton2.Text;
}
private void radioButton3_CheckedChanged(object sender, EventArgs e)
{
    fsize=int.Parse(radioButton3.Text);
}
```

```
private void radioButton4_CheckedChanged(object sender, EventArgs e)
{
    fsize=int.Parse(radioButton4.Text);
}
private void checkBox1_CheckedChanged(object sender, EventArgs e)
{
    fstyle=FontStyle.Regular;
    if(checkBox1.Checked) { fstyle|=FontStyle.Bold; }
    if(checkBox2.Checked) { fstyle|=FontStyle.Underline; }
}
private void checkBox2_CheckedChanged(object sender, EventArgs e)
{
    fstyle=FontStyle.Regular;
    if(checkBox1.Checked) { fstyle|=FontStyle.Bold; }
    if(checkBox2.Checked) { fstyle|=FontStyle.Underline; }
}
private void Form1_Load(object sender, EventArgs e)
{
    fname=textBox1.Font.Name;
    fsize=(int)textBox1.Font.Size;
    fstyle=textBox1.Font.Style;
}
private void button2_Click(object sender, EventArgs e)
{
    this.Close();
}
```

## 任务四　树状控件的应用

操作任务：使用 TreeView 控件，展现个人姓名、性别和年龄等基本信息，同时可以对这些基本信息进行添加、删除等操作。设计界面如图 5-19 所示，运行界面如图 5-20 所示。

操作方案：通过 Nodes 属性的 Add 方法，向 TreeView 控件中添加节点。如果要建立三级节点，代码为：treeView1.Nodes[0].Nodes[0].Nodes.Add(GroupName)，以此类推。当然更方便的办法是用递归。另外利用 TreeView 控件的 Nodes 属性的 Remove 方法从树节点集合中移除指定的树节点。

图 5-19　设计界面

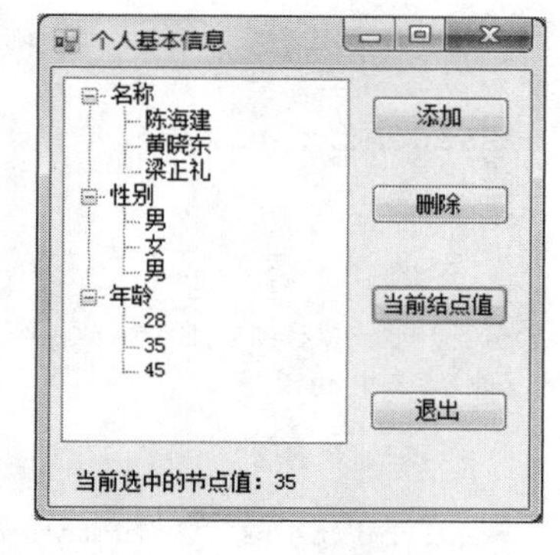


图 5-20　信息输出界面

操作步骤如下：

（1）按表 5-8 所示，在项目窗体上添加控件（标签控件省略），并把其相应属性设置好。

表 5-8　控件属性设置

| 对 象 名 | 属 性 名 | 属 性 值 | 说 明 |
| --- | --- | --- | --- |
| Form1 | Text | “个人基本信息” | 窗体标题栏上的内容 |
| treeView1 | Nodes | “” | 显示结点内容 |
| button1 | Text | “添加” | 单击生成结点内容 |
| button2 | Text | “删除” | 单击删除选中的结点内容 |
| button3 | Text | “当前结点值” | 显示当前选中的结点内容 |
| button4 | Text | “退出” | 单击退出应用程序 |

（2）在控件相应事件下面添加代码如下：

```
private void button1_Click(object sender, EventArgs e)
{
    //为控件建立3个父节点
    this.treeView1.Nodes.Add("名称");
    this.treeView1.Nodes.Add("性别");
    this.treeView1.Nodes.Add("年龄");
    //为第一个父节点建立3个子节点
    this.treeView1.Nodes[0].Nodes.Add("陈海建");
    this.treeView1.Nodes[0].Nodes.Add("黄晓东");
    this.treeView1.Nodes[0].Nodes.Add("梁正礼");
    //为第二个父节点建立3个子节点
    this.treeView1.Nodes[1].Nodes.Add("男");
    this.treeView1.Nodes[1].Nodes.Add("女");
    this.treeView1.Nodes[1].Nodes.Add("男");
    //为第三个父节点建立3个子节点
    this.treeView1.Nodes[2].Nodes.Add("28");
    this.treeView1.Nodes[2].Nodes.Add("35");
    this.treeView1.Nodes[2].Nodes.Add("45");
}
private void button2_Click(object sender, EventArgs e)
{
    if(this.treeView1.SelectedNode==null)      //判断是否选中节点
    {
        MessageBox.Show("未选中节点");
    }
    else
    {
        this.treeView1.Nodes.Remove(this.treeView1.SelectedNode);
        //删除选中的节点
    }
}
private void button3_Click(object sender, EventArgs e)
{
```

```
        this.label1.Text = "当前选中的节点值: " + this.treeView1.SelectedNode.
Text;
    }
    private void button4_Click(object sender, EventArgs e)
    {
        this.Close();
    }
```

## 任务五　通用对话框设置

操作任务：首先使用 OpenFileDialog 控件打开文件，然后使用 FontDialog 控件对打开的文件进行字体设置，最后使用 SaveFileDialog1fontDialog 控件保存文件。设计界面如图 5-21 所示，运行界面如图 5-22 所示。

图 5-21　通用对话框设计界面

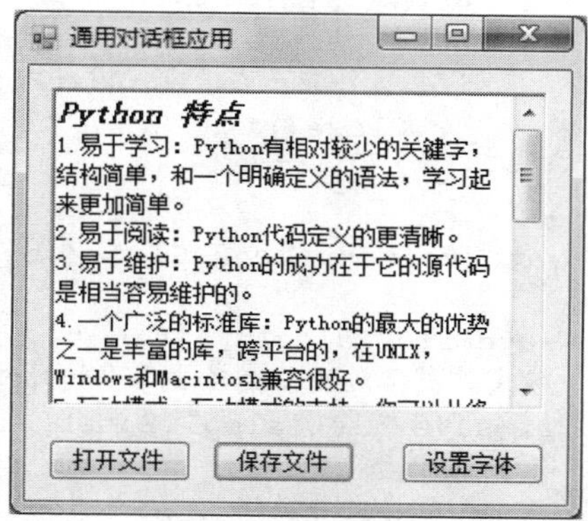


图 5-22　通用对话框运行界面

操作方案：通过设置 OpenFileDialog 控件的属性可以定制打开对话框。利用 FontDialog 控件，设置文本的字体、字形、字号及文字的各种效果（如删除线、下画线），设置 SaveFileDialog 控件属性来保存文件，通过修改保存文件名达到文件另存为的功能。

操作步骤：

（1）按表 5-9 所示，在项目窗体上添加控件（标签控件省略），并把其相应属性设置好。

表 5-9　控件属性设置

| 对象名 | 属性名 | 属性值 | 说明 |
|---|---|---|---|
| Form1 | Text | “通用对话框应用 ” | 窗体标题栏上的内容 |
| openFileDialog1 | FileName | “” | 打开文件名 |
| saveFileDialog1 | FileName | “” | 保存文件名 |
| fontDialog1 | Font | 默认 | 字体属性 |
| button1 | Text | “打开文件” | 选择文件 |
| button2 | Text | “保存文件” | 保存文件 |
| button3 | Text | “设置字体” | 设置文件内容字体 |

（2）在控件相应事件下面添加代码如下：

```
    private void button1_Click(object sender, EventArgs e)
    {
        openFileDialog1.FileName="";                    //初始文件名为空
        openFileDialog1.Filter="文本文件(*.txt)|*.txt|所有文件(*.*)|*.*";
                                                        //设置文件类型
        openFileDialog1.RestoreDirectory=true;          //在对话框关闭前还原当前目录
        openFileDialog1.FilterIndex = 1;                //设置默认文件类型显示顺序
        if(openFileDialog1.ShowDialog()==DialogResult.OK)
                                                        //如果用户选择了打开
        {
            System.IO.StreamReader sr=new System.IO.StreamReader (openFileDialog1.
FileName, Encoding.Default);
             //创建一个打开的文件流 sr，并设置字符集默认的格式，支持中文
             this.richTextBox1.Text=(sr.ReadToEnd());
             //把文件显示在 richTextBox1 中
             sr.Close();
        }
    }
    private void button2_Click(object sender, EventArgs e)
    {
        saveFileDialog1.Filter="文本文件(*.txt)|*.txt|所有文件(*.*)|*.*";
        //文件类型过滤，选择要保存的文件类型
        if(saveFileDialog1.ShowDialog()==DialogResult.OK)
        {
            //保存文件操作
            System.IO.StreamWriter StreamWriter=new System.IO.Stream Writer
(saveFileDialog1.FileName);
            //创建一个文件流，用以写入或者创建一个 StreamWriter
            StreamWriter.Write(richTextBox1.Text);
                                               //把 richTextBox1 中的内容写入文件
            StreamWriter.Close();
        }
    }
    private void button3_Click(object sender, EventArgs e)
    {
        //方法一
        if(this.fontDialog1.ShowDialog()==DialogResult.OK)
        {
            if(this.richTextBox1.SelectedText=="")
            {
                this.richTextBox1.Font=this.fontDialog1.Font;
            }
            else
            {
                this.richTextBox1.SelectionFont=this.fontDialog1.Font;
            }
            //方法二
            FontDialog _font=new FontDialog();
            _font.Font=this.richTextBox1.Font;
```

```
            //打开字体框时，字体框选中的字体就是文本默认字体
        if(_font.ShowDialog()==DialogResult.OK)
        {
            this.richTextBox1.Font=_font.Font;
        }
    }
}
```

## 任务六 MDI程序设计

操作任务：利用菜单栏（MenuStrip）、工具栏（ToolStrip）和状态栏（StatusStrip）控件，设计一个多文档（MDI）应用系统界面。

操作方案：创建一个主窗体，并将此窗体设为父窗体，利用菜单栏（MenuStrip）、工具栏（ToolStrip）和状态栏（StatusStrip）控件设计好界面，然后再添加一个窗体并将其设为子窗体。设计界面如图5-23所示，运行界面如图5-24所示。

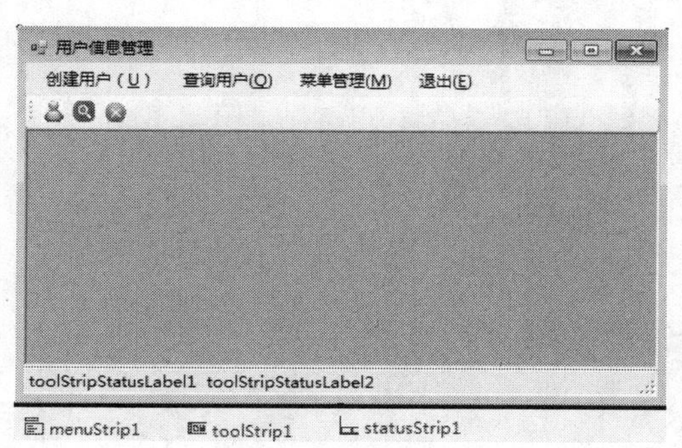


图5-23 MDI设计界面

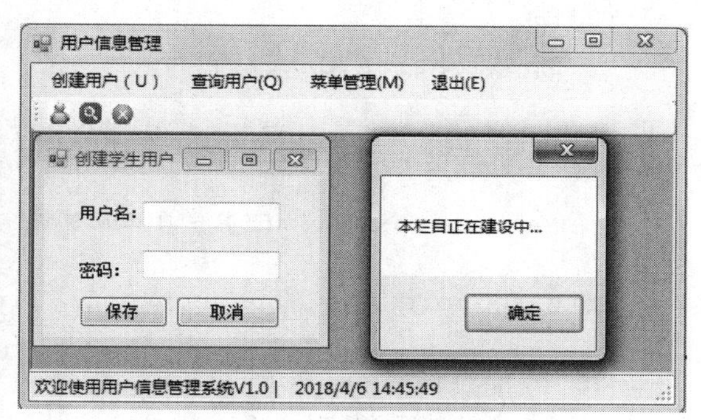


图5-24 MDI运行界面

操作步骤：

（1）按表5-10所示，在项目窗体上添加控件（标签控件省略），并把其相应属性设置好。

表5-10 控件属性设置

| 对象名 | 属性名 | 属性值 | 说明 |
|---|---|---|---|
| Form1 | Text | “用户信息管理” | 窗体标题栏上的内容 |
| Form1 | IsMdiContainer | “True” | 设置成为父窗体 |
| menuStrip | …(参考设计界面) | …(参考设计界面) | 设置菜单 |
| toolStrip | …(参考设计界面) | …(参考设计界面) | 设置工具栏 |
| statusStrip | …(参考设计界面) | …(参考设计界面) | 设置状态栏 |
| form2 | Text | “创建学生用户” | 窗体标题栏上的内容 |
| button1 | Text | “保存” | 确定用户名和密码 |
| button2 | Text | “取消” | 单击退出程序 |

（2）在控件相应事件下面添加代码如下：

```
private void Form1_Load(object sender, EventArgs e)
{
```

```
        this.toolStripStatusLabel1.Text="欢迎使用用户信息管理系统 V1.0"+" | ";
        this.toolStripStatusLabel2.Text=DateTime.Now.ToString ();
    }
    private void 创建学生用户 SToolStripMenuItem_Click(object sender, EventArgs e)
    {
        Form2 f2=new Form2();
        f2.MdiParent=this;
        f2.MaximizeBox=false;
        f2.Show();
    }
    private void 退出 EToolStripMenuItem_Click(object sender, EventArgs e)
    {
        Application.Exit();
    }
    private void toolStripButton3_Click(object sender, EventArgs e)
    {
        Application.Exit();
    }
    private void toolStripButton2_Click(object sender, EventArgs e)
    {
        MessageBox.Show("本栏目正在建设中...");
    }
    private void toolStripButton1_Click(object sender, EventArgs e)
    {
        Form2 f2=new Form2();
        f2.MdiParent=this;
        f2.MaximizeBox=false;
        f2.Show();
    }
    private void 创建用户 UToolStripMenuItem_Click(object sender, EventArgs e)
    {
        ContextMenuStrip mnu=new ContextMenuStrip();
        this.ContextMenuStrip=mnu;
        mnu.Items.Add("创建");
        mnu.Items.Add("查询");
        mnu.Items.Add("退出");
    }
```

## 任务七 键盘操作

操作任务：设计一个查询字符的 ASCII 码的程序，程序启动后提示使用方法，用户按下某个键后显示该键字符及对应的 ASCII 码，双击窗体清除查询结果。

操作方案：利用窗体对象的 KeyPress 事件获取按键字符，利用 Label 控件显示按键字符及其 ASCII 码，分别为窗体添加 KeyPress 和 DoubleClick 事件程序代码（VS 2017 对象对应事件在属性窗口中选择，在“闪电”图标下）。程序设计界面如图 5-25，运行界面如图 5-26 所示。

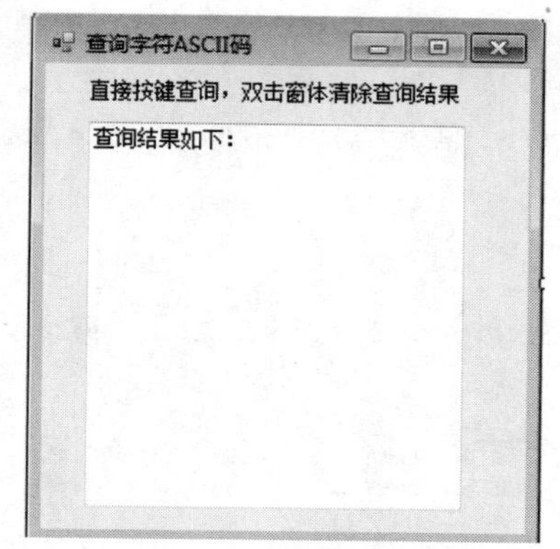


图 5-25　键盘事件设计界面

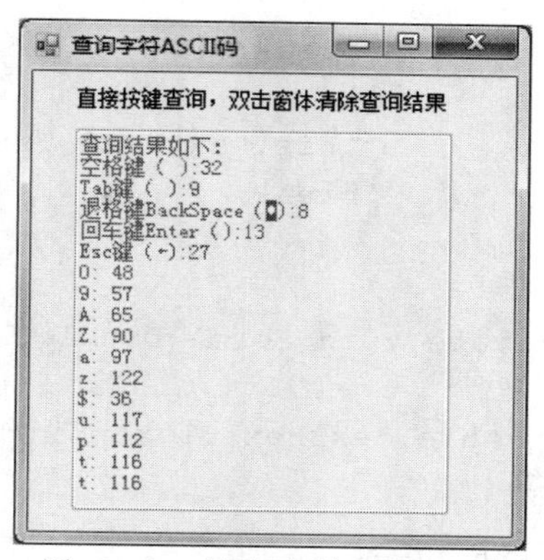


图 5-26　键盘事件运行界面

操作步骤：

（1）按表 5-11 所示，在项目窗体上添加控件（标签控件省略），并把其相应属性设置好。

**表 5-11　控件属性设置**

| 对　象　名 | 属　性　名 | 属　性　值 | 说　　明 |
|---|---|---|---|
| Form1 | Text | “查询字符 ASCII 码” | 窗体标题栏上的内容 |
| textBox1 | Text | “查询结果如下：” | 单击退出程序 |

（2）在控件相应事件下面添加代码如下：

```
    private void Form1_KeyPress(object sender, KeyPressEventArgs e)
    {
        switch(e.KeyChar)
        {
            case (char)Keys.Enter:
                this.textBox1.Text+="\r\n"+"回车键 Enter ("+e.KeyChar+"):"
+(int)Keys.Enter;
                break;
            case (char)Keys.Back:
                this.textBox1.Text += "\r\n" + "退格键 BackSpace ("+ e.KeyChar
+ "):"+(int)Keys.Back;
                break;
            case (char)Keys.Tab:
                this.textBox1.Text+="\r\n"+"Tab 键 ("+e.KeyChar+"):"+(int)
Keys.Tab;
                break;
            case (char)Keys.Escape:
                this.textBox1.Text+="\r\n"+"Esc 键 ("+e.KeyChar+"):"+(int)
Keys.Escape;
                break;
            case (char)Keys.Space:
                this.textBox1.Text+="\r\n"+"空格键 ("+e.KeyChar+"):"+(int)
Keys.Space;
```

```
            break;
        default:
            this.textBox1.Text+="\r\n"+e.KeyChar+": "+(int)e.KeyChar;
            break;
    }
}
private void Form1_DoubleClick(object sender, EventArgs e)
{
    this.textBox1.Text="查询结果如下: ";
}
```

实践提高

### 实践一　图像列表控件

实践操作：使用 ImageList 控件的 Images 属性的 Add 方法添加图片，使用 RemoveAt 方法移除单个图像，使用 Clear 方法清除图像列表中的所有图像，通过 PictureBox 控件显示图片。程序设计界面如图 5-27，运行界面如图 5-28 所示。（独立练习）

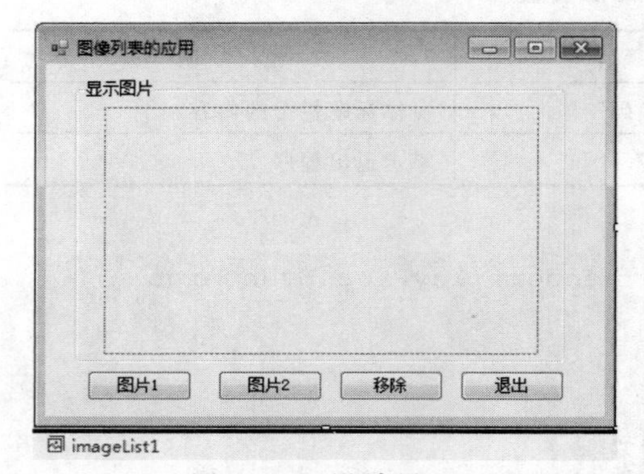


图 5-27　设计界面

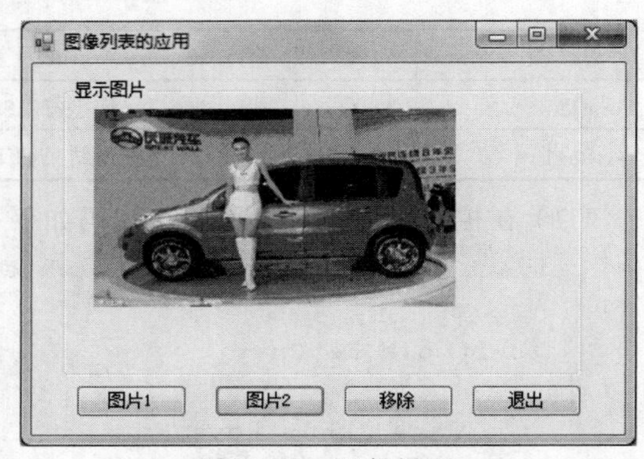


图 5-28　运行界面

操作步骤（主要源程序）：

### 实践二　调查表

实践操作：编写调查表程序。输入学生姓名及选择相应的老师和课程后，单击“确定”按钮，则在下面显示其结果。界面如图 5-29、5-30 所示。

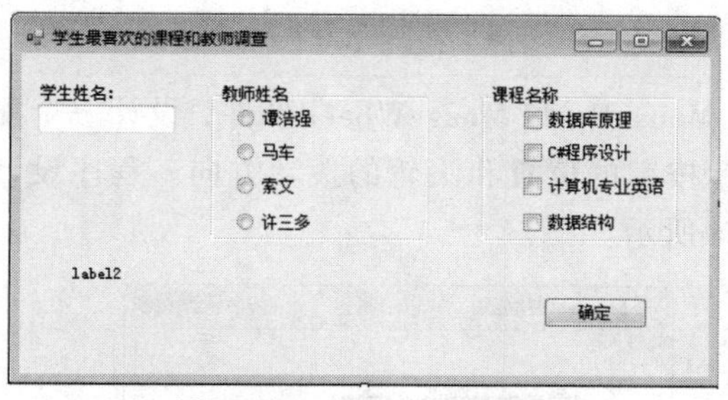


图 5-29　调查设计界面

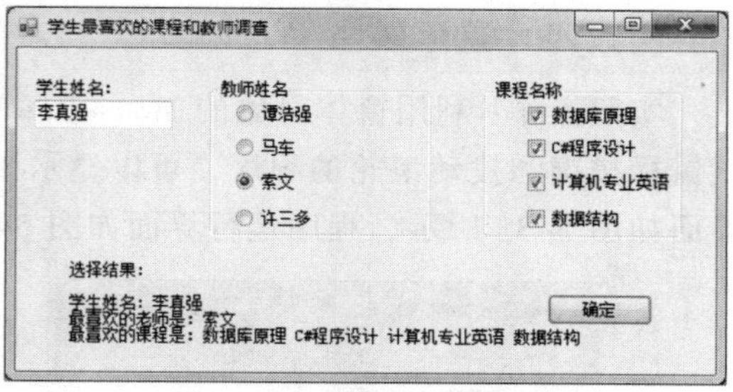

图 5-30　调查结果界面

操作步骤（主要源程序）：

## 实践三　颜色对话框控件

实践操作：利用 ColorDialog 控件对控件背景颜色和字体颜色进行设置。程序设计界面如图 5-31 所示，程序运行界面如图 5-32 所示。

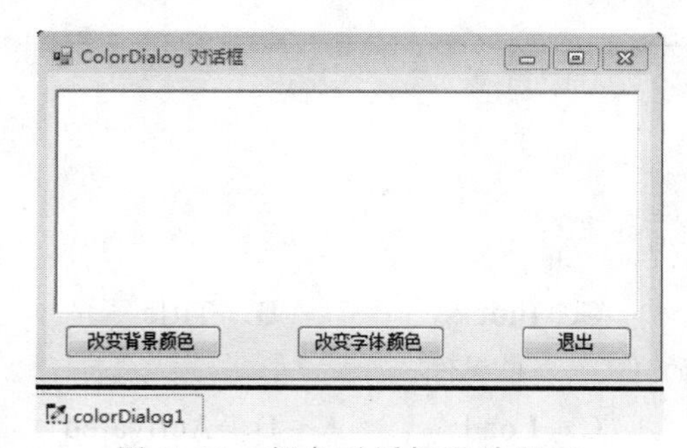


图 5-31　颜色对话框设计界面

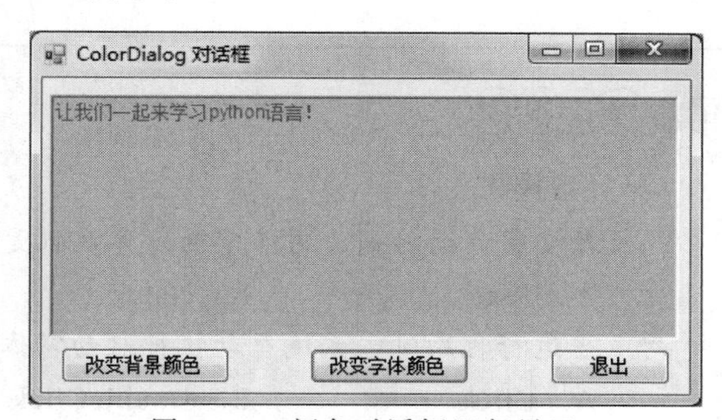


图 5-32　颜色对话框运行界面

操作步骤（主要源程序）：

## 实践四　鼠标事件

实践操作：利用窗体对象的 MouseDown、MouseUp 和 MouseWheel 事件，设计一个测试鼠标按键和拨动滚轮的程序，可以显示鼠标按键的位置和滚轮的拨动方向。程序设计界面如图 5-33 所示，程序运行界面如图 5-34 所示。

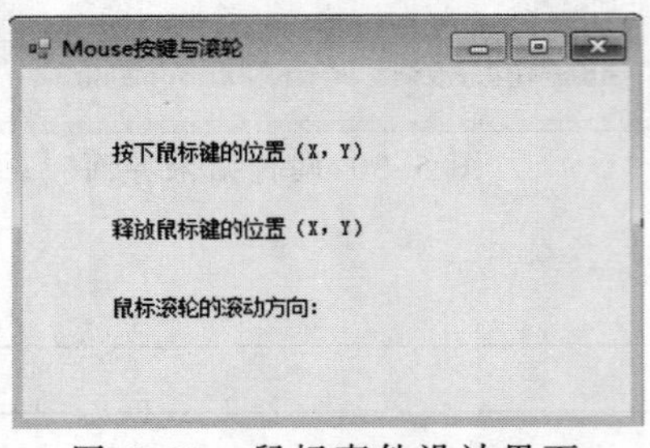


图 5-33　鼠标事件设计界面

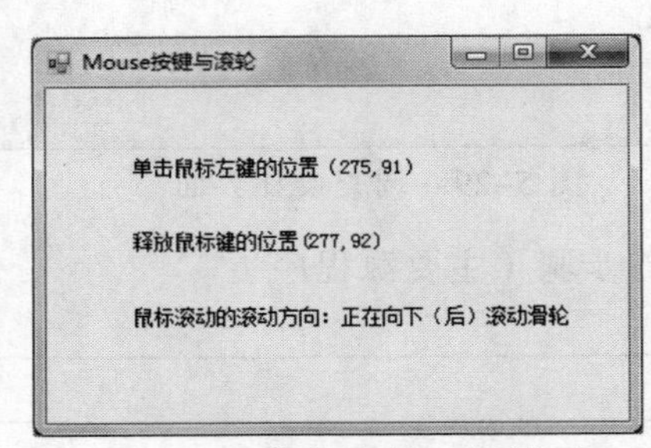


图 5-34　鼠标事件运行界面

操作步骤（主要源程序）：

________________________________________

________________________________________

________________________________________

________________________________________

________________________________________

________________________________________

________________________________________

## 理论巩固

### 一、选择题

1. 改变窗体的标题，需修改的窗体属性是（　　）。

   A. Text　　B. Name　　C. Index　　D. Title

2. 当运行程序时，系统自动执行启动窗体的（　　）事件。

   A. Click　　B. DoubleClick　　C. Load　　D. Activated

3. 如果将窗体的 FormBoderStyle 设置为 None，则（　　）。

   A. 窗体没有边框并不能调整大小　　B. 窗体没有边框但能调整大小

   C. 窗体有边框但不能调整大小　　D. 窗体是透明的

4. 如果要将窗体设置为透明的，则（　　）。

   A. 要将 FormBoderStyle 属性设置为 None

   B. 要将 Opacity 属性设置为小于 100%的值

   C. 要将 Locked 属性设置为 True

   D. 要将 Enabled 属性设置为 True

5. 下面描述中，错误的是（　　）。

   A. 窗体也是控件　　B. 窗体也是类

C. 控件是从窗体继承来的　　D. 窗体的父类是控件类

6. 加载窗体时触发的事件是（　　）。

A. Click　　B. DoubleClick　　C. Gotfocus　　D. Load

7. 要使窗体在运行时最大化按钮不可操作，只要对窗体中的（　　）属性进行设置。

A. MaximizeBox　　B. BorderStyle

C. Width　　D. MinimizeBox

8. 要创建多文档应用程序，需要将窗体的（　　）属性设为 true。

A. DrawGrid　　B. ShowInTaskbar

C. Enabled　　D. IsMdiContainer

9. 下面所列举的应用程序中，不是多文档应用程序的是（　　）。

A. Word　　B. Excel　　C. PowerPoint　　D. 记事本

10. 下列控件中，不能与 ImageList 组件关联的是（　　）。

A. Label　　B. Button　　C. RadioButton　　D. PictureBox

11. 若要使一个控件与图像列表组件关联，需要将该控件的（　　）属性设置为图像列表组件的名称。

A. Image　　B. Images　　C. ImageList　　D. List

12. PictureBox 控件的（　　）属性可以影响图像的大小及位置关系。

A. Size　　B. Mode

C. SizeMode　　D. PictureMode

13. 调整 PictureBox 控件大小，使其等于所包含的图像大小，则其 SizeMode 属性应设置为（　　）值。

A. AutoSize　　B. CenterImage　　C. Normal　　D. StretchImage

14. Winform 中，关于 ToolStrip 控件的属性和事件的描述不正确的是（　　）。

A. Items 属性表示 ToolBar 控件的所有工具项

B. LayoutStyle 属性表示 ToolBar 控件的布局方向

C. DisplayStyle 属性用来指定工具栏按钮的显示样式

D. ButtonClick 事件在用户单击工具栏任何地方时都会触发

15. 要让用户选择和浏览要打开的文件，应使用的对话框是（　　）。

A. FileDialog　　B. OpenFileDialog

C. SaveFileDialog　　D. FolderBrowserDialog

**二、填空题**

1. 设置计时器时间间隔的属性是________。

2. 修改控件的 ForeColor 属性可改变控件的________。

3. 要修改 GroupBox 控件的标题内容，应对________属性进行设置。

4. 每次单击复选框时，都会触发________事件。

5. 要删除列表框 ListBox 控件中指定的选项，应使用 Items 集合的________方法。

## 三、程序阅读题

1. 在 C#中，试写出单击一次按钮后窗体的高度和宽度。

```
this.Width=100;
this.Height=200;
private void button1_Click(object sender, EventArgs e)
{
    this.Width=this.Width-10;
    this.Height=this.Height-10;
}
```

2. 在 C#中，试写出单击一次 btnNewItem_Click 按钮运行结果。

```
private void btnNewItem_Click(object sender, EventArgs e)
{
    Form2 frm=new Form2();
    frm.Owner=this;
    frm.ShowDialog();
}
```

## 模块小结

本模块主要介绍了与界面设计密切相关的几种常用控件以及多窗体程序和多文档界面程序的设计，同时还详细介绍对象的焦点处理和常用的键盘、鼠标事件。重点内容如下：

① MenuStrip 和 ContextMenuStrip 控件的使用。
② ToolStrip 和 StatusStrip 控件的使用。
③ OpenFileDialog、SaveFileDialog、FontDialog 和 ColorDialog 等通用对话框的使用。
④ GroupBox、ListBox 和 ComboBox 等控件的常用属性、方法及其使用。
⑤ 如何进行窗体界面布局。
⑥ 如何设计多窗体程序和 MDI 程序。
⑦ 窗体对象和控件对象的焦点处理。
⑧ KeyPress、KeyDown 和 KeyUp 事件。
⑨ MouseEnter、MouseLeave 和 MouseMove 事件。
⑩ MouseDown、MouseUp 和 MouseWheel 事件。
⑪ 鼠标指针的设置方法。

模块六

# 面向对象基础 >>>

## 知识提纲

- 面向对象程序设计的基本概念。
- 类的定义。
- 类的成员。
- 对象的创建与使用。
- 构造方法与析构方法。
- 继承。
- 接口的定义及实现。

## 知识导读

### 一、面向对象程序设计的基本概念

#### 1. 对象

客观世界中任何一个事物都可以看成一个对象。对象可以是有形的，如一个人、一辆汽车等，对象也可以是无形的，如一个图形、一场球赛等。每个对象都有属性和行为两个要素，属性用于描述客观事物的静态特征，行为用于描述客观事物的动态特征。面向对象编程就是针对对象进行程序设计的。

#### 2. 类

类是对客观世界中具有相同属性和行为的一组对象的抽象。如动物就是一个类，它是世界上所有动物的抽象。

类和对象的关系是：类是对象的抽象，而对象则是类的实例。或者说类是对象的模板，对象就是类的具体化。

#### 3. 封装

在面向对象程序设计中，所谓封装是指两个方面的含义，一是将用来描述客观对象的数据和操作组装在一起，形成一个基本单位，各个对象之间相对独立，互不干扰。二是将对象的某些部分对外界隐蔽，即隐蔽其内部细节，只留下少量接口与外界联系，接受外界的信息。这种隐蔽性增加了数据的安全性。

#### 4. 继承

继承是与类密切相关的概念。继承性是指子类自动共享父类属性和操作的机制，这是类与类之间的一种关系。在类的继承层次结构中，位于上层的类称为父类（也称基类），位于下层的类称为子类（也称为派生类）。通过类的继承性，能够共享公共的特性，从而提高了软件的可重用性。

**5．多态**

在面向对象程序设计中，所谓多态性是指由继承而产生的相关而不同的类，其对象对同一消息会做出不同的响应。如在 Windows 环境下，用鼠标双击一个文件对象，如果此文件是一个可执行文件，则会执行该文件；如果此文件是一个文本文件，则会启动文本编辑器并打开该文件。多态性是面向对象程序设计的一个重要特征，使用它能增加程序的灵活性。

## 二、类的定义

其实，类就是一种新的数据类型，如果在程序设计中要用到类这种类型的话，就必须根据需要事先进行定义。类使用关键字 class 来定义，其语法格式如下：

```
[类访问修饰符] class 类名称
{
    [类成员修饰符] 类的成员（类的成员可以是字段、属性、方法等）；
}
```

其中，类访问修饰符用于规定类的作用范围或访问级别，可省略，默认情况是 internal，表示所定义的类仅限于定义它的程序集。

类的类访问修饰符有两种 public 和 internal。

public 所修饰的类的可访问范围为定义它的程序和任何引用的程序，访问不受限制。

internal 所修饰的类的可访问范围仅是定义它的程序集。

例如：

```
class Circle                          //定义圆类 Circle
{
    private  double radius;           //定义成员字段 radius
    double pi=3.14159;                //定义成员字段 pi，并赋初值 3.14159
    public double Radius              //定义属性 Radius
    {
        set { radius=value; }         //set 访问器用于设置字段的值
        get { return radius; }        //get 访问器用于获取字段的值
    }
    public double area()              //定义成员方法 area()，用于计算圆面积
    {
        return pi*radius*radius;
    }
}
```

上面代码定义了一个圆类 Circle，包含字段成员 radius 和 pi，方法成员 area()。

## 三、类的成员

**1．字段**

字段是类中的一种数据成员，也可以说是一个变量，在类的定义中需要指明字段变

量的数据类型。字段的定义格式是：

```
[类成员访问修饰符] 数据类型 字段名;
```

其中，字段的类成员访问修饰符一般都是 private。事实上，这里的类成员访问修饰符可以省略，默认情况下就是 private。

类成员访问修饰符用来控制它所修饰的成员的作用范围或访问级别，共有五个。

private：可访问范围仅限于它所属的类内。

public：访问不受限制，可以在类内和类外的任何地方访问它。

protected：可访问范围为它所属的类内以及由该类派生出来的子类内。

internal：可访问范围仅限于类所属的程序集。

protected internal：protected 或 internal，可访问范围为它所属的类内或由该类派生出来的子类内或类所属的程序集。

例如下述代码，定义一个名为 id 的字符串类型的私有字段，只能在定义它的类内被访问。

```
private string id;
```

例如下述代码，定义一个名为 name 的字符串类型的公共字段，对它的访问不受任何限制。

```
public string name;
```

**2．属性**

字段一般都是私有的。在类的外部是访问不到私有字段的，需要通过属性来间接访问，所以属性用来设置和获取私有字段的值。属性的定义格式是：

```
[类成员访问修饰符] 数据类型 属性名
{
  get
    {  return 私有字段名; }
  set
    {  私有字段名=value; }
}
```

其中，属性的类成员访问修饰符一般都是 public。

从属性的定义可以看到，属性中有两个访问器 get 和 set。get 访问器用于获取字段的值，set 访问器用于设置字段的值，注意 set 中的 value 是一个关键字，不能修改，代表给字段赋的值，其实它是 set 语句的一个隐式参数，系统通过 value 将外部的数据值传递进来，然后通过赋值语句更新字段的值。这里要特别注意，外部传进来的值的数据类型一定要与字段的数据类型相同。

现有前面定义的圆类 Circle，如果 c1 是它的一个实例，则通过下面的语句可以给私有字段 radius 赋值，或获取 radius 的值。

```
c1.Radius=10;                        //为属性 Radius 赋值时，执行 set 访问器的代码块
double s;
s=3.14159*c1.Radius*c1.Radius;  //读取属性 Radius 的值时，执行 get 访问器的
代码块
```

另外，属性中的两个访问器不是都必需的，可以根据实际需要省略其中的一个，但含义有所不同。只有 get 访问器的属性是一个只读属性，只有 set 访问器的属性是一个只

写属性，同时包含 get 访问器和 set 访问器的属性则是一个可读可写的属性。

例如：

```
class Person
{
   private string id;
   public string Id
   {
      get { return id; }
   }
}
```

上面代码中，定义了一个 Person（人）类，包含一个私有字段 id（身份证号），定义了相应的属性 Id。由于属性 Id 只有 get 访问器，所以是一个只读属性，在类外部只能获取身份证号，不能设置身份证号。

例如：

```
class Person
{
   private string name;
   public string Name
   {
      set { name=value; }
   }
}
```

上面代码中，定义了一个 Person（人）类，包含一个私有字段 name（姓名），定义了相应的属性 Name。由于属性 Name 只有 set 访问器，所以是一个只写属性，在类外部只能设置姓名，不能获取姓名。

例如：

```
class Person
{
   private string gender;
   public string Gender
   {
       set { gender=value; }
       get { return gender; }
   }
}
```

上面代码中，定义了一个 Person（人）类，包含一个私有字段 gender（性别），并设置相应的属性 Gender。由于属性 Gender 有 get 和 set 访问器，所以在类外部能够通过属性获取和设置性别。

由于属性的 set 访问器可以包含大量的语句，所以可以对赋予的值进行检验，以防止错误输入。

例如：

```
class Person
{
   private string gender;
   public string Gender
```

```
    {
        set
        {
            if(value=="男"||value=="女") gender=value;
            else gender="输入错误";
        }
        get { return gender; }
    }
}
```

上面代码中，在外部设置性别时，只能输入“男”或“女”，否则提示“输入错误”。

**3．方法**

（1）方法的定义。

方法又称为函数，是最重要的成员。类的方法用来定义对类的数据成员所进行的操作，是实现类内部功能的机制，同时也是与外界进行交互的重要窗口。方法的定义格式是：

```
[类成员访问修饰符] 返回值的数据类型 方法名（参数 1，参数 2，……）
{
    语句序列;
    return [表达式];
}
```

说明：

① 如果类成员访问修饰符缺省，默认值就是 private。

② 如果不需要传递参数到方法中，只要写出方法名后的一对小括号即可。

③ 如果方法有返回值，则表达式的数据类型必须与返回值的数据类型一致。

④ 如果方法没有返回值，则返回值的数据类型应为 void，且 return 语句可以省略。

例如：

```
class Person
{
    public string id;
    public string name;
    public void  show()
    {
        Console.WriteLine("身份证号为: "+id+", 姓名为: "+name);
    }
}
```

上面代码中，在 Person 类定义了一个方法 show()，用于输出身份证号和姓名。

（2）方法的调用。

在方法定义好之后，可以对其进行调用。如果调用者是同一个类中的其他方法，则可以通过方法名直接调用；如果调用者是其他类中的方法，则需要通过“对象名.方法名”来进行调用；如果方法是静态方法，则可通过“类名.方法名”来调用，这时不需要实例化。

例如：若 p1 是 Person 类的一个实例，则可以通过 p1 调用 Person 类中的 show()方法。

```
p1.show();
```

（3）方法的参数。

方法的参数有形参和实参之分。在定义方法时出现的参数称为形参，在调用方法时出现的参数称为实参。调用方法时通过形参与实参相结合传递数据。

参数的类型有四种，分别是值类型参数，不含任何修饰符；引用型参数，用关键字 ref 修饰；输出型参数，用关键字 out 修饰；数组型参数。

① 值类型参数。

值类型参数不含任何修饰符。在发生方法调用时，系统为形参分配一个临时的内存单元，将实参的值复制到这个临时的单元。实参、形参在内存中占有不同的存储单元。在方法执行过程中，若形参的值发生改变，不会影响到实参，也就是实参的值不会发生改变。实参向形参的传递是单向的。

② 引用型参数。

当在实参和形参前加上关键字 ref 后，就成为引用型参数。在发生方法调用时，实参将引用（即内存地址）传递给形参，也就是实参与形参在内存中占有相同的存储单元。这样在方法执行过程中，若形参的值发生改变，实参的值也会发生相同的改变。一般来说对于引用型参数的实参，需要进行初始化。

③ 输出型参数。

当在实参和形参前加上关键字 out 后，就成为输出型参数。与引用型参数一样，在发生方法调用时，实参与形参之间会发生引用传递。所以如果形参的值发生改变，实参的值也会发生同样的改变。但传递的方向有别，引用型参数是将实参的引用传递给形参，而输出型参数是将形参的引用传递给实参。一般来说对于输出型参数的实参，不需要进行初始化。

④ 数组型参数。

数组作为方法的参数，有两种情况，一是形参为数组类型时，实参为数组名；二是形参前加上关键字 parama 时，实参既可以是数组名，也可以是数组元素的列表。

（4）方法重载。

方法重载是实现“多态”的一种方法。在面向对象程序设计中，有一些方法的功能相同，但带有不同的参数，这些方法的方法名相同，这就是方法重载。也就是说，方法重载是指在同一个类内具有相同名称的多个方法。这些同名方法或是参数个数不同，或者参数个数相同但参数类型不同，或者参数的排列顺序不同。则这些同名的方法具有不同的功能。

## 四、对象的创建与使用

### 1. 对象的创建

由于对象是类的实例，所以对象属于某个已知的类。创建类对象可以按照下列两个步骤来完成。

步骤一：定义类类型变量。

步骤二：利用 new 运算符创建新的对象，并指派给步骤一定义的变量。

例如：定义并创建一个 Circle 类对象 c1。

```
Circle c1;
c1=new Circle();
```

在定义对象的同时可以使用 new 创建对象，即将上面的两句合并成一句。如：

```
Circle c1=new Circle();
```

**2．对象的使用**

创建好对象之后，就可以对对象的成员（字段、属性、方法）进行访问，通过对象引用对象成员的格式是：

```
对象名.对象成员名
```

在对象名与对象成员名之间用“.”连接。通过这种引用可以访问对象的成员。如果对象成员是公共字段，则可以通过这种方法获取或修改该成员字段的值；如果对象成员是属性，则可以通过 get 访问器获取该属性的值或通过 set 访问器设置该属性的值；如果对象成员是方法且方法不需要参数，则只要在方法名后加一对小括号即可，如 c1.area()。如果对象成员是方法且方法需要参数，则要在方法名后加一对小括号，同时在小括号内提供所需要的参数。注意，对于私有成员不能通过这种方法引用。

例如：

```
c1.Radius=10;
c1.area();
```

## 五、构造方法与析构方法

**1．构造方法**

构造方法（也称构造函数）是一类特殊的函数，它具有以下特征：

（1）构造方法的名称与类名相同。

（2）构造方法没有返回值类型，也不能使用关键字 void。

（3）构造方法在用 new 运算符创建类对象时自动被调用。

（4）一般地，构造方法是 public 的。

（5）构造方法的主要作用是对类对象进行初始化。

例如：

```
public Person(){}
```

就是 Person 类的一个构造方法。

如果在定义一个类时，没有显式定义构造方法，系统会提供一个默认的构造方法。但只要有显式定义构造方法，默认的构造方法便不再存在。

一个类可以有多个构造方法。其实，这就是构造方法的重载。

**2．关于 this 关键字**

（1）指定被形参隐藏的成员字段。

如果在 Person 类中定义了两个私有字段 name 和 gender，现有下列构造方法：

```
public Person(string name,string gender)
{
  this.name=name;          //若不使用 this，表示形参 name 赋给形参 name
  this.gender=gender;
}
```

这里的形参 name、gender 隐藏了私有字段 name、gender，所以，在构造方法中要使用私有字段 name、gender，必须在其前面加上关键字“this”，代表当前实例内部的字段。

（2）调用其他的构造方法。

在同一类中，若要在一个构造方法中使用另外一个构造方法，可以使用关键字“this”。下面是 Person 类中的一个含一个参数的构造方法，用于初始化字段 name。

```
public Person(string name)
{
  this.name=name;
}
```

现在 Person 类中，假设又定义了一个含两个参数的构造方法，用于初始化字段 name 和 gender，同时要求使用上面含一个参数的构造方法初始化 name，这时就可以使用关键字“this”来实现。具体操作如下：

```
public Person(string name,string gender):this(name)
{
  this.gender=gender;
}
```

3. 析构方法

析构方法与构造方法的作用正好相反。当对象生命期终止时，系统会自动执行析构方法。析构方法用来做“清理善后”工作，回收对象所占用的内存空间。它具有以下特征：

（1）析构方法不能带参数或修饰符，析构方法的名称与类名相同。

（2）一个类有且只有一个析构方法。

（3）析构方法不能被继承或重载。

（4）析构方法不能被显式调用，系统会自动调用析构方法。

析构方法的定义格式如下：

```
~ 方法名()
{
  //语句
}
```

## 六、继承

继承是面向对象程序设计的一个重要特征，通过继承可以实现代码的复用，节省软件开发时间。继承是一种由已有的类创建新类的机制。被继承的类称为父类或基类，由继承而得到的类称为子类或派生类。一个父类可以有多个子类。但由于 C#语言不支持多重继承，所以一个子类只能有一个直接的父类。

子类继承父类的成员字段、属性和成员方法，同时可以修改父类的成员字段、属性，重写成员方法，但不能删除它们，也可以新增成员字段、属性和成员方法，但不能继承父类的构造方法和析构方法。子类显然继承了父类的成员，但对于来自父类的成员的访问不是任意的，因为父类中使用了访问修饰符，限定了其成员的可访问性。

1. 定义子类

通过子类的类名后面加冒号“:”和父类名称来定义子类，其语法格式如下：

```
[类访问修饰符] class 子类名称:父类名称
{
   //类体
```

```
}
```

例如：

```
class Employee:Person
{
   private double salary;
   ……
}
```

**2. 子类的构造方法**

（1）子类构造方法的执行顺序。

由于子类继承了父类的成员，父类成员的初始化工作在父类的构造方法中完成，而子类又没有继承父类的构造方法，所以通过子类创建子类对象时，默认先调用父类的无参构造方法，再调用子类的构造方法。

**注意：**若子类中定义了无参构造方法，在父类中若有有参构造方法，则父类中必须同时定义无参构造方法。

（2）子类构造方法的定义。

在创建子类对象时，若想指定执行父类的某个有参构造方法，需要在子类的构造方法中利用关键字 base 和实参来确定调用父类中的某有参构造方法，语法格式如下：

```
[访问修饰符] 子类构造方法名(形参列表):base(实参列表)
{
   //方法的语句
}
```

其中，base 为关键字，指父类。它为子类调用父类成员提供了一种方法。在执行时，先执行 base()部分，然后再返回子类构造方法的方法体。

另外，形参列表通常包含了父类和子类待初始化的所有数据，其中一部分用于 base 部分的实参列表中，用于初始化父类的数据信息，另一部分用于初始化子类自身定义的数据信息。

**3. 改写父类的方法**

改写父类的方法有两种形式，一是使用关键字 new 重新定义父类的成员；二是使用关键字 virtual 和 override 分别定义父类和子类的成员。

（1）使用关键字 new 重新定义父类的成员。

这种方法是一种替换机制，只要在子类中，使用关键字 new 来定义与父类中的同名成员，即可替换父类的成员。关键字 new 要放在要替换的类成员的返回类型之前。

例如：

```
public void show()                  //父类中的 show()方法
{
   //方法体
}
public new void show()              //子类中重新定义 show()方法
{
   //方法体
}
```

（2）使用关键字 virtual 和 override 分别定义父类和子类的成员。

这种方法是一种重写机制，首先在父类中将要被更改的成员前加上关键字 virtual 标识为虚拟的，在子类的同名方法前加入关键字 override，表示重写父类中的同名方法。关键字 virtual 和 override 放在类成员的访问修饰符之前或之后。

例如：

```
virtual public void show()      //父类中的show()方法标识为虚拟的
{
   //方法体
}
override public void show()    //子类中重写show()方法
{
   //方法体
}
```

## 七、接口

接口与类一样，属于引用类型，就像一个完全抽象的抽象类。接口能够描述可属于任何类的一组相关行为，可看成是实现一组类的模板。接口适合为不相关的类提供通用功能。如果定义了一个“飞翔”接口，则这个接口既可供需要继承的能飞的鸟类使用，也可供蝙蝠这类能飞的哺乳类动物使用。

### 1．接口的定义

接口也是一种数据结构，属于引用类型。C#使用关键字 interface 定义接口，其语法格式如下：

```
[接口修饰符] interface 接口名[:基接口列表]
{
    //接口成员
}
```

说明：

（1）接口修饰符可以是 public 或 internal，默认情况下是 internal。

（2）基接口列表是可选的，说明接口可以从零个或多个接口继承。

（3）接口成员可以是属性、方法、索引或事件，但不能包含字段、构造方法等。

（4）接口成员都是 public 类型，但不能使用 public 修饰符。

（5）为了与类区分，建议接口名以大写字母 I 开头。

例如：

```
public interface IStudent
{
   string Name
   { set; get; }
}
```

定义了一个接口“IStudent”，包含成员属性“Name”。

### 2．接口的实现

接口的实现就是在其继承类中实现接口中声明的所有成员。

在 C#中，一个类只能继承一个直接的父类，但是可以继承多个接口。C#通过接口间

接实现了多重继承。一个类可以同时继承父类和多个接口，但在基接口列表中，父类要列在首位，同时要实现每个接口的所有成员。

例如：

```
class Student:IStudent
{
    private string name;
    public string Name
    {
        set { name=value; }
        get { return name; }
    }
}
```

当类继承的多个接口具有同名的成员时，在实现时为了区分是从哪个接口继承过来的，并避免二义性，C#建议采用显式实现接口的方法，即在实现的成员名前加上接口名和一个句点“.”，同时成员名前不能加修饰符 public。

例如：

```
class Student:IStudent
{
    private string name;
    string IStudent.Name   //显式实现接口成员Name，不能加public修饰符
    {
        set { name=value; }
        get { return name; }
    }
}
```

子类对象不能访问显式实现的接口成员。对于显式实现的接口成员，其引用方法有两种形式。

（1）通过接口变量使用子类实例。

例如：

```
IStudent s1=new Student();   //定义接口(IStudent)变量 s1 引用子类实例
s1.Name="张三";
```

（2）通过强制转换成对应的接口类型后再访问。

例如：

```
Student s2=new Student();
((IStudent)s2).Name="李四"; //将s2强制转换成接口 IStudent 类型后，可以访问
```

## 任务驱动

### 任务一　类的定义与创建对象

操作任务：编写程序，输入学生类对象有关信息并显示，具体要求如下：

定义一个 Student 类，表示学生类，它包括：

（1）成员字段：姓名（name，字符串型）、年龄(age，整型)、语文成绩（chinese，双精度）、数学成绩（math，双精度）、英语成绩（english，双精度），都是公共的。

（2）成员方法：计算各门功课的总成绩的方法（total）；计算各门功课的平均成绩的

方法（average）。

创建对象 s1（程序执行时，输入具体内容），并显示相应的信息（如姓名、年龄、总成绩、平均成绩）。程序设计界面如图 6-1 所示，运行界面如图 6-2 所示。

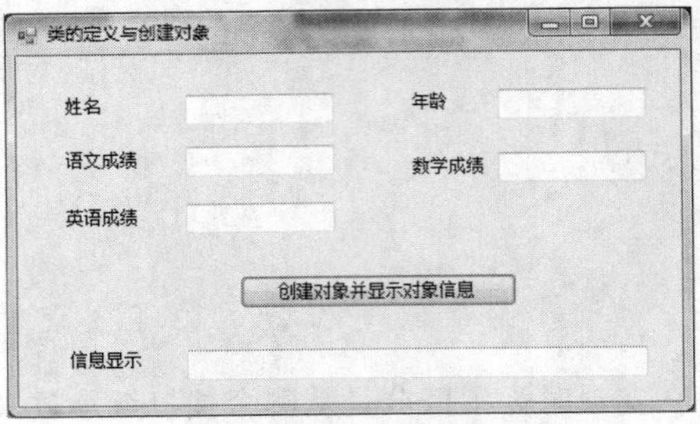

图 6-1　设计界面

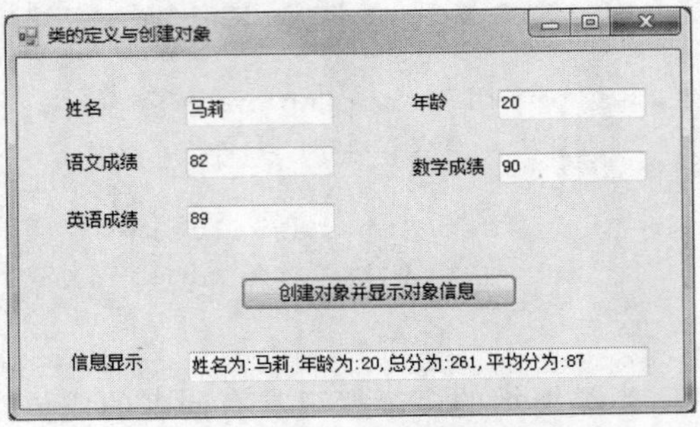

图 6-2　创建对象并显示对象信息

操作方案：类的成员字段一般可设置为私有的或公共的。在本任务中，将所有成员字段都设置成公共的，以便在类外的任何地方可以对它们进行访问（修改或获取）。在计算平均成绩的 average 方法中，直接调用计算总成绩的方法 total，得到总成绩再除以 3，便可得到平均成绩。关于对象 s1 的具体信息，通过五个文本框分别输入姓名、年龄、语文成绩、数学成绩、英语成绩后，单击“创建对象并显示对象信息”按钮，根据输入的信息创建对象 s1，并进行相应的处理，处理完成后，再通过一个文本框输出 s1 的姓名、年龄、总分、平均分等信息。

操作步骤：

（1）按表 6-1 所示，在项目窗体上添加控件（标签控件省略），并把其相应属性设置好。

**表 6-1　控件的属性设置**

| 对　象　名 | 属　性　名 | 属　性　值 | 说　　明 |
|---|---|---|---|
| 窗体：类的定义与创建对象 | Text | “类的定义与创建对象” | 标题栏上的内容 |
| textBox1 | Text | “” | 输入姓名 |
| textBox2 | Text | “” | 输入年龄 |
| textBox3 | Text | “” | 输入语文成绩 |
| textBox4 | Text | “” | 输入数学成绩 |
| textBox5 | Text | “” | 输入英语成绩 |
| textBox6 | Text | “” | 显示姓名、年龄、总分、平均分等 |
| button1 | Text | “创建对象并显示对象信息” | 创建对象 s1，并进行相应的处理和显示结果 |

（2）在项目中新增加一个类，类名为 Student，并在 Student 类中输入如下代码：

```
class Student
{
    public string name;
    public int age;
    public double chinese,math,english;
```

```
    public double total()
    {
        return chinese+math+english;
    }
    public double average()
    {
        return total()/3;
    }
}
```

（3）在“创建对象并显示对象信息”按钮的 click 事件中添加代码，程序代码如下：

```
private void button1_Click(object sender, EventArgs e)
{
    Student s1=new Student();
    s1.name=textBox1.Text;
    s1.age=Convert.ToInt16(textBox2.Text);
    s1.chinese=Convert.ToDouble(textBox3.Text);
    s1.math=Convert.ToDouble(textBox4.Text);
    s1.english=Convert.ToDouble(textBox5.Text);
    textBox6.Text="姓名为:"+s1.name+",年龄为:"+s1.age+",总分为:"+s1.
total()+",平均分为:"+s1.average();
}
```

## 任务二 类的属性与构造方法

操作任务：编写程序，输入人类对象的有关信息并显示，具体要求如下：

定义一个 Person 类，表示人类，它包括下面字段及方法。

（1）成员字段：身份证号（id，字符串型）、姓名（name，字符串型）、性别（gender，字符串型）、年龄（age，整型），都是私有的。并设置相应的属性以便在类外可以设置和获取这些私有字段。年龄必须在 20 到 60 之间，否则设置成-1。

（2）成员方法：一个无参的空的构造方法，一个含两个参数的构造方法，用于设置身份证号和姓名，一个含四个参数的构造方法，用于设置身份证号、姓名、性别和年龄（要求调用含两个参数的构造方法设置身份证号和姓名）。

分别通过无参构造方法创建对象 p1 和通过含四个参数的构造方法创建对象 p2。程序设计界面如图 6-3 所示。程序运行时，输入 p1 和 p2 的具体内容。单击“通过无参构造方法创建 p1”按钮，根据输入的信息创建对象 p1 并显示，程序运行界面如图 6-4 所示。单击“通过含四个参数的构造方法创建 p2”按钮，根据输入的信息创建对象 p2 并显示，程序运行界面如图 6-5 所示。

类的属性与构造方法

身份证号　　姓名

性别　　年龄

通过无参构造方法创建p1　　通过含四个参数的构造方法创建p2

结果显示

图 6-3 设计界面

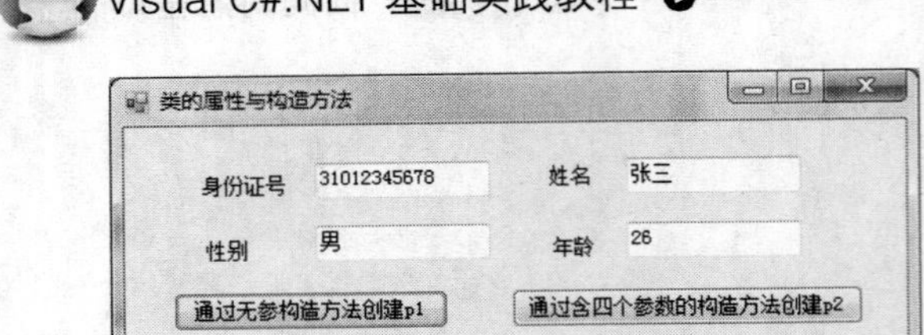


图 6-4　通过无参构造方法创建 p1

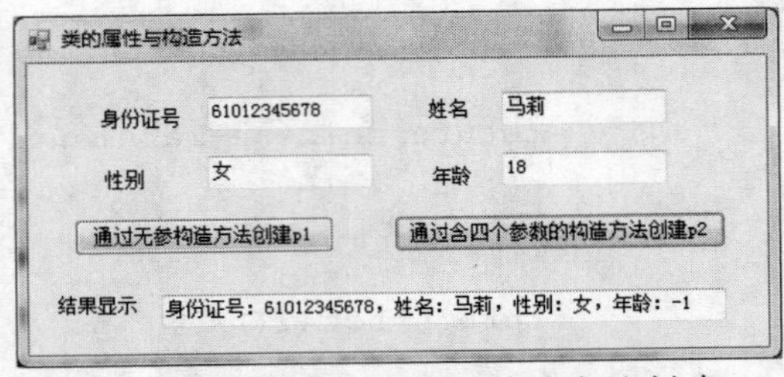


图 6-5　通过含四个参数的构造方法创建 p2

操作方案：类的成员字段一般设置为私有的或公共的。在本任务中，将所有成员字段都设置成私有的，在类外不能直接访问这些字段，于是采用设置相应的属性来设置和获取这些私有字段的值，通过构造方法来给这些私有字段赋值。在属性 Age 的 set 访问器中，判断输入的值 value 是否在 20 到 60 之间，若是，则将字段 age 的值赋值为 value，否则将字段 age 的值赋值为-1。在含四个参数的构造方法中，判断形参 age 的值是否在 20 到 60 之间，若是，则将字段 age 的值赋值为形参 age 的值，否则将字段 age 的值赋值为-1。关于对象 p1 和 p2 的具体信息，通过四个文本框分别输入身份证号、姓名、性别、年龄后，单击“通过无参构造方法创建 p1”按钮，根据输入的信息创建对象 p1，并进行相应的处理，处理完成后，再通过一个文本框输出 p1 的身份证号、姓名、性别、年龄等信息。类似地，单击“通过含四个参数的构造方法创建 p2”按钮，根据输入的信息创建对象 p2，并进行相应的处理。处理完成后，再通过一个文本框输出 p2 的身份证号、姓名、性别、年龄等信息。

操作步骤：

（1）按表 6-2 所示，在项目窗体上添加控件（标签控件省略），并把其相应属性设置好。

**表 6-2　控件属性设置**

| 对　象　名 | 属　性　名 | 属　性　值 | 说　明 |
|---|---|---|---|
| 窗体：类的属性与构造方法 | Text | “类的属性与构造方法” | 标题栏上的内容 |
| textBox1 | Text | “” | 输入身份证号 |
| textBox2 | Text | “” | 输入姓名 |
| textBox3 | Text | “” | 输入性别 |
| textBox4 | Text | “” | 输入年龄 |
| textBox5 | Text | “” | 显示处理结果 |
| button1 | Text | “通过无参构造方法创建 p1” | 创建对象 p1，并进行相应的处理和显示结果 |
| button2 | Text | “通过含四个参数的构造方法创建 p2” | 创建对象 p2，并进行相应的处理和显示结果 |

（2）在项目中新增加一个类，类名为 Person，并在 Person 类中输入如下代码：

```
class Person
{
    private string id;
```

```
        private string name;
        private string gender;
        private int age;
        public string Id
        {
           set { id=value; }
           get { return id; }
        }
        public string Name
        {
           set { name=value; }
           get { return name; }
        }
        public string Gender
        {
           set { gender=value;}
           get { return gender; }
        }
        public int Age
        {
           set
           {
              if(value>=20&&value<=60)age=value;
              else age=-1;
           }
           get { return age; }
        }
        public Person() { }
        public Person(string id,string name)
        {
           this.id=id;
           this.name=name;
        }
        public Person(string id,string name,string gender,int age): this
(id,name)
        {
           this.gender=gender;
           if(age>=20&&age<=60) this.age=age;
           else this.age=-1;
        }
    }
```

（3）在“通过无参构造方法创建 p1”按钮的 Click 事件中添加代码如下：

```
    private void button1_Click(object sender, EventArgs e)
    {
       Person p1=new Person();
       p1.Id=textBox1.Text;
       p1.Name=textBox2.Text;
       p1.Gender=textBox3.Text;
       p1.Age=int.Parse(textBox4.Text);
```

```
        textBox5.Text="身份证号: "+p1.Id+", 姓名: "+p1.Name+", 性别: "+p1.
Gender+", 年龄: "+p1.Age;
    }
```

（4）在“通过含四个参数的构造方法创建 p2”按钮的 Click 事件中添加代码如下：

```
    private void button2_Click(object sender, EventArgs e)
    {
        string id,name,gender;
        int age;
        id=textBox1.Text;
        name=textBox2.Text;
        gender=textBox3.Text;
        age=int.Parse(textBox4.Text);
        Person p2=new Person(id,name,gender,age);
        textBox5.Text="身份证号: "+p2.Id+", 姓名: "+p2.Name+", 性别: "+p2.
Gender+", 年龄: "+p2.Age;
    }
```

## 任务三　方法参数传递的应用

操作任务：编写程序，输入圆半径计算并显示圆面积和周长，具体要求如下：

定义一个 Circle 类，表示圆类，它包括：

（1）成员字段：圆半径（radius，双精度，私有的），圆周率（pi，双精度，值为 3.14159）。

（2）成员方法：一个含一个参数的构造方法，用于设置圆半径；一个含两个输出型参数的无返回值的方法 area_premeter，用于计算圆面积和周长。

通过含一个参数的构造方法创建对象 c1。程序设计界面如图 6-6 所示。程序运行时，单击“计算圆面积和周长”按钮，根据输入的半径值创建对象 c1，并显示圆面积和周长。程序运行界面如图 6-7 所示。

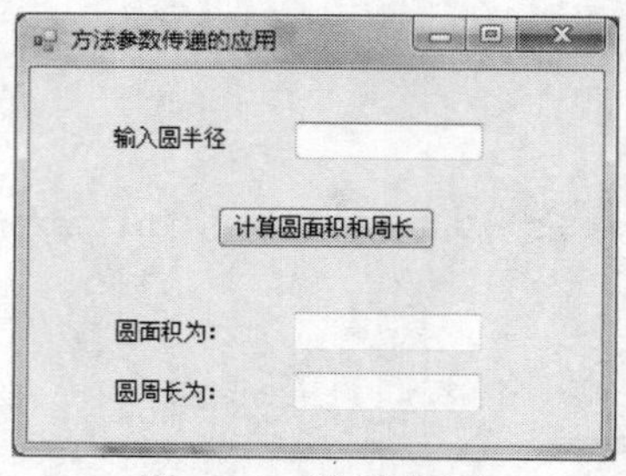

图 6-6　设计界面

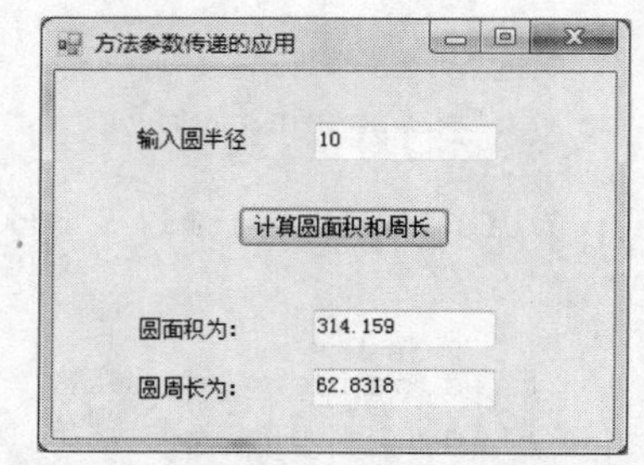

图 6-7　创建对象 c1 并显示圆面积和周长

操作方案：一般来说，一个方法或函数最多只有一个返回值，现在要求调用一个函数后要同时得到两个结果（圆面积和圆周长），就不能通过函数的返回值来取得结果了。但是，C#提供了方法的输出型参数，可以通过输出型参数将处理结果传递给调用者。而一个方法的输出型参数可以有两个及两个以上，这样调用一个方法就可以同时得到多个结果。具体实现方法是在方法的要传递处理结果的参数前加上一个关键字“out”，同时给调用者的实参前也加上“out”，这样，在方法调用结束后，调用者的实参中存放的就是处理结果。关于对象 c1 的具体信息，通过一个文本框输入圆半径后，单击“计算圆面积和周长”按钮，根据输入的信息创建对象 c1，并进行相应的处理，处理完成后，再通过一个文本框输出 c1 的面积和周长等信息。

操作步骤：

（1）按表 6-3 所示，在项目窗体上添加控件（标签控件省略），并把其相应属性设置好。

表 6-3 控件属性设置

| 对象名 | 属性名 | 属性值 | 说明 |
|---|---|---|---|
| 窗体：方法参数传递的应用 | Text | “方法参数传递的应用” | 标题栏上的内容 |
| textBox1 | Text | “” | 输入圆半径 |
| textBox2 | Text | “” | 显示圆面积 |
| textBox3 | Text | “” | 显示圆周长 |
| button1 | Text | “计算圆面积和周长” | 创建对象 c1，并进行相应的处理和显示结果 |

（2）在项目中新增加一个类，类名为 Circle，并在 Circle 类中输入如下代码：

```
class Circle
{
    private double radius;
    double pi=3.14159;
    public Circle(double radius)
    {
        this.radius=radius;
    }
    public void  area_premeter(out double area,out double premeter)
    {
        area=pi*radius*radius;
        premeter=2*pi*radius;
    }
}
```

（3）在“计算圆面积和周长”按钮的 Click 事件中添加代码如下：

```
private void button1_Click(object sender, EventArgs e)
{
    double r,area,premeter;
    r=double.Parse(textBox1.Text);
    Circle c1=new Circle(r);
    c1.area_premeter(out area,out premeter);
    textBox2.Text=area.ToString();
    textBox3.Text=premeter.ToString();
}
```

## 任务四 类的继承

操作任务：编写程序，输入并显示手机对象的信息，具体要求如下：

（1）定义 Phone 类，表示电话类，它包括：

① 成员字段、属性：颜色（color，字符串型，私有的），Color 属性；价格（price，整型，私有的），Price 属性。

② 两个成员方法：一个是含两个参数的构造方法，用于设置电话的颜色和价格；

另一个是 Outputinfo()方法，字符串型，用于合成电话的信息（颜色和价格）。

（2）定义 CellPhone 类，表示手机类，它继承自 Phone 类，包括：

① 成员字段：电池寿命（maxBatterLife，整型，私有的）。

② 两个成员方法：一个是含三个参数的构造方法，用于设置手机的颜色、价格和电池寿命；另一个是 Outputinfo()方法，字符串型，用于合成手机的信息（颜色、价格和电池寿命）。

通过含三个参数的构造方法创建手机对象 m1。程序设计界面如图 6-8 所示。程序运行时，单击“创建手机对象 m1 并显示其信息”按钮，根据输入的信息创建对象 m1，并显示相关信息。程序运行界面如图 6-9 所示。

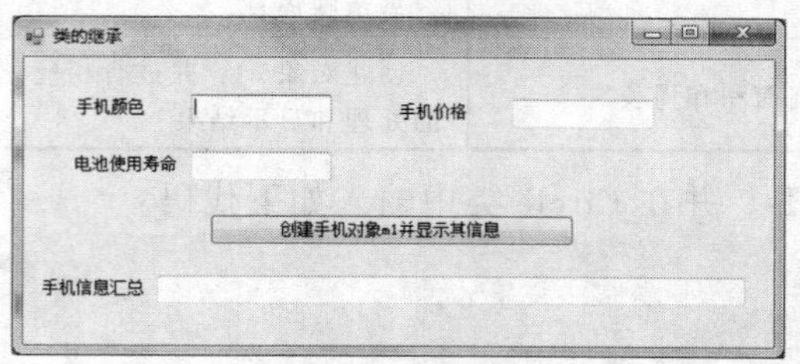


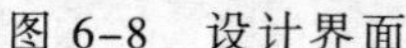
图 6-8　设计界面

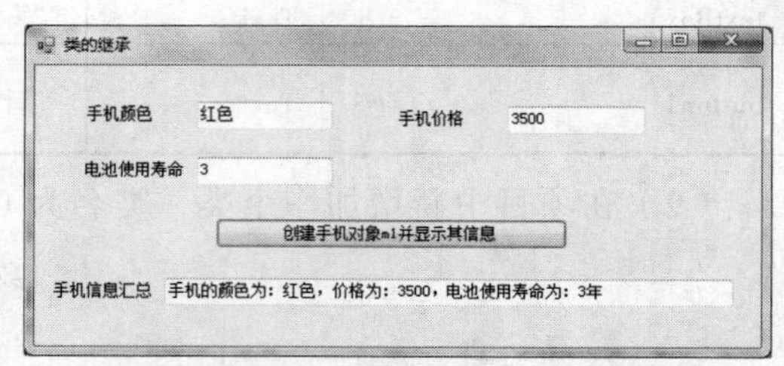


图 6-9　创建手机对象 m1 并显示其信息

操作方案：由于父类 Phone 中的成员字段（color、price）被定义成私有的，而在子类 CellPhone 中又要用到它们，所以在父类 Phone 中对私有成员字段定义相应的属性（Color、Price），而在子类 CellPhone 中就可以通过 this.Color 和 this.Price 访问到这两个属性。在创建 CellPhone 类对象 m1 时，是通过调用 CellPhone 类的含三个参数的构造方法来进行，即通过 new CellPhone(color,price,maxBatterLife)来创建 m1 的。在 CellPhone 类中定义构造方法时，通过关键字 base 和实参（color、price）传递给父类的构造方法，以保证父类进行初始化时能够获得需要的数据。关于对象 m1 的具体信息，通过三个文本框分别输入手机的颜色、价格和电池使用寿命后，单击“创建手机对象 m1 并显示其信息”按钮，根据输入的信息创建对象 m1，并进行相应的处理，处理完成后，再通过一个文本框输出 m1 的相关信息。

操作步骤：

（1）按表 6-4 所示，在项目窗体上添加控件（标签控件省略），并把其相应属性设置好。

**表 6-4　控件属性设置**

| 对　象　名 | 属　性　名 | 属　性　值 | 说　　明 |
|---|---|---|---|
| 窗体：类的继承 | Text | “类的继承” | 标题栏上的内容 |
| textBox1 | Text | “” | 输入颜色 |
| textBox2 | Text | “” | 输入价格 |
| textBox3 | Text | “” | 输入电池寿命 |
| textBox4 | Text | “” | 显示处理结果 |
| button1 | Text | “创建手机对象 m1并显示其信息” | 创建对象 m1，并进行相应的处理和显示结果 |

（2）在项目中新增加一个类，类名为 Phone，并在 Phone 类中输入如下代码：

```
class Phone                  //定义 Phone 类
{
    private string color;
    private int price;
    public string Color
    {
        set { color=value; }
        get { return color; }
    }
    public int Price
    {
        set { price=value; }
        get { return price; }
    }
    public Phone(string color,int price)
    {
        this.color=color;
        this.price=price;
    }
    virtual public string Outputinfo() //父类中 Outputinfo()方法标识为虚拟的
    {
        string info;
        info="电话机的颜色为: "+color+",价格为: "+price;
        return info;
    }
}
```

（3）在项目中新增加一个类，类名为 CellPhone，并在 CellPhone 类中输入如下代码：

```
class CellPhone:Phone     //定义继承自 Phone 类的子类 CellPhone
{
    private int maxBatterLife;
    public CellPhone(string color, int price,int maxBatterLife):base
(color, price)
    {
        this.maxBatterLife=maxBatterLife;
    }
    override public string Outputinfo()   //子类中重写 Outputinfo()方法
    {
        string info;
        info="手机的颜色为: "+this.Color + ", 价格为: "+this.Price+", 电池
使用寿命为: "+ maxBatterLife+"年";
        return info;
    }
}
```

（4）在“创建手机对象 m1 并显示其信息”按钮的 Click 事件中添加代码如下：

```
private void button1_Click(object sender, EventArgs e)
{
    string color=textBox1.Text;
```

```
        int price=int.Parse(textBox2.Text);
        int maxBatterLife=int.Parse(textBox3.Text);
        CellPhone m1=new CellPhone(color,price,maxBatterLife);
        textBox4.Text=m1.Outputinfo();
    }
```

## 任务五　接口的实现

操作任务：编写程序，输入并显示圆或长方形对象的信息，具体要求如下：

（1）定义一个 Shape 接口，表示形状接口，它包括：

① 成员属性：名称（Name，字符串型）。

② 成员方法：一个是计算面积的方法 area()，双精度型；另一个是计算周长的方法 premeter()，双精度型。

（2）定义一个 Circle 类，表示圆类，实现接口 Shape，它包括：

① 成员字段：名称（name，字符串型，私有的）；半径（radius，双精度型，私有的）。

② 成员方法：含两个参数的构造方法，用于设置圆的名称和半径。

（3）定义一个 Rectangle 类，表示长方形类，实现接口 Shape，它包括：

① 成员字段：名称（name，字符串型，私有的）；长（length，双精度型，私有的）；宽（width，双精度型，私有的）。

② 成员方法：含三个参数的构造方法，用于设置长方形的名称、长和宽。

通过含两个参数的构造方法创建圆对象 c1。程序设计界面如图 6-10 所示。程序运行时，单击“计算面积和周长”按钮，根据输入的信息创建对象 c1，并显示相关信息。程序运行界面如图 6-11 所示。

通过含三个参数的构造方法创建长方形对象 r1。程序设计界面如图 6-12 所示。程序运行时，单击“计算面积和周长”按钮，根据输入的信息创建对象 r1，并显示相关信息。程序运行界面如图 6-13 所示。

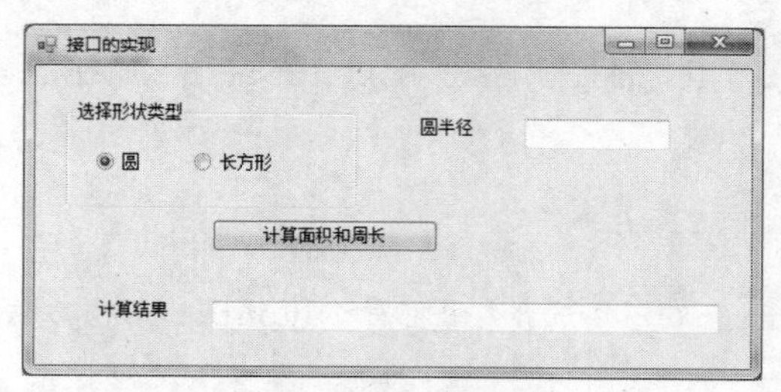


图 6-10　设计界面

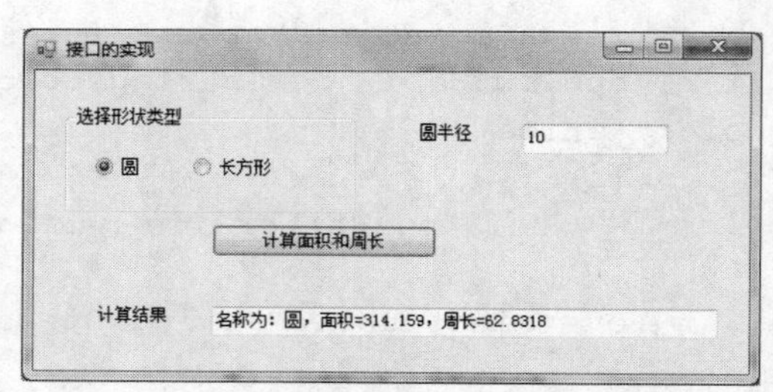


图 6-11　创建圆对象 c1 并显示其信息

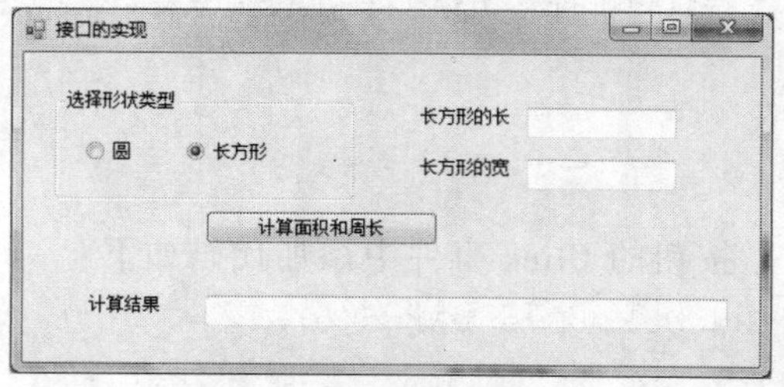


图 6-12　设计界面

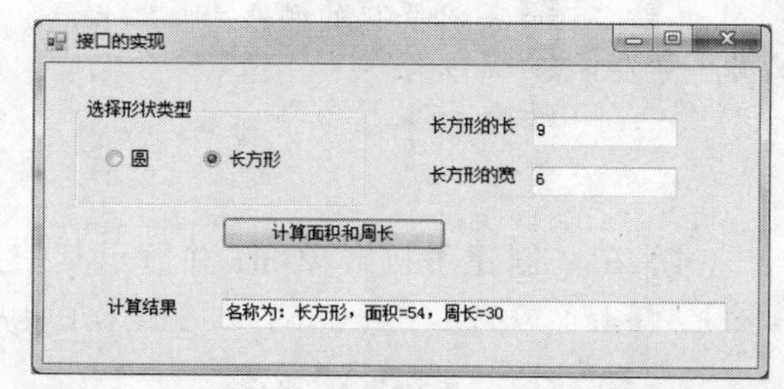


图 6-13　创建长方形对象 r1 并显示其信息

操作方案：本任务中，通过定义 Circle 类、Rectangle 类来实现接口 Shape，而 Circle 类实例 c1 的输入为半径、Rectangle 类实例 r1 的输入为长和宽，所以在设计界面时引入一对单选按钮来选择不同的形状，并且分别写出它们的 Click 事件来显示和隐藏标签和文本框，并且清空输入框 textBox1 和输出框 textBox3，以便输入对象的具体内容。Shape 接口包括：一个成员属性 Name 和两个成员方法 area()与 premeter()。在实现接口时必须实现这些属性和方法。在 Circle 类的构造方法中，直接给私有字段 radius 赋值以及通过属性 Name 访问其私有字段 name；同样在 Rectangle 类中，直接给私有字段 length、width 赋值以及通过属性 Name 访问其私有字段 name。

操作步骤：

（1）按表 6-5 所示，在项目窗体上添加控件，并把其相应属性设置好。

表 6-5 控件属性设置

| 对象名 | 属性名 | 属性值 | 说明 |
|---|---|---|---|
| 窗体：接口的实现 | Text | “接口的实现” | 标题栏上的内容 |
| groupBox1 | Text | “选择形状类型” | |
| label1 | Text | “长方形的长” | 显示长方形的长 |
| label2 | Text | “长方形的宽” | 显示长方形的宽 |
| label3 | Text | “计算结果” | 显示计算结果 |
| radioButton1 | Text | “圆” | 选择图形类型为圆 |
| radioButton1 | Checked | False | |
| radioButton2 | Text | “长方形” | 选择图形类型为长方形 |
| radioButton2 | Checked | True | |
| textBox1 | Text | “” | 输入长方形的长或圆半径 |
| textBox2 | Text | “” | 输入长方形的宽 |
| textBox3 | Text | “” | 显示处理结果 |
| button1 | Text | “计算面积和周长” | 创建对象 c1 或 r1，并进行相应的处理和显示结果 |

（2）在项目中新增加一个接口，接口为 Shape，并在 Shape 接口中输入如下代码：

```
interface Shape
{
    string Name
    { set; get; }
    double area();
    double premeter();
}
```

（3）在项目中新增加一个类，实现接口 Shape，类名为 Circle，并在 Circle 类中输入如下代码：

```
class Circle:Shape              //定义类Circle实现接口 Shape
{
    private string name;
    private double radius;
    public string Name          //实现属性Name
```

```
    {
        set { name=value; }
        get { return name; }
    }
    public double area()                  //实现方法 area()
    {
        return 3.14159*radius*radius;
    }
    public double premeter()              //实现方法 premeter()
    {
        return 2*3.14159*radius;
    }
    public Circle(string name,double radius)
    {
        this.Name=name;                   //通过属性 Name 访问私有字段 name
        this.radius=radius;
    }
}
```

（4）在项目中新增加一个类，实现接口 Shape，类名为 Rectangle，并在 Rectangle 类中输入如下代码：

```
class Rectangle:Shape
{
    private string name;
    private double length,width;
    public string Name
    {
        set { name=value; }
        get { return name; }
    }
    public double area()
    {
        return width*length;
    }
    public double premeter()
    {
        return 2*(width+length);
    }
    public Rectangle(string name, double length, double width)
    {
        this.Name=name;
        this.length=length;
        this.width=width;
    }
}
```

（5）在“radioButton1”单选按钮的 Click 事件中添加代码如下：

```
private void radioButton1_Click(object sender, EventArgs e)
{
    radioButton1.Checked=true;
    label1.Text="圆半径";
```

```
        textBox1.Text="";
        textBox3.Text="";
        label2.Visible=false;
        textBox2.Visible=false;
    }
```

（6）在“radioButton2”单选按钮的 Click 事件中添加代码如下：

```
    private void radioButton2_Click(object sender, EventArgs e)
    {
        radioButton2.Checked=true;
        label1.Text="长方形的长";
        textBox1.Text="";
        textBox3.Text="";
        label2.Visible=true;
        textBox2.Visible=true;
    }
```

（7）在“计算面积和周长”按钮的 Click 事件中添加代码如下：

```
    private void button1_Click(object sender, EventArgs e)
    {
        string name;
        if (radioButton1.Checked)
        {
            name=radioButton1.Text;
            double radius=Convert.ToDouble(textBox1.Text);
            Circle c1=new Circle(name,radius);
            textBox3.Text="名称为: "+c1.Name+", 面积="+c1.area()+", 周长="+
c1.premeter();
        }
        if(radioButton2.Checked)
        {
            name=radioButton2.Text;
            double length=Convert.ToDouble(textBox1.Text);
            double width=Convert.ToDouble(textBox2.Text);
            Rectangle r1=new Rectangle(name,length ,width );
            textBox3.Text="名称为:"+r1.Name+",面积="+r1.area()+",周长="+r1.
premeter();
        }
    }
```

## 实践提高

### 实践一　共有字段与对象的使用

实践操作：编写一个窗体应用程序，实现类对象信息的输入和输出，具体要求如下：

定义一个类 Person 类，表示人类，包括：

（1）三个共有字段：姓名（name、字符串型），性别（gender、字符串型），年龄（age、整型）。

（2）一个成员方法：返回值类型为字符串型的 getInfo()，无参，返回值形式为“姓名为××，性别为××，年龄为××岁。”

单击“创建对象 p1 并显示其信息”按钮，创建对象 p1，并显示其信息。设计界面如图 6-14，运行界面如图 6-15 所示。

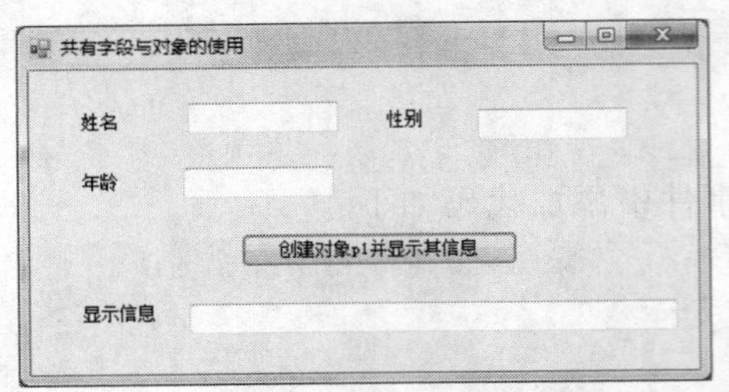


图 6-14 运行时设计界面

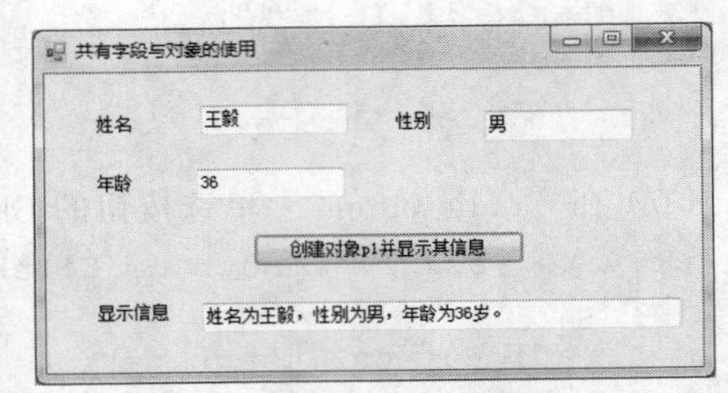


图 6-15 运行结果界面

操作步骤（主要源程序）：

## 实践二 属性与构造方法的使用

实践操作：编写程序一个窗体应用程序，实现类对象信息的输入和输出，具体要求如下：

定义一个类 Clock 类，表示时钟类，包括：

（1）三个私有字段：时（hour、整型），分（minute、整型），秒（second、整型）。

（2）三个属性：Hour 表示时、Minute 表示分、Second 表示秒，且时取值范围为 0～23，否则设置值为 0，分、秒取值范围为 0～59，否则设置值为 0。

（3）一个含三个参数的构造方法，用于设置三个属性。

单击“创建时间”按钮，创建对象 c1，并显示其信息，显示形式为“××:××:××”，时、分、秒各占两位。设计界面如图 6-16，运行界面如图 6-17 所示。

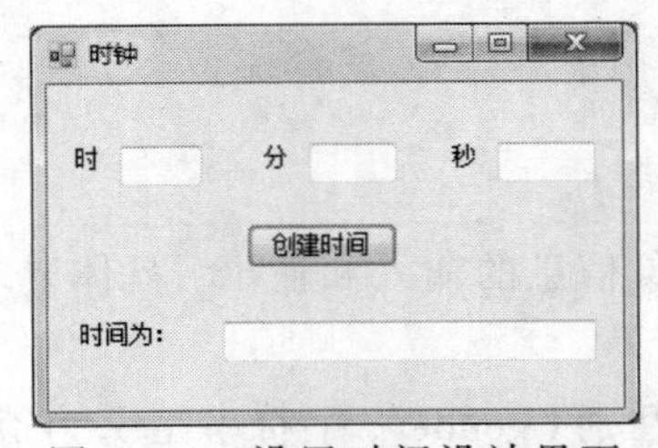


图 6-16 设置时间设计界面

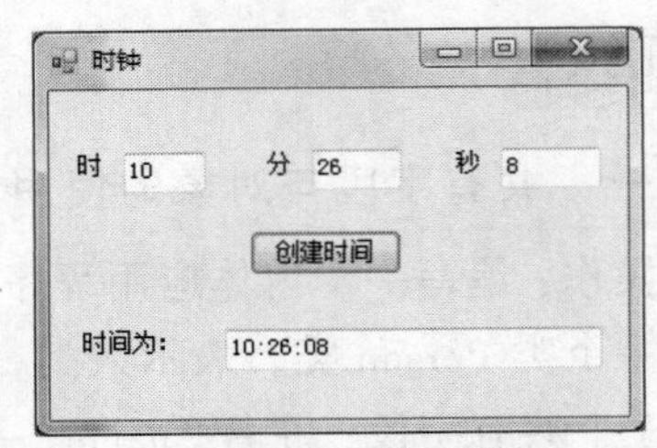


图 6-17 设置时间结果界面

操作步骤（主要源程序）：

## 实践三　父类与子类

实践操作：编写一个窗体应用程序，实现类的继承，具体要求如下：

（1）定义一个类 Student 类，表示学生类，包括：

① 三个私有字段：学号（no、字符串型），姓名（name、字符串型），成绩（score、整型）。

② 三个属性：No、Name、Score。

③ 一个成员方法：getInfo()，返回值类型为字符串型，无参。返回值形式为“学号为××，姓名为××，成绩为××”。

④ 一个含三个参数的构造方法，用于设置学号、姓名、成绩。

（2）定义一个类 Collegestudent 类，表示大学生类，继承自 Student 类，包括：

① 新增一个字段：专业（specialty、字符串型），省略修饰符。

② 成员方法（重写）：getInfo()，返回值类型为字符串型，无参，返回值形式为“学号为××，姓名为××，成绩为××，专业为××”。

③ 一个含四个参数的构造方法，用于设置学号、姓名、成绩、专业，其中学号、姓名、成绩通过 Student 类的构造方法设置。

单击“创建一个大学生对象”按钮，创建对象 c1，并显示其信息。设计界面如图 6-18、运行界面如图 6-19 所示。

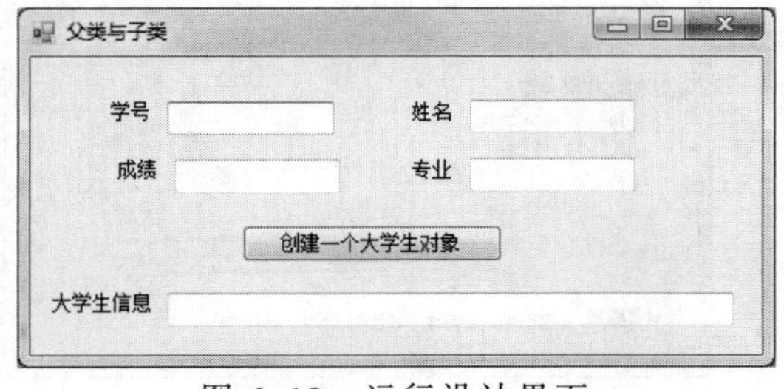


图 6-18　运行设计界面

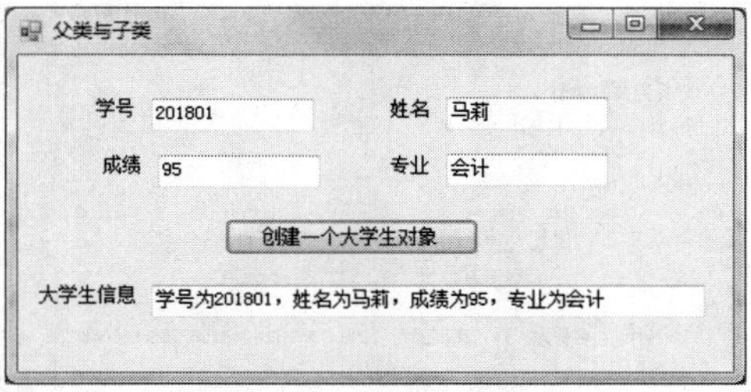

图 6-19　运行结果界面

操作步骤（主要源程序）：

## 实践四　接口的定义与实现

实践操作：编写一个窗体应用程序，计算球体或长方体的体积和表面面积，具体要求如下：

（1）定义一个 Spatialentity 接口，表示空间体接口，它包括：

① 成员属性：名称（Name，字符串型）。

② 成员方法：一个是计算表面面积的方法 area()，双精度型；另一个是计算体积的方法 volume()，双精度型。

（2）定义一个 Ball 类，表示球类，实现接口 Spatialentity，它包括：

① 成员字段：名称（name，字符串型，私有的）；半径（radius，双精度型，私有的）。

② 成员方法：含两个参数的构造方法，用于设置球的名称和半径。

（3）定义一个 Cuboid 类，表示长方体类，实现接口 Spatialentity，它包括：

① 成员字段：名称（name，字符串型，私有的）；长（length，双精度型，私有的）；宽（width，双精度型，私有的）；高（height，双精度型，私有的）。

② 成员方法：含三个参数的构造方法，用于设置长方形的名称、长、宽和高。

单击“计算表面面积和体积”按钮，根据选择的空间体类型创建球或长方体并显示其表面面积和体积，显示形式为“名称为××，表面面积=××，体积=××”。设计界面如图 6-20 所示；运行界面如图 6-21、图 6-22 所示。

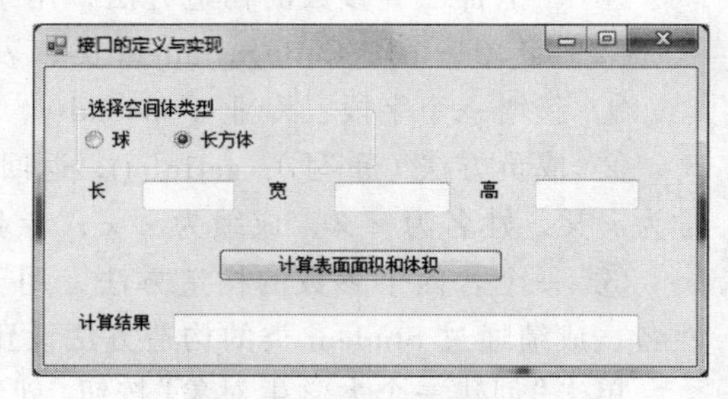


图 6-20　设计界面

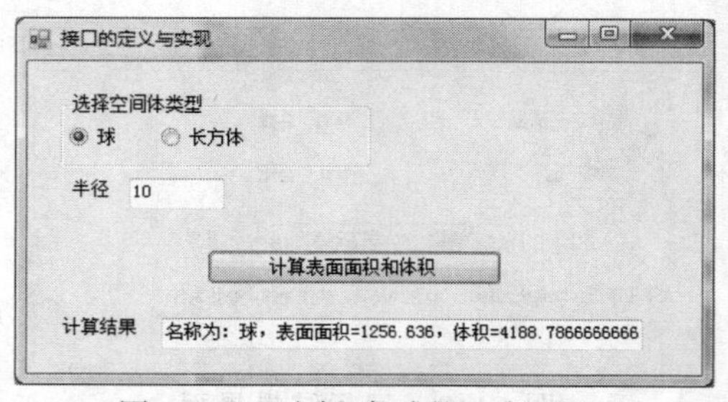


图 6-21　选择球时的运行界面

图 6-22　选择长方体时的运行界面

操作步骤（主要源程序）：

## 理论巩固

### 一、选择题

1. 在 C#中，定义子类时，指定基类应使用的语句是（　　）。

A. this　　B. class　　C. :　　D. base

2. 以下说法正确的是（　　）。

A. 接口可以实例化

B. 类只能实现一个接口

C. 接口的成员都必须是未实现的

D. 接口的成员前面可以加访问修饰符

3. 在定义接口时，不能包括（　　）。

A. 字段　　B. 属性　　C. 方法　　D. 事件

4. 在 C#中定义接口时，使用的关键字是（　　）。

A. override　　B. :　　C. class　　D. interface

5. 在 C#中创建类的实例需要使用的关键字是（　　）。

A. this　　B. base　　C. new　　D. class

6. 构造方法何时被调用（　　）。

A. 创建对象时　　B. 类定义时

C. 使用对象的方法时　　D. 使用对象的属性时

7. 在 C#语言中，方法重载的主要方式有两种，包括（　　）和参数类型不同的重载。

A. 参数名称不同的重载　　B. 参数个数不同的重载

C. 返回值类型不同的重载　　D. 方法名不同的重载

8. 在 C#语言中，使用关键字（　　）来设置只读属性。

A. let　　B. is　　C. set　　D. get

9. 以下 C#代码中的属性是（　　）属性。

```
private  string  name;
public string  Name
{
   get{ return name; }
}
```

A. 可读可写　　B. 只写　　C. 只读　　D. 静态

10. 以下关于构造方法的说法中，正确的是（　　）。

A. 构造方法名不必与类名相同

B. 一个类可以声明几个构造方法

C. 构造方法可以有返回值

D. 编译器可以提供一个默认的带一个参数的构造方法

11. 在定义类时，如果希望类的某个方法能够在子类中进一步进行改进以处理子类的需要，则应将该方法声明成（　　）。

A. sealed 方法　　B. public 方法　　C. virtual 方法　　D. override 方法

12. 以下说法中，不正确的是（　　）。

A. 在任何情况下，基类对象都不能转换为子类对象

B. 子类必须通过 base 关键字调用基类的非默认构造方法

C. 子类能添加新方法

D. 在 C#中，若要在子类中重写基类的虚方法必须在前面加 override

13. 以下几个方法中，（　　）是重载方法。

①void　f1(int)　②int　f1(int)　③int　f1(int,int)　④float　k(int)

A. 4 个全是　B. ①和④　C. ①和②　D. ②和③

14. 关于继承的说法中，正确的是（　　）。

A. 子类将继承父类的非私有成员

B. 子类只继承父类的 public 成员

C. 子类只继承父类的方法，而不能继承属性

D. 除了构造方法和析构方法，子类将继承父类的所有成员

15. 在下列 C#代码中，（　　）是类 Teacher 的属性。

```
public class Teacher
{
  int age=40;
  public string Name
  {
    get { return name; }
    set {name=value; }
  }
  public void SaySomething()
  { //...... }
}
```

A. Name　B. name　C. age　D. SaySomething

## 二、填空题

1. C#的类不支持多重继承，但可以用________来实现。

2. 传入某个属性的 set 访问器的隐含参数的名称是________。

3. 类中声明的属性往往具有________和 set 两个访问器。

4. 已知一个类的类名为 Car，则该类的构造方法名为________。

5. 声明为________的类成员，只能被定义这些成员的类所访问。

## 三、程序阅读题

1. 现有一个简单的应用程序，在其中定义了一个类 Cuboid。程序运行界面如图 6-23 所示。类 Cuboid 及“确定”按钮的 Click 事件的代码如下。试写出单击“确定”按钮后的执行结果。

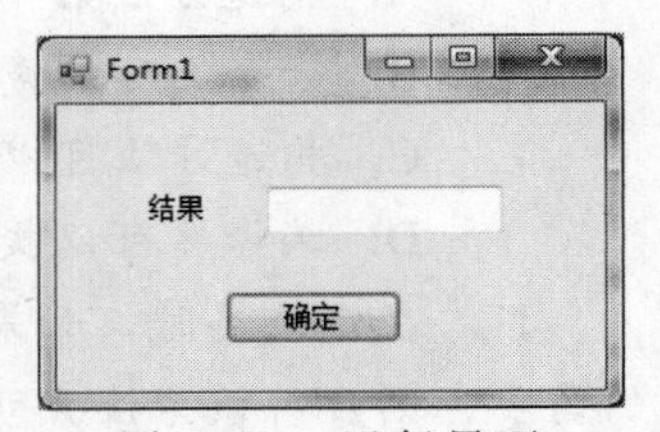


图 6-23　运行界面

```
//类 Cuboid 的代码
class Cuboid
{
   private int length,width,height;
```

```
    public int area()
    { return length*width; }
    public int volume()
    { return area()*height; }
    public Cuboid(int length,int width,int height)
    {
        this.length=length;
        this.width=width;
        this.height=height;
     }
}
//“确定”按钮的click事件代码
private void button1_Click(object sender, EventArgs e)
{
    Cuboid r1=new Cuboid(10,6,4);
    textBox1.Text=r1.volume().ToString();
}
```

2. 现有一个简单的应用程序，定义了一个类 Math。程序运行界面如图 6-23 所示。类 Math 及“确定”按钮的 Click 事件的代码如下。试写出单击“确定”按钮后的执行结果。

```
//类 Math 的代码
class Math
{
    private int m,n;
    public int M
    {
        set { this.m=value; }
        get { return m; }
    }
    public int N
    {
         set { this.n=value; }
         get { return n; }
    }
    public int mod()
    {
       int ys=M-(M/N)*N;
       return ys;
    }
}
//“确定”按钮的 Click 事件代码
private void button1_Click(object sender, EventArgs e)
{
     Math m1=new Math();
     m1.M=73;
     m1.N=6;
     textBox1.Text=m1.mod().ToString();
}
```

3. 现有一个简单的应用程序，在其中定义了两个类 A 和 B。程序运行界面如图 6-23 所示。类 A、B 及“确定”按钮的 Click 事件的代码如下。试写出单击“确定”按钮后的执行结果。

```
//类 A 的代码
class A
{
    public int num;
    public A(int num)
    { this.num=num; }
}
//类 B 的代码
class B:A
{
    private int n;
    public B(int num,int n):base(num)
    {
        this.n=n;
    }
    public int m()
    {
        int cf=1;
        for(int i=1;i<=n;i++) cf=cf*num;
        return cf;
    }
}
//“确定”按钮的 Click 事件代码
private void button1_Click(object sender, EventArgs e)
{
     B b1=new B(5,4);
     textBox1.Text=b1.m().ToString();
}
```

## 模块小结

通过本模块的学习，您学会了面向对象程序设计的基本概念（包括：对象、类、封装、继承和多态等）；类定义的语法格式、类成员（包括：字段、属性和方法）的定义及其使用、方法重载的概念；对象的创建与使用；类的构造方法及其特性；继承的概念、子类的定义方法以及重写父类方法等相关概念与实现方法；接口的概念、接口的定义方法和接口的实现方法。

模块七

# 程序调试与异常处理 »

## 知识提纲

- 程序语法错误。
- 程序运行错误。
- 程序逻辑错误。
- 代码中断点的使用。
- 控制程序的执行。
- 异常与异常处理的概念。
- 异常处理语句的使用。

## 知识导读

### 一、程序错误

程序错误，英文 Bug，也称为缺陷，是指在软件运行中因为程序本身有错误而造成的功能不正常、数据丢失、非正常中断甚至死机等现象。在编写代码的过程中，程序出现错误是难以避免的，即使是资深的程序员，也无法保证程序没有任何错误，总会或多或少出现错误。在实际编程过程中，经常遇到各种类型的错误。程序错误类型一般被分为三类：语法错误、运行错误和逻辑错误。

### 二、语法错误

语法错误是三类错误中最低级、最容易发现的一种错误，通常是由于输入不符合语法规则而产生的。例如：关键字输入错误、数据类型不匹配、表达式不完整、语句末尾缺少分号、括号不成对等。

语法错误可以在编译时发现，因此它又称为编译时错误。VS 2017 提供了智能编译功能，在用户输入程序的过程中，VS 2017 集成开发环境自动检查程序，并在代码编辑器中含有错误的代码项下面显示一条波浪线，其中红色波浪线为错误提示，绿色波浪线为警告提示。同时在代码窗口下的错误列表窗口中显示一个详细描述此错误的工具提示，如图 7-1 所示。

编译诊断出的错误分为错误和警告。错误是由于语法不当所引起的，编译时会以红色波浪线为标注。例如，语句末尾缺少分号。如图 7-1 所示，op1=12 后缺少语句结束符分号。警告提示是指编译程序怀疑有误，但不确定，可强行编译通过。编译时会以绿色波浪线标注。例如图 7-1 中，变量 op2 声明后从未使用。

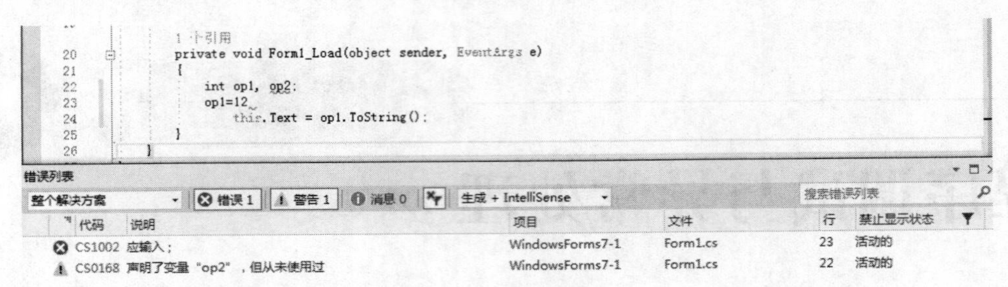


图 7-1　错误提示

## 三、运行时错误

运行时错误是指在应用程序运行时产生的错误。这种错误通常涉及那些看起来没有语法错误却不能运行的代码，多数可以通过重新编写和编译代码解决。编译器无法检查出这类错误，通常需要对相关的代码进行人工检查并更正。

运行时错误多数发生在不可预期的异常中。例如：打开硬盘上的某个文件时，该文件不存在；向硬盘上写某个文件的时候，硬盘的空间不足；用户不按正确的步骤操作而造成的错误（如除数为零）；访问数组的时候，超出了可访问的下标范围；调用一个方法，给它传递错误的参数；被零除等。

当程序执行时，如果产生异常，就会出现提示错误信息的对话框。如图 7-2 所示的被零除异常。针对运行时错误的类型，编程人员应该在开发阶段确认是否可能发生异常。更常用的捕捉异常的方法，是利用 try...catch...finally 结构来处理。

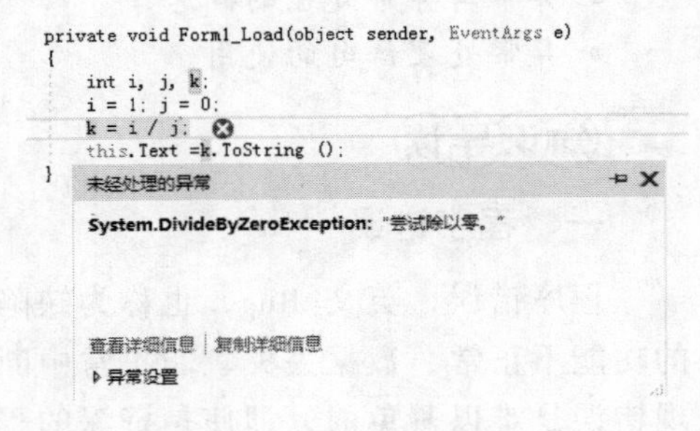


图 7-2　运行时错误

## 四、逻辑错误

逻辑错误是程序算法的错误，是指应用程序运行所得的结果与预期不同。如果产生这种错误，程序不会发生任何程序中断或跳出程序，而是一直执行到最后，可能会有结果，但是执行结果是不对的。这是最难修改的一种错误，因为发生的位置一般都不明确。逻辑错误通常不容易发现，常常是由于其推理和设计算法本身的错误造成的。

这种错误的调试是非常困难的，因为程序员本身认为它是对的，所以只能依靠细心的测试以及调试工具的使用，甚至还要适当地添加专门的调试代码来查找出错的原因和位置。例如计算 1～10 的累加，代码及运算结果如图 7-3 所示。很明显这个算法有问题，应该是 i<=10，而不是 i<10；结果为 45 显然不对，正确结果为 55。

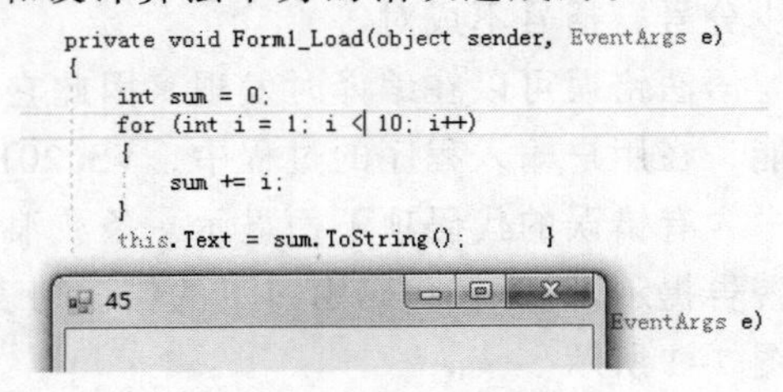


图 7-3　逻辑错误

## 五、程序调试

在编写代码时出现错误是难免的，为了更好地帮助程序员在程序开发的过程中检查程序的语法、语义错误，并且根据具体情况即时修改错误，VS 2017 提供了一个功能强大的调试器，通过它可以观察程序运行时的行为，并确定错误所在位置，常用调试按钮的功能如表 7-1 所示。程序调试时的主要内容可概括为以下几点：

（1）程序调试前的选项设置。

（2）代码中断点的使用。

（3）控制程序的执行。

（4）监视和检查数据的值。

（5）人工查找错误。

表 7-1 常用调试按钮的功能

| 按钮名称 | 说明 |
| --- | --- |
| 启动调试 | “设计模式”时显示“启动调试”按钮，单击它开始执行程序，程序进入“运行时模式”。进入“调试模式”后，这个按钮变成“继续”按钮 |
| 全部中断 | 强迫进入“调试模式” |
| 停止调试 | 停止“运行”状态，进入“设计”模式 |
| 重新启动 | 退出“调试模式”或“运行时模式”，重新编译并运行程序 |
| 逐语句 | 在“调试模式”下，要求执行下一行代码。如果遇到函数，则进入函数内部，逐语句执行 |
| 逐过程 | 在“调试模式”下，要求执行下一行代码。如果遇到函数，不进入函数，直接获取函数执行结果 |
| 跳出 | 在“调试模式”下，要求执行下一行代码。如果在函数内部，将一次性执行完函数的剩余代码，并跳回调用函数的代码 |
| 断点 | 打开“断点”窗口 |

## 六、程序调试前的设置

为了方便在调试过程中快速地定位错误，最好将规模大的程序划分成若干相对独立的子模块，并分别对子模块进行测试。在开始调试之前，用户可以在 VS 2017 的调试窗口中，进行调试过程的一些细节设置，选择“工具”→“选项”命令，在打开的对话框中，单击左侧列表中的“调试”选项，如图 7-4 所示。

在调试过程中，一般只希望检查自己编写的代码，而忽略其他代码。例如忽略系统自动生成的代码等。选中“启用‘仅我的代码’（仅限托管）”复选框，将隐藏非用户代码，这些代码不会出现在调试器窗口中，调试过程中，也不会在这些代码的地方中断。此外，VS 2017 在调试程序时，支持“编辑并继续”功能，可以在调试的过程中修改代码，而不必停止调试会话，如图 7-5 所示。在遇到小错误时，可以马上进行修改，然后继续进行调试，而不用结束整个调试的过程。

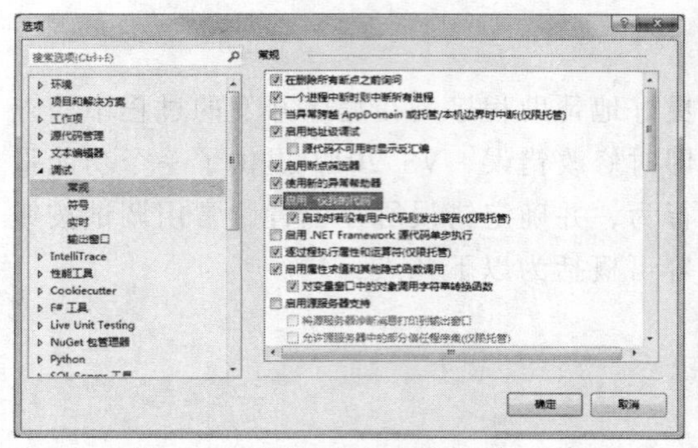

图 7-4 “选项”对话框（1）

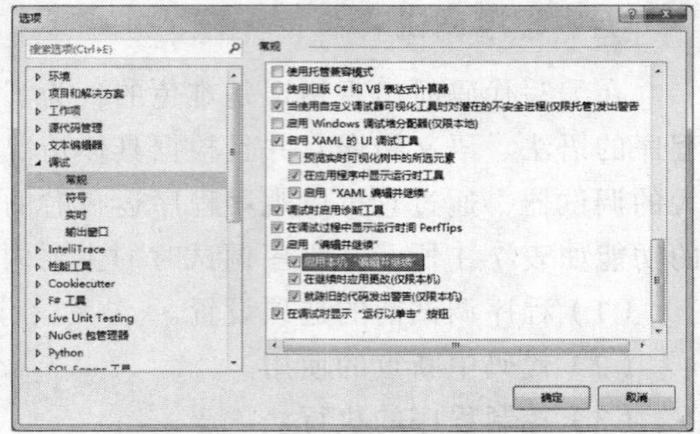

图 7-5 “选项”对话框（2）

## 七、断点的使用

断点是一个标记，它通知调试器，在执行到断点的地方，中断应用程序并暂停执行，使程序进入中断模式。中断模式下，用户可以控制程序继续执行。借助断点，可以让应用程序一直执行，直到遇到断点，然后开始调试，大大加快了调试过程。一个应用程序中可以设置多个断点，每个断点均会对应为一个实心红圈，显示在对应代码行的左侧空白栏处。其设置有如下三种方法：

（1）把光标指向要设置断点的代码行，右击弹出快捷菜单，选择“断点”→“插入断点”命令，如图 7-6 所示。

（2）单击代码编辑器最左侧的灰色部分，也可以在当前行插入一个断点，如图 7-7 所示。再次单击该断点，可取消断点设置，即删除断点。也可以右击该断点，在弹出的快捷菜单中选择“删除断点”命令来取消断点设置。

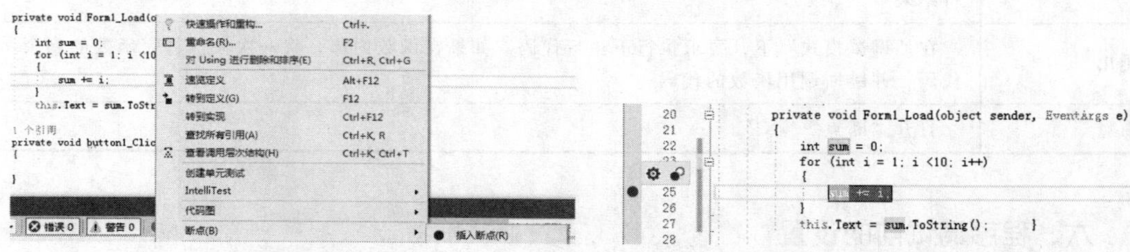

图 7-6 断点设置方法（1）　　图 7-7 断点设置方法（2）

（3）把光标停留在要设置断点的行，按【F9】键也可在当前行插入一个断点，再次按【F9】键可删除该断点。

按以上三种方法设置的断点，在默认情况下都是无条件中断，即每次运行到断点处，应用程序即被挂起。但有时不仅需要在某处中断，还需要设置发生中断的条件。例如图 7-7 所示的代码中，计算累加和时，没必要每次循环都中断，只想在 i=5 时中断，检查是否有异常。这种情况下，可以为断点设置中断条件。右击代码行最左侧红色的断点，选择“条件”命令，打开“断点条件”对话框，如图 7-8 所示，在“条件”文本框里输入 i==5 即可。

调试 Windows 应用程序时，由于窗体都是事件驱动的，所以断点将进入事件处理程序代码，或进入由事件处理程序代码调用的方法。需要设置断点的典型事件有：

（1）与控件关联的事件，如单击、选择/取消选择等。

（2）与应用程序启动或关闭关联的事件，如加载、激活等。

（3）焦点与验证事件。

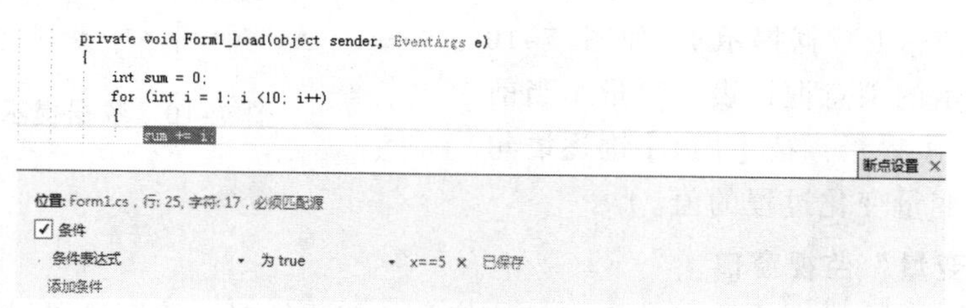


图 7-8　断点设置条件

## 八、控制程序的执行

在程序的调试过程中，由调试人员完全控制程序的执行，可以在任何时候启动调试、中断调试、停止调试等。这些操作通常借助“调试”菜单命令或者“调试”工具栏完成，如图 7-9 所示。

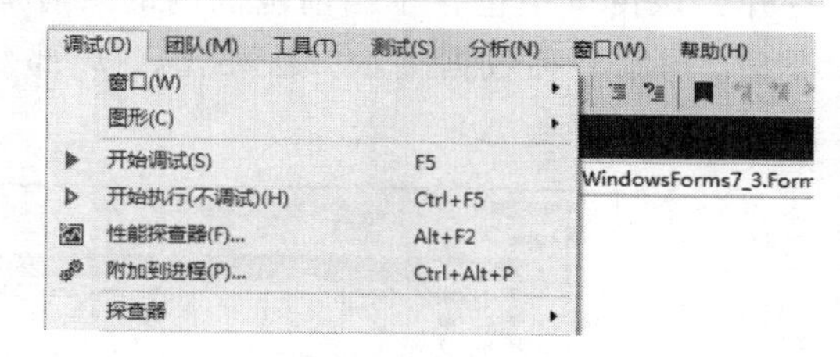


图 7-9　“调试”菜单

### 1. 启动调试与停止调试

从“调试”菜单中，选择“开始调试”命令，或者单击“调试”工具栏中的“启动”按钮，或者直接按【F5】键，进入调试状态。

若希望结束正在调试的程序，则可以从“调试”菜单中，选择“停止调试”命令，或者单击“调试”工具栏中的“停止调试”按钮。

### 2. 单步调试

单步调试是最常见的调试方法之一，即每执行一行代码，程序就暂停执行，直到再次执行。这样就可以在每行代码的暂停期间，检查各变量或各对象的值是否是期望的值。VS 2017 调试器提供了两种单步调试的方法：逐语句（按【F11】键）和逐过程（按【F10】键）。

逐语句和逐过程的差异在于它们处理函数调用的方式不同。这两个命令都指示调试器执行下一行的代码。如果某一行包含函数调用，“逐语句”只执行调用本身，然后在函数内的第一个代码处停止；而“逐过程”执行整个函数，然后在函数外的第一行处停止。因此，调试过程中，如果要查看函数体内的具体内容，则使用“逐语句”，反之，如果要避免单步执行函数体内的代码，则使用“逐过程”。要把包含函数的相同一段程序代码执行完毕，“逐语句”调试要慢于“逐过程”调试，换句话说，按【F11】的次数要多于按【F10】的次数。

## 九、监视和检查数据的值

在中断模式下，可以通过 VS 2017 提供的调试窗口，查看正在调试的程序的特定对象信息。例如监视程序处理过程中变量的值。

### 1.“数据提示”技术

众多的方法中，最简单、最快捷的方法就是在调试过程中，将鼠标指针移动到待查看的对象上。该对象的信息，包括简单对象的值、数据类型或者复杂对象的成员，将呈现在弹出的类似 TooTip 的消息框中，这种技术被称为 DataTip（数据提示）。如图 7-10 所示的数据提示的消息框，表示变量 i 当前的运行值为 2。（提示：按【F11】键逐语句执行即可查看变量变化过程的值。）

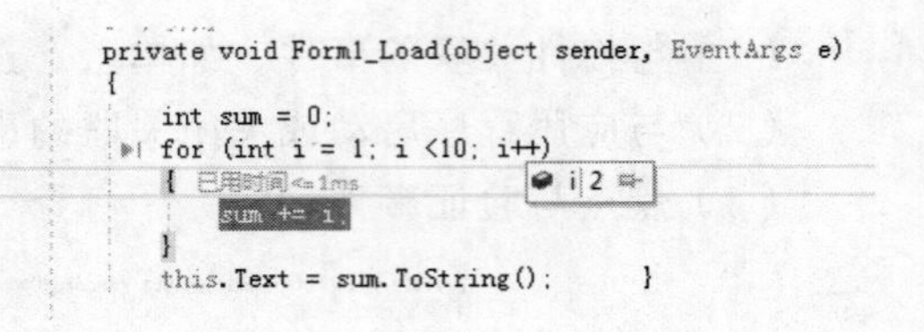


图 7-10　数据提示示例

## 2.“局部变量”监视窗口

使用“局部变量”窗口可以监视变量的值及其变化情况。该窗口可以通过菜单“调试”→“窗口”→“局部变量”打开，或者单击“调试”工具栏中的“局部变量”按钮打开，该窗口中包含了当前范围内的所有局部变量，并对每个变量都列出其名称、值和类型。与第一种数据提示方法相比，“局部变量”窗口能同时监视更多的变量，如图 7-11 所示。

局部变量

| 名称 | 值 | 类型 |
|---|---|---|
| this | {WindowsForms7_3.Form1, Text: Form1} | WindowsForms7_3.For |
| sender | {WindowsForms7_3.Form1, Text: Form1} | object {WindowsForms |
| e | {System.EventArgs} | System.EventArgs |
| sum | 6 | int |
| i | 3 | int |

图 7-11　“局部变量”窗口

在“局部变量”窗口中，可以手动修改变量的值，窗口中双击要修改的变量的值，然后手动录入新的值。只读型数据的值不能修改。

## 3.“监视”窗口

VS 2017 还提供了“监视”窗口，可以根据自己的需要来定制要监控的变量，其窗口布局与“局部变量”窗口相同，也给出变量的名称、值和类型。如图 7-12 所示，“监视”窗口中添加了监控变量 sum 和 i。如果要监视多个变量，也可以打开多个监视窗口。

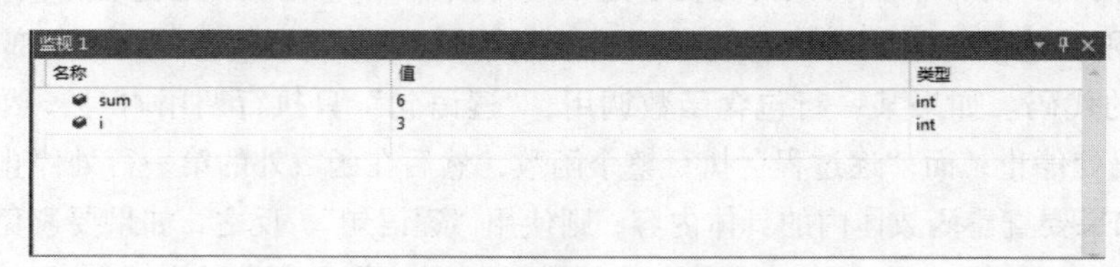
监视 1

| 名称 | 值 | 类型 |
|---|---|---|
| sum | 6 | int |
| i | 3 | int |

图 7-12　“监视”窗口

操作方法：选择“调试”→“窗口”→“监视”命令，或者单击“调试”工具栏中的“监视”按钮，打开“监视”窗口，在“名称”单元格中，手动输入需要监视的变量名或表达式，按回车键确认输入。也可以在代码编辑器中，选中需要监视的变量或表达式，右击，在弹出的快捷菜单中选择“添加监视”命令，在“监视”窗口列表中添加该变量或表达式。

在遇到错误进行程序调试时，通常的步骤是：

（1）在怀疑有错误的代码行处插入断点。

（2）按【F5】键，或者执行快捷菜单中的“开始调试”命令，启动调试，使程序进入中断模式。通过上述方法中的一种或者多种，灵活地监视感兴趣的对象。

（3）单步调试程序（逐语句或逐过程），监视对象值或其他状态的变化，以发现错误。

（4）停止调试，修改代码并再次调试，直至运行结果正确无误。

## 十、人工查找错误

在众多的程序错误中，有些错误是很难发现的。尤其是一些逻辑错误，即便是有调试器的帮助，还是无能为力，往往需要加入一些人工操作，以便快速找到错误。平时调试过程中，经常使用的方法有两种。

### 1. 注释代码，缩小调试范围

这是一种简单有效地寻找错误的方法。通过在程序中注释掉其他段代码，针对性地对某一段代码进行调试。如果该处代码运行正常，则说明错误在别的代码段。用同样的方法，针对性地检查其他段代码，直至找到错误所在的代码段。

### 2. 程序中添加一些输出语句

通过添加一些输出语句，来帮助查看变量在执行过程中值的情况。例如图 7-7 中的计算累加和代码中，在循环的后面，增加一个输出变量 i 的语句，就很容易发现问题所在：i 少循环一次，导致计算结果不对。

```
int sum=0;
for(int i=1;i<10;i++)
{
    sum+=i;              //最后一次循环，i 的值应该是 55 而不是 45
}
this.Text=sum.ToString();
```

## 十一、异常处理

异常又称例外，是指程序运行过程出现的非正常事件，是程序错误的一种。为保证程序安全运行，程序中需要对可能出现的异常进行相应的处理。.NET 提供了一种结构化异常处理技术来处理异常错误情况，其基本思路是：当出现异常时，创建一个异常对象，然后根据程序流程，将异常对象传递给一段特定的代码。用.NET 术语来讲，则是由一段代码抛出异常对象，由另一个代码段捕获并处理。

异常处理的一般过程为：引发异常后，先根据定义判断是哪种类型的异常，然后执行这种类型的异常处理程序段。实际上，异常是一个类实例，即 C#语言中的异常都是异常类的对象。.NET 框架类库中预定义了大量的异常类，每个异常类代表了一种异常错误。每当 C#程序出现运行时错误，系统就会创建一个相应的异常类对象（即异常）并引发。而所有的异常都派生自 System.Exception 类，因此理解 Exception 类是处理异常的关键。

Exception 类是其他所有异常的基类，位于 System 命名空间中。Exception 类是 SystemException 和 ApplicationException 两个泛型子类的基类，所有的异常对象都直接继承自这两个子类。SystemException 表示系统引发的异常，ApplicationException 表示编程人员在程序中所引发的异常。

## 十二、异常类

Exception 类是其他所有异常的基类，位于 System 命名空间中。Exception 类是 SystemException 和 ApplicationException 两个泛型子类的基类，所有的异常对象都直接继承自这两个子类。SystemException 表示系统引发的异常，ApplicationException 表示编程人员在程序中所引发的异常。

### 1. Exception 类的常用属性和构造函数

Exception 类的属性成员描述了该类对应异常的详细信息，通过它们可以获取异常对象的基本信息。Exception 类常用的属性成员有：

Message：string 类型，获取描述当前异常的消息。

Source：string 类型，获取或设置导致错误的应用程序或对象的名称。

TargetSite：System.Reflection.MethodBase 类型，获取引发当前异常的方法。

HelpLink：string 类型，获取或设置指向此异常所关联帮助文件的链接。

InnerException：Exception 类型，获取导致当前异常的 Exception 实例。

### 2. Exception 类的常用属性和构造函数

C#语言中，异常类都定义有多个构造函数。Exception 类中常用的构造函数有：

```
public Exception( )   //默认构造函数
public Exception (string message)
public Exception (string message , System.Exception innerException)
```

常用系统异常类如表 7-2 所示。

表 7-2 常用系统异常类

| 异　常　类 | 说　　明 |
|---|---|
| AccessViolationException | 在试图读/写受保护内存时引发的异常 |
| ArithmeticException | 因算术运算、类型转换或转换操作时引发的异常 |
| DivideByZeroException | 试图用零除整数值或十进制数值时引发的异常 |
| FieldAccessException | 试图非法访问类中私有字段或受保护字段时引发的异常 |
| FormatException | 方法的参数格式不正确时所引发的异常 |
| IndexOutofRangeException | 试图访问索引超出数组界限的数值时引发的异常 |
| InvalidCastException | 因无效类型转换或显式转换引发的异常 |
| NotSupportedException | 当调用的方法不受支持时引发的异常 |
| NullReferenceException | 尝试引用空引用对象时引发的异常 |
| OutOfMemoryExcepiton | 没有足够的内存继续执行应用程序时引发的异常 |
| OverFlowException | 所执行操作导致溢出时引发的异常 |

## 十三、引发异常

框架类库定义的标准系统异常，一般由系统自动引发，通知运行环境异常的发生。不过，其他异常（如用户自定义异常）则必须在程序中利用关键字 throw 显式引发。当然，框架类库中预定义的标准系统异常也可以利用关键字 throw 在程序中引发。

throw 语句用于手动地抛出一个异常，也就是编程人员（而不是系统）告诉运行环境什么时候发生异常及发生什么样的异常。throw 语句的语法格式如下：

```
throw [异常对象]
```

例如：

```
static int method(int a,int b)
{
    if(a<0)
    throw new MyException("被除数不能小于零");
    if(b=0)
    throw new DivideByZeroException("除数不能等于零");
    int c=a/b;
    return c;
}
```

## 十四、异常捕捉及处理

异常引发后，如果程序中没有定义相应的处理代码，系统将按默认方式进行处理。这样会导致程序强制中断，并由系统报错。实际编程时，为了确保异常能够被正确地捕捉并处理，通常需要在程序中加入相应的异常处理程序代码。C#提供了三种形式的异常处理结构。

### 1. try...catch 结构

C#语言中，异常处理需要使用 try...catch 结构，语法格式如下：

```
try
{    //可能引发异常的程序代码
}
catch (类型 1 变量 1)
{    //对类型 1 异常进行处理的异常处理程序代码
}
catch (类型 2 变量 2)
{  //对类型 2 异常进行处理的异常处理程序代码
}
……
catch (类型 n 变量 n)
{  //对类型 n 异常进行处理的异常处理程序代码
}
```

说明：

将可能引发异常的程序代码放在 try 块中，处理异常的异常处理程序代码放在 catch 块中。每一个 catch 块类似于一个方法，catch 关键字后有一对圆括号，圆括号中是异常类型和异常对象名，其中异常类型通常被称作“异常筛选器”；如果某个 catch 块中的异常处理程序中没有使用该参数变量，可以只指定异常类型，没有必要同时给出参数变量，甚至异常类型和变量都省略。

C#程序运行时，如果引发了异常，就抛出了一个异常对象，此时程序将中断正常运行，系统会检查引发异常的语句以确定它是否在 try 块中。如果是，则按照 catch 块出现的先后顺序进行扫描，根据 catch 块中的异常参数类型找出最先与之匹配的 catch 块。catch

块与引发的异常匹配，是指 catch 块中的异常参数类型与异常或其基类的类型相同。如果按顺序找到了一个与 try 块中引发的异常相匹配的 catch 块，则开始执行该 catch 块中的异常处理程序，之后不再执行其他 catch 块，而是从 catch 块后的第 1 个语句处恢复执行。抛出的异常与某一 catch 块匹配，通常被称作异常被该 catch 块捕捉。

由于在寻找与异常匹配的 catch 块时，是按照 catch 块代码的先后顺序来扫描处理的，所以，以异常子类作为异常参数的 catch 块必须位于以异常基类作为异常参数的 catch 块的前面，以保证以异常子类作为异常参数的 catch 块能被执行到。例如：

```
try
{    //可能引发异常的代码    }
catch(Exception e)
{     //异常处理代码         }
//下面是不会被访问的无效代码
catch(DivideByZeroException e)
{     //异常处理代码         }
```

2．try...catch...finally 结构

异常发生时，程序的正常运行被中断。但是，程序中经常希望某些语句不管是否发生异常都被执行，例如关闭数据库、断开网络连接、关闭已打开的文件、释放系统资源等。为此，C#提供了关键字 finally，在 try...catch 结构之后再加上一个 finally 代码段，就形成了 try...catch...finally 结构。try...catch...finally 结构对异常的捕捉和处理方式与 try...catch 结构相同，区别在于：不论程序在执行过程中是否发生异常，finally 代码段总是被执行。即使 try 块中出现了 return、continue、break 等转移语句，finally 语句块也会执行。

3．try...finally 结构

finally 语句块也可以直接跟在 try 语句块之后，两者之间不包括 catch 语句块，这就是 try...finally 结构。try...finally 结构实际上只捕捉而不处理异常。如果 try 语句块的执行过程中引发了异常，不对其进行处理，但仍执行 finally 语句块中的代码。

## 任务驱动

### 任务一　运行时异常

操作任务：编写一个程序，在一个文本框中输入 *N* 个数值，中间用逗号做间隔，然后对数值进行排序输出。程序设计界面如图 7-13 所示，运行效果如图 7-14 所示。

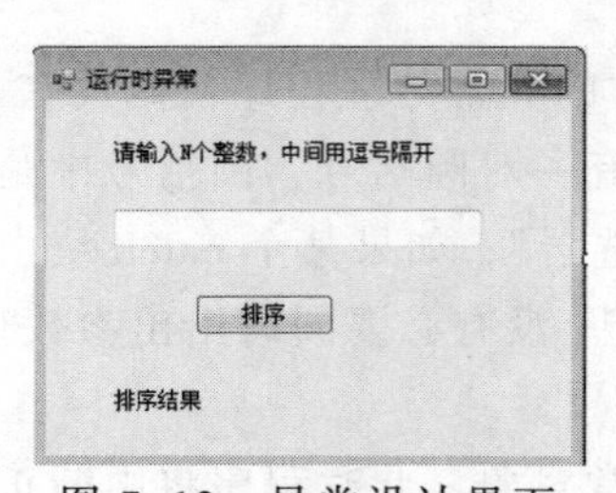


图 7-13　异常设计界面

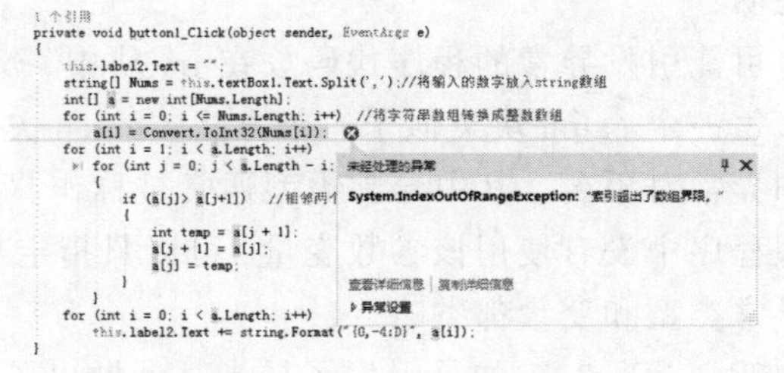


图 7-14　显示异常

操作方案：用一个数组 Nums 来存放输入的 *N* 个整数，再用另一个数组 a 将输入的整数字符串数组转换成整数数组，然后用“冒泡法”对整数数组进行排序。

操作步骤：

（1）按表 7-3 所示，在项目窗体上添加控件（标签控件省略），并把其相应属性设置好。

表 7-3　控件属性设置

| 对　象　名 | 属　性　名 | 属　性　值 | 说　　明 |
|---|---|---|---|
| Form1 | Text | “运行时异常” | 窗体标题栏上的内容 |
| textBox1 | Text | “” | 显示输入的 $n$ 个整数 |
| button1 | Text | “排序” | 单击输出排序数 |

（2）在控件相应事件下添加代码如下：

```
private void button1_Click(object sender, EventArgs e)
{
    this.label2.Text="";
string[] Nums=this.textBox1.Text.Split(',');
                                        //将输入的数字放入 string 数组
    int[] a=new int[Nums.Length];
    for(int i=0;i<=Nums.Length; i++)        //将字符串数组转换成整数数组
        a[i]=Convert.ToInt32(Nums[i]);
    for(int i=1;i<a.Length;i++)
        for(int j=0;j<a.Length-i;j++)
        {
            if(a[j]>a[j+1])                 //相邻两个元素比较交换
            {
                int temp=a[j+1];
                a[j+1]=a[j];
                a[j]=temp;
            }
        }
    for (int i=0;i<a.Length;i++)
        this.label2.Text+=string.Format("{0,-4:D}",a[i]);
    }
```

本程序编译通过，没有语法错误，但在运行时，发生了如图 7-14 所示的异常。

【思考】发生此异常，如何修改程序？

## 任务二　被零除异常

操作任务：编写一个计算程序，程序运行时报被零除异常。程序设计界面如图 7-15 所示，运行界面如图 7-16 所示。

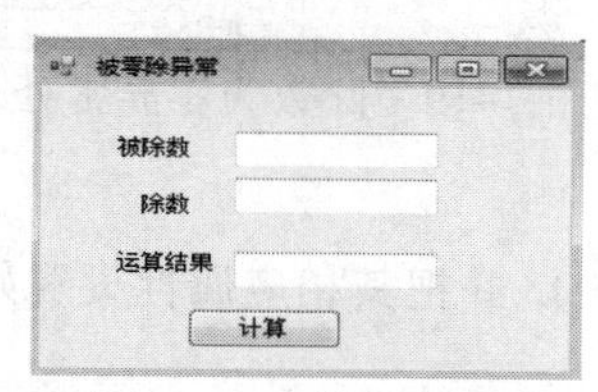


图 7-15　设计界面

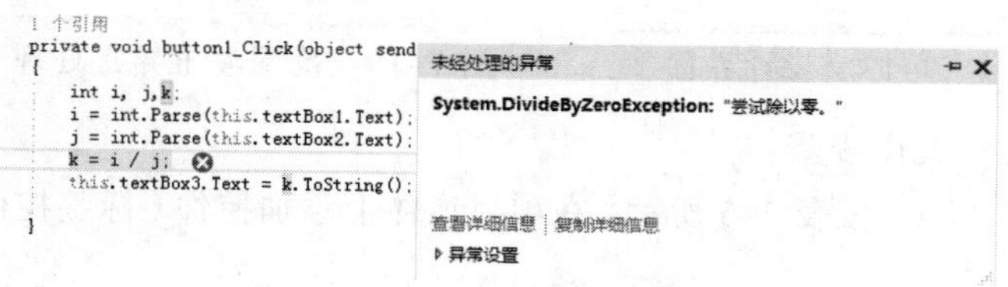


图 7-16　除数为零异常

操作方案：输入两个数，一个为被除数，一个为除数，且除数为零，两个数相除并把结果显示在第三个文本框中。

操作步骤：

（1）按表 9-4 所示，在项目窗体上添加控件（标签控件省略），并把其相应属性设置好。

表 7-4　控件属性设置

| 对　象　名 | 属　性　名 | 属　性　值 | 说　　明 |
|---|---|---|---|
| Form1 | Text | “被零除异常” | 窗体标题栏上的内容 |
| textBox1 | Text | “” | 输入被除数 |
| textBox2 | Text | “” | 输入除数 |
| textBox3 | Text | “” | 显示运算结果 |
| button1 | Text | “计算” | 单击运算 |

（2）在控件相应事件下添加代码如下：

```
private void button1_Click(object sender, EventArgs e)
{
    int i,j,k;
    i=int.Parse(this.textBox1.Text);
    j=int.Parse(this.textBox2.Text);
    k=i/j;
    this.textBox3.Text=k.ToString();

}
```

【思考】如何用 try...catch 结构进行此异常处理？

## 任务三　用 try...catch 结构进行异常处理

操作任务：从键盘输入两个 0～100 之间的整数，求它们的商，同时要处理除数为零和数据不在指定范围内的异常。设计界面如图 7-17 所示，运行界面如图 7-18 和图 7-19 所示。

操作方案：从键盘输入两个数，首先判断两个操作数是否在指定的范围内（0～100 之间），然后再判断除数是否为零，最后分别给出范围溢出和除数为零异常处理。

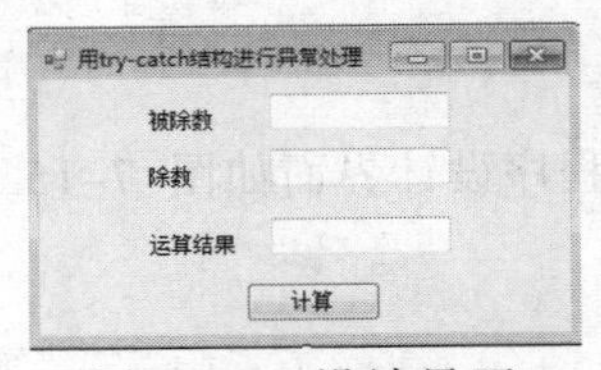


图 7-17　设计界面

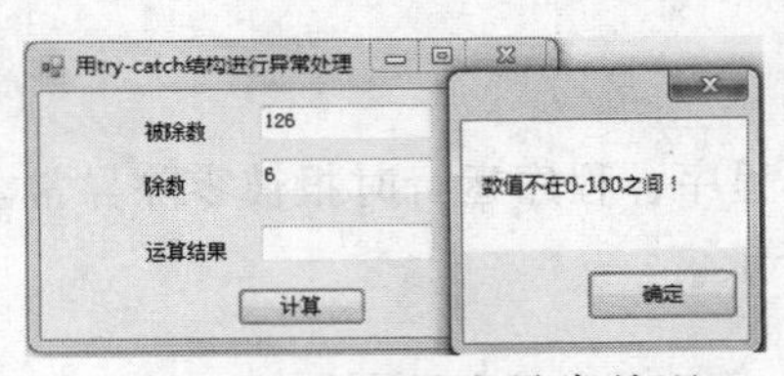


图 7-18　范围溢出异常处理

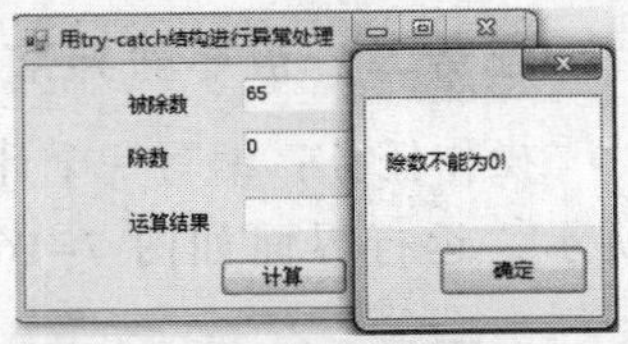


图 7-19　除数为零异常处理

操作步骤：

（1）按表 7-5 所示，在项目窗体上添加控件（标签控件省略），并把其相应属性设置好。

表 7-5　控件属性设置

| 对　象　名 | 属　性　名 | 属　性　值 | 说　　明 |
|---|---|---|---|
| Form1 | Text | “用 try...catch 结构进行异常处理” | 窗体标题栏上的内容 |
| textBox1 | Text | “ ” | 显示被除数 |

续表

| 对象名 | 属性名 | 属性值 | 说明 |
|---|---|---|---|
| textBox2 | Text | “” | 显示除数 |
| textBox3 | Text | “” | 显示计算结果 |
| button1 | Text | “计算” | 单击运算 |

（2）在控件相应事件下添加代码如下：

```
private void button1_Click(object sender, EventArgs e)
{
    int a,b;
    double s;
    string msg1, msg2;
    msg1="被除数不在 0-100 之间！";
    msg2="除数不在 0-100 之间！";
    try
    {
        a=int.Parse(this.textBox1.Text);
        if(a>100||a<0)
            throw new IndexOutOfRangeException(msg1);
        b=int.Parse(this.textBox2.Text);
        if(b>100||b<0)
            throw new IndexOutOfRangeException(msg2);
        if(b==0)
            throw new DivideByZeroException("除数不能为 0!");
        s=a*1.0/b;
        this.textBox3.Text=s.ToString();
    }
    catch(IndexOutOfRangeException)
    {
     MessageBox.Show("操作数不在 0-100 之间！");
    }
    catch(DivideByZeroException)
    {
       MessageBox.Show("除数不能为 0!");
    }
}
```

## 任务四　用 try...catch...finally 结构进行异常处理

操作任务：从 c:\text.txt 文件中读取若干字符，并显示于控制台窗口中。若指定的文件不存在，则会发生 System.IO.IOException 异常，此时要求捕捉这个异常，并输出异常信息。运行界面如图 7-20 所示。

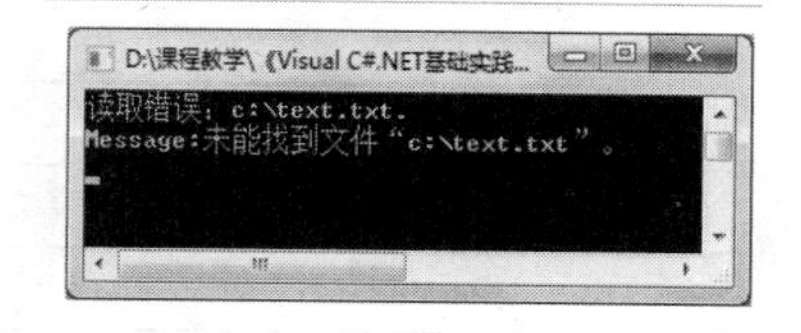


图 7-20　try...catch...finally 结构异常处理

操作方案：先声明 StreamReader 对象 file，用指定文件生成流对象实例，如果 path 指定的文件不存在，则当本行生成 StreamReader 对象实例时就会出现异常，流对象 file 从当前流中读取 buffer.Length 个字符，并存入以 index 开始的缓冲区 buffer 中，最后抛出异常。

操作步骤：

（1）新建项目，选择 Windows 经典桌面中控制台应用程序。

（2）程序代码如下：

```
static void Main(string[] args)
{
    string path=@"c:\text.txt";
    System.IO.StreamReader file=null;
    char[] buffer=new char[1000];
    int index=0;
    try
    {
        file=new System.IO.StreamReader(path);
        //从当前流读取一定数量的字符，并从 index 开始将数据写入 buffer
        file.ReadBlock(buffer,index,buffer.Length);
        Console.WriteLine(buffer);
    }
    catch(System.IO.IOException e)
    {
        Console.WriteLine("读取错误: {0}.\nMessage:{1}", path, e.Message);
    }
    finally
    {
        if(file!=null)
        {
            file.Close();
        }
    }
    Console.ReadKey();
}
```

## 实践提高

### 实践一　使用 try、catch 和 finally 关键字定义异常

实践操作：随机生成 5 个元素的一维数组，元素数据范围在 0 ~ 100 之间，并先后输出到文本框中。单击异常处理按铵钮，异常结果显示在文本框中，同时给出必要提示信息。程序运行界面如图 7-21 所示。（独立练习）

操作步骤（主要源程序）：

## 实践二 用 try...catch...finally 结构进行异常处理

实践操作：新建控制台程序，定义一个一维数组，用 try...catch...finally 结构进行异常处理。不论 try 块内是否引发异常，相应的 finally 语句块都被执行。程序运行界面如图 7-22 所示。

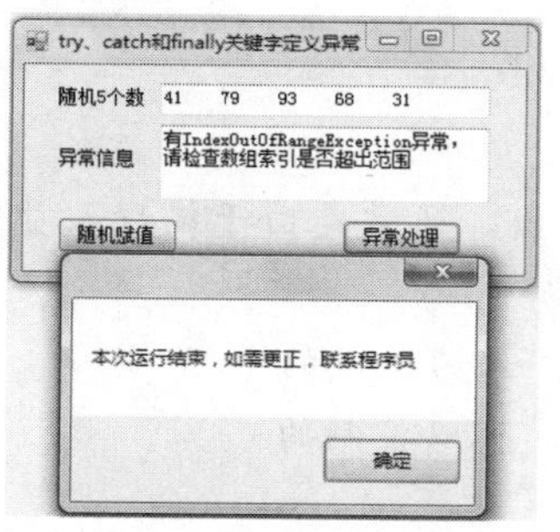


图 7-21 try、catch 和 finally 关键字定义异常

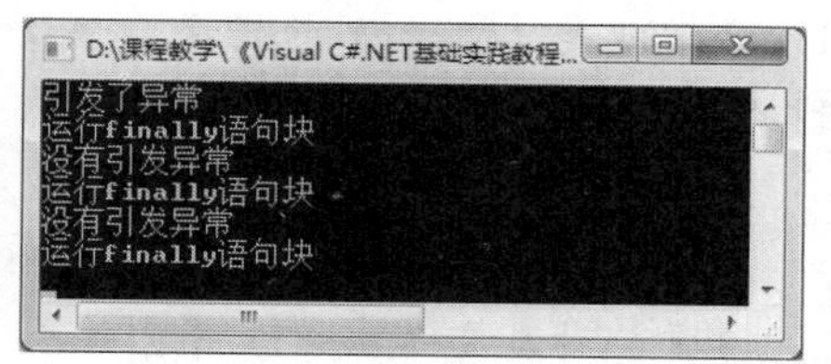


图 7-22 用 try...catch...finally 结构进行异常处理

操作步骤（主要源程序）：

## 实践三 用户自定义异常

实践操作：创建一个用户自定义异常类 MyException（用户自定义异常通常派生自 ApplicationException），该类中添加一个带参数的构造函数，并且重写父类的 Message 属性，最后在入口函数 Main()中，根据输入条件，确定是否抛出自定义异常，并在 catch 块对自定义异常进行捕获。程序运行界面如图 7-23、图 7-24 所示。

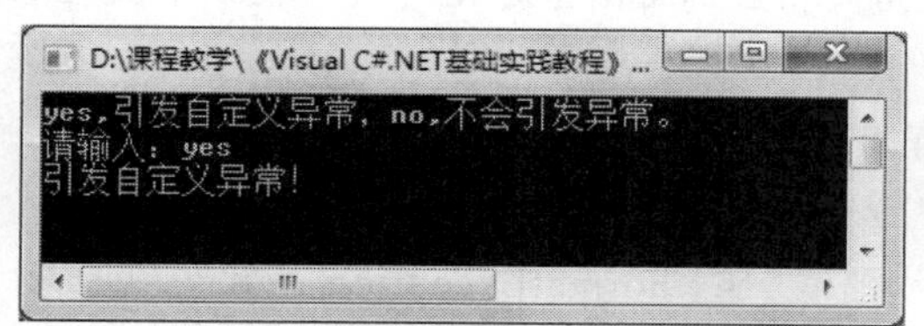


图 7-23 自定义异常运行结果（1）

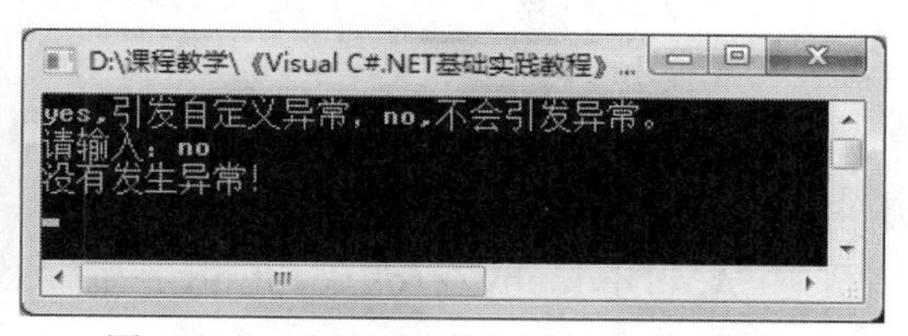


图 7-24 自定义异常运行结果（2）

操作步骤（主要源程序）：

## 理论巩固

一、选择题

1. 异常就是（　　）的错误，导致程序非正常退出，通常是由于编程人员对程序所遇到的情况没有充分估计造成的。

A. 程序中出现不可控制　　B. 人为造成的
C. 不可预测　　D. 可以控制的

2. 异常的种类有（　　）等。

A. 逻辑错误、物理限制、设备错误、认为错误
B. 用户输入错误、外设错误、物理限制、代码逻辑错误
C. 操作错误、外设错误、地址错误、语法错误
D. 上溢错误、数组出界、零除错误、访问错误

3. 打印机无纸不能工作属于（　　）异常。

A. 外设错误　　B. 代码逻辑错误　　C. 用户输入错误　　D. 物理限制

4. 异常发生在（　　）。

A. 编写程序时　　B. 编译时　　C. 运行时　　D. 用户请求时

5. 下列（　　）不是C#中常见的错误。

A. 语法错误　　B. 运行时错误　　C. 逻辑错误　　D. 其他

6. 下列（　　）不属于C#异常处理。

A. 定义异常　　B. 引发异常　　C. 处理异常　　D. 无

7. 异常类对象均为（　　）类对象。

A. System.Exception　　B. System.Attribute
C. System.Const　　D. System.Reflection

8. 异常可以被（　　）定义的块捕捉，并被相应的 catch 定义的块所控制和处理。

A. throw　　B. finally　　C. try　　D. catch

9. .NET Framework 中，处理异常是很有用的功能。如果在一个进行除法运算的程序中，用户输入了零作为除数，会引发（　　）异常。

A. DividebyZeroException 异常　　B. FormatException 异常
C. OverflowException 异常　　D. InvalidCastException 异常

10. C#程序中，可使用 try...catch 机制来处理程序出现的（　　）错误。

A. 语法　　B. 运行　　C. 逻辑　　D. 拼写

11. 访问数组的时候，超出了可访问下标的范围，这个错误属于（　　）错误。

A. 语法　　B. 运行　　C. 逻辑　　D. 拼写

12. 下列关于 try...catch...finally 语句的说明中，不正确的是（　　）。

A. catch 块可以有多个
B. finally 块是必选的
C. catch 块也是可选的
D. 可以只有 try 块

13. 为了在程序中捕获所有的异常，在 catch 语句的括号中使用的类名为（　　）。
A. Exception
B. DivideByZeroException
C. FormatException
D. 以上三个均可

14. 下列说法中正确的是（　　）。
A. 在 C#中，编译时对数组下标越界将做检查
B. 在 C#中，程序运行时，数组下标越界也不会产生异常
C. 在 C#中，程序运行时，数组下标越界是否产生异常由用户确定
D. 在 C#中，程序运行时，数组下标越界一定会产生异常

15. 用户自定义的异常类应该从（　　）类中继承。
A. System.ArgumentException
B. System.IO.IOException
C. System.SystemException
D. System.ApplicationException

## 二、填空题

1. 当一个方法在执行时出错了，会________。
2. try 块运行后，总是会执行________块中的代码。
3. C#常见的错误类型有________。
4. 如果输入的参数不能转化为整数，Conver.ToInt32()方法会引发________。
5. 一般情况下，异常类存放在________中。

## 三、程序阅读题

1. 分析下列程序代码：

```
int num;
try
{
    num=convert.ToInt32(console.ReadLine());
}
catch
{
    //捕捉异常
}
```

当输入 abc 时，会抛出什么异常？

2. 阅读并分析程序：

```
class Program
{
    public static void test(params string[] arr)
    {
        try
        {
            if(arr[0]=="1")
                short.Parse("100000");
            else if(arr[0]=="2")
                int.Parse("3.14");
```

```
            else
                DateTime.Parse("2018-4-21");
        }
        catch(FormatException fe)
        {
            Console.WriteLine(fe.Message);
        }
        catch(OverflowException ef)
        {
            Console.WriteLine(ef.Message);
        }
        catch(Exception ex)
        {
            Console.WriteLine(ex.Message);
        }
    }
}
```

主函数 Main()中，调用方法 test()时，参数分别为下面的值，输出的内容分别是什么？

```
Test("1","test");
Test("2","test");
Test("3","test");
```

## 模块小结

本章主要介绍了程序的常见错误、调试方法以及程序的异常处理机制，重点内容如下：

① 程序错误的种类及其调试方法。

② Exception 类和常用系统异常类的使用。

③ 自定义异常类及其使用。

④ 结构化异常处理的三种结构和 throw 语句。

# 模块八

# 文件操作 »»

## 知识提纲

- 文件和流的基本概念。
- 文件存储管理的操作。
- 文件流的操作。

## 知识导读

### 一、文件和流

**1. 文件**

文件是具有永久存储和特定顺序的字节组成的一个有序的、具有名称的数据集合。文件的组成可以看成由两个部分组成：数据集合和文件的属性。文件的属性标识了文件的特征，例如：文件名、文件大小、文件位置、创建日期、修改日期等。

从存储的角度看，文件是静态的概念。

**2. 流**

流在这里指的是数据流，用来描述从一个位置向另一个位置数据传送的过程，表示了信息从源到目的端的流动。例如，数据从文件流向内存，这就是一个输入（读取）操作；数据从内存流向文件，这就是一个输出（写入）操作。

流是字节序列的抽象概念，提供了连续的字节流存储空间。不管数据的存储位置是集中在一起还是分散的，从用户角度看，都是封装在一起的连续字节流。根据数据的来源，流有多种类型。与磁盘文件直接相关的流称为文件流，还有网络流、内存流、磁带流等。

.NET 使用流对象进行文件的读/写，大大简化了开发人员的工作，不必关心输入/输出操作是和本地磁盘的文件有关，还是和网络中的数据有关。

从数据的流动角度看，流是一个动态的概念。

**3. 文件流**

C#将文件视为一个字节序列，通过流对象对文件进行输入/输出操作，根据文件中数据的编码格式，文件流分为：文本流和二进制流。

（1）文本流。

文本流中的数据存储是字符的 ASCII 编码，一个字符占用一个字节，可以直接显示或打印。例如，1234 在文本流中占用 4 个字节。文本流规定一行文本最大长度为 254 个字符，以换行符表示一行的结束。

（2）二进制流。

二进制流中存储的数据是二进制，根据数据的原来形式进行读/写。例如，整数 5678 存储在二进制流中就是 0001011000101110，占用 2 个字节。二进制数据可以直接显示，但内容不易懂。

通常，对于含有大量数据信息的数字流，可采用二进制流的方式；对于含有大量字符信息的字符流，可采用文本流形式。

## 二、文件的存储管理

大部分的操作系统对文件的存储管理采用目录管理方式。.NET 框架提供很多与文件存储管理相关的类，通过这些类实现文件系统的操作。

.NET 类库中与 IO 操作相关的类大都位于 System.IO 命名空间中，使用时必须在程序的最前面添加一条 using 语句，代码如下：

```
using System.IO;
```

与文件存储管理相关的类主要包括：驱动器管理类（DriveInfo）、目录管理类（Directory 和 DirectoryInfo）、文件管理类（File 和 FileInfo）、路径管理类（Path）。

### 1. 驱动器管理类

通过 DriveInfo 类可以获取与驱动器相关的信息，例如，盘符、驱动器类型、总空间大小、可用空间大小等。表 8-1 所示是 DriveInfo 类的常用属性，表 8-2 所示的是 DriveInfo 类的常用方法。

表 8-1 DriveInfo 类的常用属性

| 属 性 名 | 说 明 |
|---|---|
| Name | 获取当前驱动器的名称 |
| DriveFormat | 获取文件系统名称，例如：NTFS、FAT32 等 |
| DriveType | 获取驱动器类型，例如：Fixed（硬盘）、CDRom（光驱）等 |
| IsReady | 获取一个指定的驱动器是否准备好，返回 true 或 flase |
| TotalFreeSpace | 获取指定驱动器可用空闲空间容量 |
| TotalSize | 获取指定驱动器存储空间总容量 |

表 8-2 DriveInfo 类的常用方法

| 方 法 | 说 明 |
|---|---|
| GetType() | 获取当前驱动器的类型 |
| GetDrives() | 获取计算机上所有逻辑驱动器的名称。该方法返回一个 DriveInfo 类型数组，可通过遍历的方法读取 |

例如：在一个文本框中显示本机驱动器的各类信息。

```
DriveInfo[] drvies=DriveInfo.GetDrives();
foreach(DriveInfo driver in drvies)
{
    if(driver.IsReady==true)
    {
        this.textBox1.Text+="驱动器: "+driver.Name+"\r\n";
        this.textBox1.Text+="驱动器类型: "+driver.DriveType.ToString()+
"\r\n";
        this.textBox1.Text+="驱动器文件系统格式: "+driver.DriveFormat+
"\r\n";
        this.textBox1.Text+="驱动器总容量: "+driver.TotalSize.ToString()+
"\r\n";
        this.textBox1.Text+="驱动器空闲容量: "+driver.TotalFreeSpace. ToString()+
"\r\n\r\n";
     }
    else
        this.textBox1.Text+="驱动器"+driver.Name+"驱动器未准备就绪\r\n";
}
```

**2. 目录管理类**

在 Windows 系统中，目录管理就是指对文件夹的操作，例如文件夹的创建、移动、删除、重命名等操作。System.IO 命名空间中有两个类可以实现目录管理操作：Directory 类和 DirectoryInfo 类。

Directory 类和 DirectoryInfo 类的功能非常相似。二者的区别在于：Directory 类是静态类，提供静态方法实现目录操作，不能使用 new 关键字创建对象。DirectoryInfo 类是实例类，实例对象表示驱动器上某一目录。

由于 Directory 类的所有方法是静态的，如果只是执行一个目录操作，使用 Directory 静态方法更高效，且 Directory 类的静态方法都执行安全检查。如果要多次重用某个目录对象，用 DirectoryInfo 类实例化更容易操作。表 8-3 所示是 Directory 类的常用方法。

表 8-3 Directory 类的常用方法

| 方　法 | 返回类型 | 说　明 |
|---|---|---|
| CreateDirectory(string) | DirectoryInfo | 创建指定路径中的目录，并返回目录信息 |
| Delete(string,bool) | void | 删除指定目录，可增加参数删除该目录下所有子目录和文件 |
| Exists(string) | bool | 判断指定路径目录是否存在 |
| GetCurrentDirectory() | string | 获取当前目录 |
| SetCurrentDirectory(string) | string | 设置当前目录 |
| Getdirectories(string) | string[] | 获取指定目录下的子目录列表 |
| GetdirectoryRoot(string) | string | 获取指定目录所在驱动器根目录信息 |
| GetFiles(string) | string[] | 获取指定目录下的文件列表 |
| GetFileSystemEntries(string) | string[] | 获取指定目录下所有子目录及文件列表 |

续表

| 方　法 | 返回类型 | 说　明 |
| --- | --- | --- |
| GetCreationTime(string) | Date Time | 获取指定目录被创建的日期和时间 |
| GetLastAccessTime(string) | string | 获取指定目录最近一次被访问的日期和时间 |
| GetLastWriteTime(string) | string | 获取指定目录最近一次被修改的日期和时间 |
| GetParent(string) | DirectoryInfo | 获取指定目录的父目录信息 |
| Move(string,string) | void | 将文件或目录移动到新位置 |

DirectoryInfo 类是一个实例类，除了可以调用 Directory 类基本类似的方法外，本身提供了一组属性和方法，可以方便地对目录进行操作。表 8-4 所示的 DirectoryInfo 类的常用属性和方法。

表 8-4　DirectoryInfo 类的常用属性和方法

| 属性和方法 | 说　明 | 属性和方法 | 说　明 |
| --- | --- | --- | --- |
| Attributes | 获取或设置当前文件或目录的特性 | LastAccessTime | 获取或设置上次访问当前文件或目录的时间 |
| Create | 创建对象指定的目录 | LaseWriteTime | 获取或设置上次写入当前文件或目录的时间 |
| CreationTime | 获取或设置当前文件或目录的创建时间 | MoveTo | 移动目录 |
| Exists | 判断指定目录是否存在 | Name | 获取目录名称 |
| Extension | 获取表示文件扩展名部分的字符串 | Parent | 获取指定子目录的父目录 |
| FullName | 获取目录或文件的完整目录 | Root | 获取当前路径的根目录 |

例如：使用 Directory 类创建目录、删除目录和移动目录。

```
//创建目录
if(Directory.Exists(@"c:\C#程序设计"))
    MessageBox.Show("目录已经存在！");
else
{
    Directory.CreateDirectory(@"c:\C#程序设计");
    MessageBox.Show("目录创建成功！");
}
//删除目录
if(Directory.Exists(@"c:\C#程序设计"))
{
    Directory.Delete(@"c:\C#程序设计");
    MessageBox.Show("目录删除成功！");
}
else
MessageBox.Show("目录不存在！");
```

```
//移动目录
if(Directory.Exists(@"c:\C#程序设计"))
{
    Directory.Move(@"c:\C#程序设计", @"c:\1\C#程序设计");
    MessageBox.Show("目录移动成功！");
}
else
    MessageBox.Show("目录不存在！");
```

说明：

Move方法本身的操作是修改文件分配表，只能针对当前逻辑分区，不能跨分区目录移动。

例如：使用DirectoryInfo类创建目录、删除目录和移动目录。

```
//创建目录
DirectoryInfo di=new DirectoryInfo(@"c:\C#程序设计");
if(di.Exists==true)
    MessageBox.Show("目录已经存在！");
else
{
   di.Create();
    MessageBox.Show("目录创建成功！");
}

//删除目录
if(di.Exists==true)
{
    di.Delete();
    MessageBox.Show("目录删除成功！");
}
else
    MessageBox.Show("目录不存在！");

//移动目录
if(di.Exists==true)
{
    di.MoveTo(@"c:\1\C#程序设计");
    MessageBox.Show("目录移动成功！");
}
else
    MessageBox.Show("目录不存在！");
```

**3. 文件管理类**

文件是指在存储介质上永久保存的数据有序集合，是进行数据读/写操作的基本对象。在Windows系统中，文件按照树状目录形式进行组织管理。文件管理就是指对文件的操作，例如文件的创建、复制、移动、删除、属性设置等基本操作，也可以对文本文件的简单读写操作，还可以协助创建FileStream流对象。System.IO命名空间中有两个类可以实现文件管理操作：File类和FileInfo类。

File类和FileInfo类的功能非常相似。二者的区别在于：File类是静态类，提供静态方法实现文件操作，不能使用new关键字创建对象。FileInfo类是实例类，实例对象表示驱动器上某一文件。

由于 File 类的所有方法是静态的，如果只是执行一个文件操作，使用 File 静态方法更高效，且 File 类的静态方法都执行安全检查。如果要多次对同一个文件对象进行多个操作，用 FileInfo 类实例化更容易操作。表 8-5 所示是 File 类的常用方法。

表 8-5　File 类的常用方法

| 方　　法 | 返 回 类 型 | 说　　明 |
|---|---|---|
| Create(string) | FileStream | 在指定路径下创建文件，并返回一个流对象。如有同名文件，将覆盖 |
| CreateText(string) | StreamWriter | 以文本方式创建文件，并返回一个流对象 |
| Copy(sting,string,Bool) | void | 复制文件，设置布尔值决定是否允许改写文件 |
| Delete(string) | void | 删除指定文件 |
| Exists(string) | bool | 判断指定路径文件是否存在 |
| GetAttributes(string) | FileAttributes | 获取文件的属性信息 |
| SetAttributes(stirng, FileAttributes) | void | 设置文件的属性信息 |
| Replace(string, string, string) | void | 使用其他文件内容替换指定文件内容，删除原始文件，并创建被替换文件的备份 |
| Open(string) | FileStream | 打开文件，并返回一个流对象 |
| OpenRead(string) | FileStream | 以只读方式打开文件，并返回一个流对象 |
| OpenWrite(string) | FileStream | 以只写方式打开文件，并返回一个流对象 |
| OpenText(string) | StreamReader | 以文本方式打开文件，并返回一个流对象 |
| GetCreationTime(string) | Date Time | 获取指定文件被创建的日期和时间 |
| GetLastAccessTime(string) | string | 获取指定文件最近一次被访问的日期和时间 |
| GetLastWriteTime(string) | string | 获取指定文件最近一次被修改的日期和时间 |
| Move(string,string) | void | 将指定文件移动到新位置 |

FileInfo 类是一个实例类，本身提供了一组属性和方法，可以方便地对文件进行操作。表 8-6 所示是 FileInfo 类的常用属性和方法。

表 8-6　FileInfo 类的常用属性和方法

| 属性和方法 | 说　　明 | 属性和方法 | 说　　明 |
|---|---|---|---|
| Attributes | 获取或设置当前文件的属性 | DirectoryName | 获取文件所在目录的完整路径 |
| CopyTo | 复制文件 | Exists | 判断指定文件是否存在 |
| Create | 创建对象指定的文件 | Extension | 获取表示文件扩展名部分的字符串 |
| CreationTime | 获取或设置当前文件的创建时间 | FullName | 获取文件的完整目录 |
| Delete | 删除文件 | LastAccessTime | 获取或设置上次访问当前文件的时间 |
| Directory | 获取文件父目录的实例 | LaseWriteTime | 获取或设置上次写入当前文件的时间 |

续表

| 属性和方法 | 说明 | 属性和方法 | 说明 |
|---|---|---|---|
| Length | 获取当前文件的大小 | Name | 获取文件名称 |
| Open | 打开文件 | Replace | 替换文件 |
| MoveTo | 移动文件 | | |

例如：使用 File 类创建文件、删除文件、复制文件和移动文件，效果如图 8-1 所示。

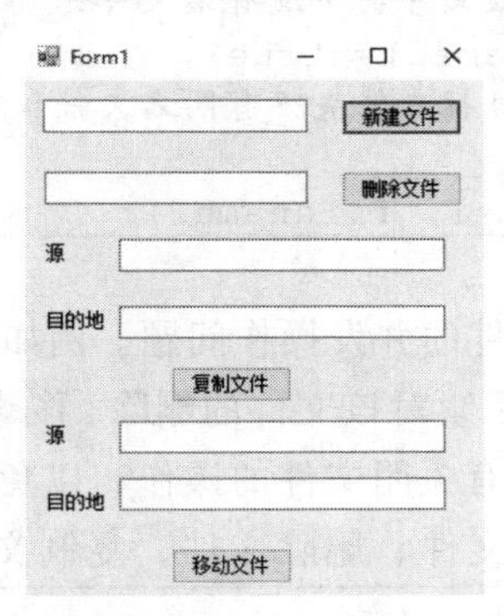


图 8-1　File 类实现新建、删除、复制和移动

```
//创建文件按钮
string filename;
FileStream filenew;
filename=this.textBox1.Text;
if(File.Exists(@filename)==true)
    MessageBox.Show("该文件夹下有同名文件！");
else
{
    filenew=File.Create(@filename);
    filenew.Close();
}

//删除文件按钮
string filename;
filename=this.textBox2.Text;
if(File.Exists(@filename)==false)
    MessageBox.Show("该文件夹下没有该文件！");
else
    File.Delete(@filename);

//复制文件按钮
string filename1,filename2;
filename1=this.textBox3.Text;
filename2=this.textBox4.Text;
if(File.Exists(@filename1)==false)
    MessageBox.Show("该文件夹下没有该文件！");
else if(File.Exists(@filename2)==true)
    MessageBox.Show("目标文件夹下有同名文件！");
```

```
else
    File.Copy(@filename1, filename2);

//移动文件按钮
string filename1,filename2;
filename1=this.textBox5.Text;
filename2=this.textBox6.Text;
if(File.Exists(@filename1)==false)
    MessageBox.Show("该文件夹下没有该文件！");
if(File.Exists(@filename2)==true)
    MessageBox.Show("目标文件夹下有同名文件！");
else
    File.Move(@filename1, filename2);
```

说明：

使用文件对象时，要注意文件的并发操作问题。例如，创建一个文件后，该文件在程序运行过程中还处于使用状态，后续对该文件的删除、移动等操作都可能会产生异常处理。所以使用完文件对象后，要注意有关闭文件的操作，以免其他程序或进程不能访问。

例如：使用 FileInfo 类创建文件、删除文件、复制文件和移动文件。

```
//创建文件按钮
string filename;
FileStream filenew;
filename=this.textBox1.Text;
FileInfo fname=new FileInfo(@filename);
if(fname.Exists==true)
    MessageBox.Show("该文件夹下有同名文件！");
else
{
    filenew=fname.Create();
    filenew.Close();
    MessageBox.Show("创建成功！");
}

//删除文件按钮
string filename;
filename=this.textBox2.Text;
FileInfo fname=new FileInfo(@filename);
if(fname.Exists==false)
    MessageBox.Show("该文件夹下没有该文件！");
else
{
    fname.Delete();
    MessageBox.Show("删除成功！");
}

//复制文件按钮
string filename1,filename2;
filename1=this.textBox3.Text;
filename2=this.textBox4.Text;
```

```
FileInfo fname1=new FileInfo(@filename1);
FileInfo fname2=new FileInfo(@filename2);
if(fname1.Exists==false)
    MessageBox.Show("该文件夹下没有该文件！");
else if(fname2.Exists==true)
    MessageBox.Show("目标文件夹下有同名文件！");
else
{
    fname1.CopyTo(filename2);
    MessageBox.Show("复制成功");
}

//移动文件按钮
string filename1, filename2;
filename1=this.textBox5.Text;
filename2=this.textBox6.Text;
FileInfo fname1=new FileInfo(@filename1);
FileInfo fname2=new FileInfo(@filename2);
if(fname1.Exists==false)
    MessageBox.Show("该文件夹下没有该文件！");
else if(fname2.Exists==true)
    MessageBox.Show("目标文件夹下有同名文件！");
else
{
    fname1.MoveTo(filename2);
    MessageBox.Show("移动成功");
}
```

## 三、文件流的操作

对于文件内数据的读/写一般采用流的方式进行操作。从开发人员的角度看，可以把流看成是一种数据的载体，是一个用于数据交换和传输的对象。针对数据的性质，通过各种不同类型的流对象实现数据传输和读/写的操作。使用流可以把对数据的操作与数据源分离，隐藏数据源和目标，达到设备无关性。

流支持以下三种应用于自身的基本操作：

（1）读取（read）：将数据从流（外部）传输到数据结构（内部）中（例如，字符串或字节数组）。

（2）写入（write）：将数据从某种数据结构（内部）中传输到流（外部）中。

（3）定位（seel）：通过游标，在流中查询或定位。

.NET 类库中与流操作相关的类都位于 System.IO 命名空间中，使用时必须在程序的最前面添加一条 using 语句，代码如下：

```
using System.IO;
```

与文件读/写相关的类主要包括：文件流类（FileStream）、文本流类（StreamReader、StreamWriter 等）、二进制流类（BinaryReader、BinaryWriter）。

本章节主要讨论文本流类和二进制流类，输入流和输出流仅限于磁盘文件。

### 1. 文本流类

StreamReader（文本读取器）类和 StreamWriter（文本写入器）类是专门实现对文本数据操作而设计的类，为开发人员提供了按文本模式读/写数据的方法。以字节流为操作对象，支持不同的编码格式，默认为 UTF-8，而不是 ASCII。在具体使用时，StreamReader 和 StreamWriter 一般成对使用。

（1）StreamReader 类。

用于以文本方式对流进行读取操作，所以称为读取器。表 8-7 所示是 StreamReader 类的常用属性，表 8-8 所示是 StreamReader 类的常用方法。表 8-9 所示是 StreamReader 类的常用构造函数。

表 8-7　StreamReader 类的常用属性

| 属　性　名 | 说　明 |
| --- | --- |
| EndOfStream | 用于指示读取的位置是否是到达文本流的末尾，返回值为布尔值 |
| CurrentEncodeing | 指示当前所用的字符编码 |

表 8-8　StreamReader 类的常用方法

| 方　法 | 说　明 |
| --- | --- |
| Read() | 读取输入流中的下一个字符或下一组字符。有多种重载形式 |
| ReadLine() | 读取输入流中的的一行字符，并以字符串形式返回。有多种重载形式 |
| ReadToEnd() | 读取输入流中的当前位置到末尾的数据 |
| Close() | 关闭当前的 StreamReader 对象，并释放相关的系统资源 |
| Peek() | 用于判断读取的文件内容是否结束，如果结束，返回-1 |

表 8-9　StreamReader 类的常用构造函数

| 构 造 函 数 | 说　明 |
| --- | --- |
| StreamReader(string) | 为指定文件创建 StreamReader 对象 |
| StreamReader(string,encoding) | 根据指定的字符编码格式为指定的文件创建 StreamReader 对象 |
| StreamReader(FileStream) | 使用指定的 FileStream 流对象创建 StreamReader 对象 |
| StreamReader(FileStream, encoding) | 根据指定的字符编码格式使用指定的 FileStream 流对象创建 StreamReader 对象 |

（2）StreamWriter 类。

用于以文本方式对流进行写入操作，所以称为写入器。表 8-10 所示是 StreamWriter 类的常用属性，表 8-11 所示是 StreamWriter 类的常用方法，表 8-12 所示是 StreamWriter 类的常用构造函数。

表 8-10　StreamWriter 类的常用属性

| 属　性　名 | 说　明 |
| --- | --- |
| Encodeing | 指示当前所用的字符编码。 |

表 8-11 StreamWriter 类的常用方法

| 方法 | 说明 |
| --- | --- |
| Write() | 将单个字符或字符串写入输出流中。有多种重载形式 |
| WriteLine() | 将一行文本写入输出流中，并自动追加一个换行符。有多种重载形式 |
| Close() | 关闭当前的 StreamWriter 对象，并释放相关的系统资源 |

表 8-12 StreamWriter 类的常用构造函数

| 构造函数 | 说明 |
| --- | --- |
| StreamWriter(string) | 为指定文件创建 StreamWriter 对象 |
| StreamWriter(string,boolean) | 为指定文件创建 StreamWriter 对象。Boolean 为逻辑值，如果为 false，则创建一个新文件，如果文件已经存在，则覆盖；如果为 true，则打开文件保留原来数据，如果文件不存在，则创建新文件 |
| StreamWriter(FileStream) | 使用指定的 FileStream 流对象创建 StreamWriter 对象 |
| StreamWriter(FileStream,encoding) | 据指定的字符编码格式使用指定的 FileStream 流对象创建 StreamWriter 对象 |

例如：使用 StreamReader 类和 StreamWriter 类读/写文本文件，如图 8-2 所示。

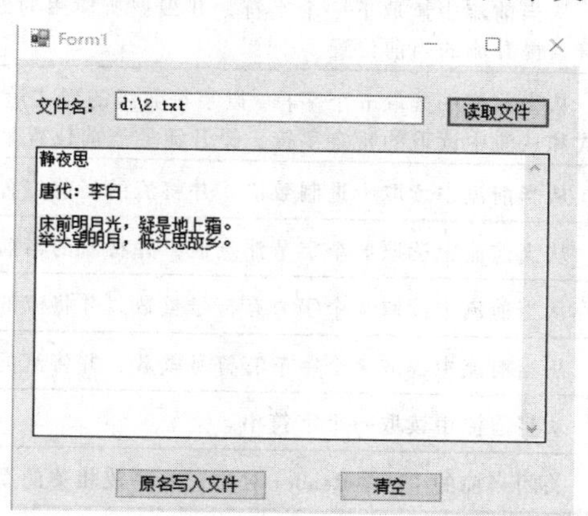


图 8-2 读/写文本文件

```
//读取文件按钮
StreamReader sr=new StreamReader(this.textBox1.Text);
this.textBox2.Text=sr.ReadToEnd();
sr.Close();

//原名写入文件按钮
StreamWriter wr=new StreamWriter(this.textBox1.Text);
wr.WriteLine(this.textBox2.Text);
wr.Close();
```

2. 二进制流类

二进制文件存储的是以二进制形式编码的数据。相对于字节流的文本文件更复杂。可以说，任何类型的数据都可以存储为二进制文件。

BinaryReader（二进制读取器）类和 BinaryWriter（二进制写入器）类是专门实现对二进制数据操作而设计的类，为开发人员提供了以二进制方式读/写数据的方法。BinaryReader 类和 BinaryWriter 类的使用方法与 StreamReader 类和 StreamWriter 类大同小异，但不同的是，创建 BinaryReader 和 BinaryWriter 对象时，不能直接使用文件名，必须使用文件流。例如：

```
FileSream fs=new FileStream("file.dat",FileMode.Create);
BinaryWriter bw=new BinaryWriter(fs);
```

（1）BinaryReader 类。

用于以二进制格式对流进行读取操作，所以称为二进制读取器。BinaryReader 类的常用方法、常用构造函数如表 8-13、表 8-14 所示。

表 8-13　BinaryReader 类的常用方法

| 方　法 | 说　明 |
| --- | --- |
| ReadBoolean() | 从当前流中读取 Boolean 值，并使流的当前位置提升一个字节 |
| ReadByte() | 从当前流中读取下一个字节，并使流的当前位置提升一个字节 |
| ReadBytes() | 从当前流中将 n 个字节读入字节数组，并使流的当前位置提升 n 个字节 |
| ReadChar() | 从当前流中读取下一个字符，并根据所使用的编码方式和从流中读取的特定字符，提升流的当前位置 |
| ReadChars() | 从当前流中读取 n 个字符，以字符数组的形式返回数据，并根据所使用的编码方式和从流中读取的特定字符，提升流的当前位置 |
| ReadDecimal() | 从当前流中读取十进制数值，并将流的当前位置提升 16 个字节 |
| ReadDouble() | 从当前流中读取 8 个字节浮点值，并将流的当前位置提升 8 个字节 |
| ReadInt32() | 从当前流中读取 4 个字节有符号整数，并将流的当前位置提升 4 个字节 |
| ReadInt64() | 从当前流中读取 8 个字节有符号整数，并将流的当前位置提升 8 个字节 |
| ReadString() | 从当前流中读取一个字符串 |
| Close() | 关闭当前的 BinaryReader 对象，并释放相关的系统资源 |

表 8-14　BinaryReader 类的常用构造函数

| 构 造 函 数 | 说　明 |
| --- | --- |
| BinaryReader(FileStream) | 使用指定的 FileStream 流对象创建 BinaryReader 对象，默认编码为 UTF-8 |
| StreamReader(FileStream, encoding) | 根据指定的字符编码格式使用指定的 FileStream 流对象创建 BinaryReader 对象 |

（2）BinaryWriter 类。

用于以二进制格式对流进行写入操作，所以称为二进制写入器。BinaryWriter 类的常用方法、常用构造函数如表 8-15、表 8-16 所示。

表 8-15 BinaryWriter 类的常用方法

| 方　法 | 说　明 |
| --- | --- |
| Write() | 将指定类型的值写入到当前流中 |
| Seek() | 设置当前流中的位置 |
| Close() | 关闭当前的 BinaryWriter 对象，并释放相关的系统资源 |

表 8-16 BinaryWriter 类的常用构造函数

| 构造函数 | 说　明 |
| --- | --- |
| BinaryWriter (FileStream) | 使用指定的 FileStream 流对象创建 BinaryWriter 对象，默认编码为 UTF-8 |
| BinaryWriter (FileStream, encoding) | 根据指定的字符编码格式使用指定的 FileStream 流对象创建 BinaryReader 对象 |

例如：使用 BinaryReader 类和 BinaryWriter 类读/写二进制文件，如图 8-3 所示。

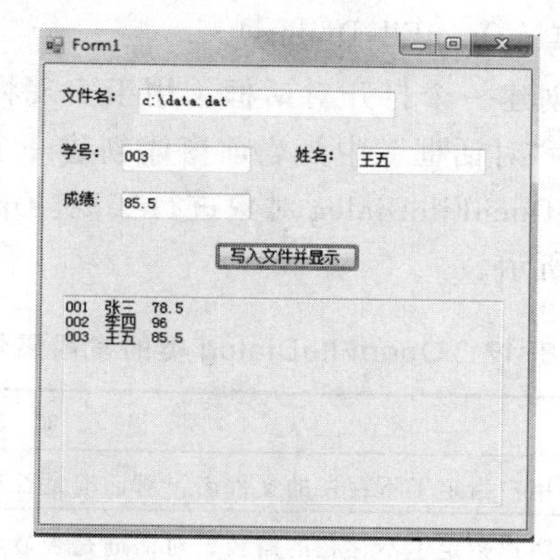


图 8-3 读/写二进制文件

```
//写入文件并显示按钮
this.textBox2.Text="";
//写入二进制数据
string fname,no,name;
double score;
fname=this.textBox1.Text;
FileStream fw=new FileStream(@fname, FileMode.Append);
BinaryWriter bw=new BinaryWriter(fw);
no=this.textBox3.Text;
name=this.textBox4.Text;
score=double.Parse(this.textBox5.Text);
bw.Write(no);
bw.Write(name);
bw.Write(score);
bw.Close();
fw.Close();

//读出二进制数据
```

```
FileStream fr=new FileStream(@fname, FileMode.OpenOrCreate);
BinaryReader br=new BinaryReader(fr);
fr.Position=0;  //设置当前流位置从头开始
while(fr.Position < fr.Length)
{
    this.textBox2.Text+=br.ReadString()+"  ";
    this.textBox2.Text+=br.ReadString()+"  ";
    this.textBox2.Text+=br.ReadDouble().ToString();
    this.textBox2.Text+="\r\n";
}
br.Close();
fr.Close();
```

## 四、通用对话框

.NET Framework 类库中提供了打开文件、保存文件、打印等通用对话框。这里介绍打开文件和保存文件通用对话框。

### 1. 打开文件通用对话框（OpenFileDialog）

OpenFileDialog 类可以创建一个打开对话框，用于实现将选择的目录或文件传输给程序。可以在“工具箱”→“对话框”中为当前窗体创建一个 OpenFileDialog 对象，也可以直接在程序代码中新建 OpenFileDialog 对象进行实现。OpenFileDialog 类的常用属性及方法如表 8-17、表 8-18 所示。

表 8-17　OpenFileDialog 类的常用属性

| 属 性 名 | 说　明 |
| --- | --- |
| CheckFileExists | 如果用户指定了不存在的文件名，对话框是否显示警告 |
| CheckPathExists | 如果用户指定了不存在的路径，对话框是否显示警告 |
| FileName | 获取或设置对话框中选中的文件名字符串 |
| FileNames | 获取或设置对话框中所有选中的文件名字符串（Multiselect 属性关联） |
| Filter | 筛选器，用于获取或设置文件类型中的文件过滤字符串 |
| Multiselect | 获取或设置对话框中是否支持多选 |
| Title | 获取或设置对话框标题，默认值为“打开” |

表 8-18　OpenFileDialog 类的常用方法

| 方　法 | 说　明 |
| --- | --- |
| ShowDialog() | 运行打开通用对话框，根据在对话框中的操作，返回一个 DialogResult 枚举类型的值，从而决定后续的操作。例如：DialogResult.OK 表示在对话框中单击了“打开”按钮，DialogResult.Cancel 表示在对话框中单击了“取消”按钮 |

### 2. 保存文件通用对话框（SaveFileDialog）

SaveFileDialog 类可以实现一个保存对话框，提供一个将程序中指定的数据保存到文件的对话框界面。可以在“工具箱”→“对话框”中为当前窗体创建一个 SaveFileDialog 对象，也可以直接在程序代码中新建 SaveFileDialog 对象进行实现。

SaveFileDialog 类和 OpenFileDialog 类都是由 CommonDialog 类继承下来的，所以绝大多数的属性和方法都是通用的，唯一的区别就是操作方向相反。

例如：使用 StreamReader 类和 StreamWriter 类读/写文本文件，利用通用对话框打开和保存文件，如图 8-4 所示。

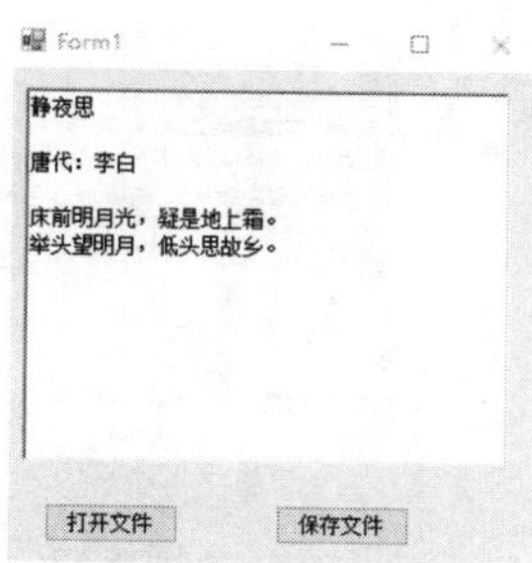


图 8-4　读/写文本文件

```
//打开文件按钮
OpenFileDialog ofile=new OpenFileDialog();
ofile.Filter="TXT file(*.txt)|*.txt|All files(*.*)|*.*";
if(ofile.ShowDialog()==DialogResult.OK)
{
    StreamReader readf=new StreamReader(ofile.FileName,Encoding.Default);
    this.richTextBox1.Text=readf.ReadToEnd();
    readf.Close();
}

//保存文件按钮
SaveFileDialog sfile=new SaveFileDialog();
sfile.Filter="TXT file(*.txt)|*.txt|All files(*.*)|*.*";
if(sfile.ShowDialog()==DialogResult.OK)
{
    StreamWriter writef=new StreamWriter(sfile.FileName, false);
    writef.WriteLine(this.richTextBox1.Text);
    writef.Close();
    MessageBox.Show("保存成功");
}
```

## 任务驱动

### 任务一　对指定文件夹中的文件进行分类存储

操作任务：当一个文件夹中有很多种类型的文件时，查找起来不方便。本实例实现将一个文件夹中不同类型的文件进行归类存储（例如，txt 类型的文件放在一个文件夹汇总，docx 类型的文件放在一个文件夹中）。“选择”按钮选择要整理的文件夹；“整理”按钮实现将选定文件夹中文件进行分类存储；“查看”按钮打开选定文件夹查看。任务运行效果如图 8-5、图 8-6、图 8-7 所示。

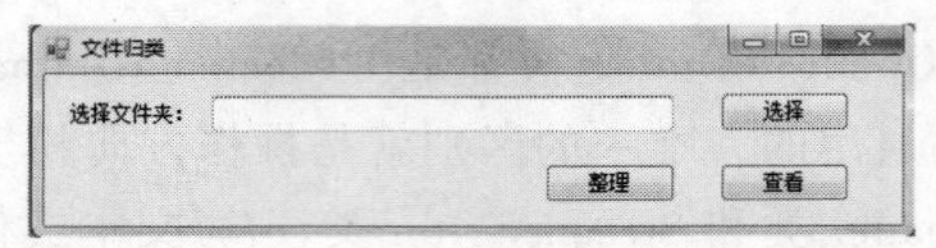


图 8-5 设计界面

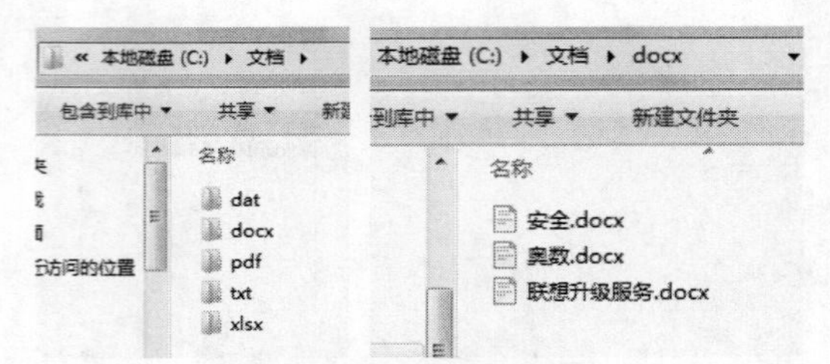

图 8-6 浏览文件夹界面　　　　图 8-7 运行结果数据界面

操作方案：本任务首先使用 FolderBrowserDialog 类建立对象，打开文件夹浏览对话框，选择指定的文件夹。整理功能先使用 DirectoryInfo 类的 GetFiles 方法获取指定文件夹中所有文件，用遍历的方法将这些文件的扩展名添加到 ArrayList 动态数组集合中，然后遍历数组集合，根据存储的扩展名字符串，使用 Directory 类的 CreateDirectory 方法创建对应扩展名名称的文件夹，最后再次用遍历的方法，使用 FileInfo 类的 MoveTo 方法将文件移动到对应的文件夹中，从而实现文件分类存储功能。查看功能使用 System.Diagnostics.Process 类的 Start 方法调用文件夹窗口查看指定文件夹。

操作步骤：

（1）建立项目，在窗体中添加控件，调整它们的位置，并修改相应的属性，如表 8-19 所示。

表 8-19 控件属性设置

| 对象名 | 属性名 | 属性值 | 说明 |
|---|---|---|---|
| label1 | Text | “选择文件夹：” | 标签显示的内容 |
| textBox1 | Text | “” | 文本框默认为空 |
| button1 | Text | “选择” | 按钮显示的内容 |
| button2 | Text | “整理” | 按钮显示的内容 |
| button3 | Text | “查看” | 按钮显示的内容 |

（2）任务主要代码如下：

```
//命名空间
using System.IO;
using System.Collections;

//选择按钮
private void button1_Click(……参数省略)
{
    FolderBrowserDialog FBDialog=new FolderBrowserDialog();
                                //创建 FolderBrowserDialog 对象
    if(FBDialog.ShowDialog()==DialogResult.OK)  //判断是否选择了文件夹
```

```
        {
            string strPath=FBDialog.SelectedPath;    //记录选择的文件夹
            if(strPath.EndsWith(@"\"))
                this.textBox1.Text=strPath;           //显示选择的文件夹
            else
            this.textBox1.Text=strPath+@"\";
        }
    }

    //整理按钮
    private void button2_Click(object sender,EventArgs e)
    {
        ArrayList listexten=new ArrayList(); //创建ArrayList集合对象
        DirectoryInfo dinfo=new DirectoryInfo(this.textBox1.Text);
                                             //创建DirectoryInfo对象
        FileInfo[] finfos=dinfo.GetFiles();   //获取文件夹中的所有文件
        string strexten="";     //定义变量,用来存储文件扩展名
        //遍历所有文件
        foreach(FileInfo finfo in finfos)
        {
            strexten=finfo.Extension;          //获取文件扩展名
            if(listexten.Contains(strexten)==false)
                            //判断ArrayList集合中是否已经存在该扩展名
                listexten.Add(strexten.TrimStart('.'));
                //将文件分隔符去掉.之后添加到ArrayList集合中
        }
        //遍历ArrayList集合
        for(int i=0;i<listexten.Count;i++)
            Directory.CreateDirectory(this.textBox1.Text + listexten[i]);
                            //创建文件夹
        //遍历所有文件
        foreach(FileInfo finfo in finfos)
            finfo.MoveTo(this.textBox1.Text+finfo.Extension.TrimStart
    ('.')+"\\"+finfo.Name);                 //将文件移动到对应的文件夹中
        MessageBox.Show("整理完毕!");
    }

    //查看按钮
    private void button3_Click(object sender, EventArgs e)
    {
        System.Diagnostics.Process.Start(this.textBox1.Text);
        //打开文件夹进行查看
    }
```

## 任务二　简易记事本

操作任务:编写一个简易记事本。“选择”按钮使用打开对话框选择一个文本文件,将该文件内容读入RichTextBox控件中。“保存”按钮使用保存对话框将RichTextBox控件中的内容保存到一个文本文件中。“清除”按钮实现RichTextBox控件内容的清空操作。运行效果如图8-8、图8-9所示。

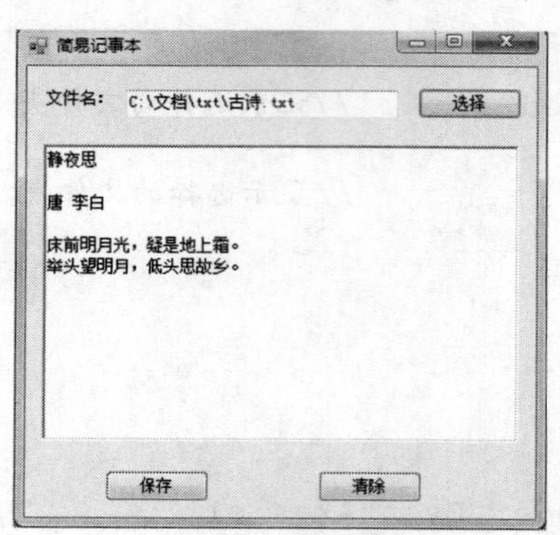

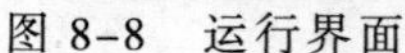

图 8-8　运行界面

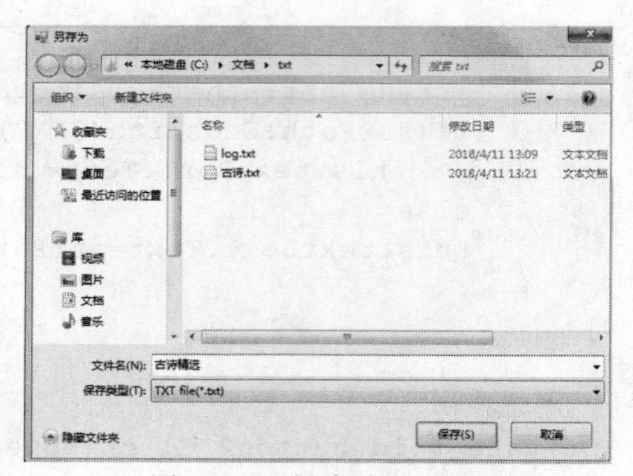


图 8-9　“另存为”界面

操作方案：使用 OpenFileDialog 和 SaveFileDialog 实现打开和保存通用对话框。使用 StreamReader 类和 StreamWriter 类实现文本文件的读/写。

操作步骤：

（1）建立项目，在窗体中添加控件，调整它们的位置，并修改相应的属性，如表 8-20 所示。

表 8-20　控件属性设置

| 对 象 名 | 属 性 名 | 属 性 值 | 说 明 |
|---|---|---|---|
| Form1 | 简易记事本 | “2 个浮点数求最大” | 窗体标题栏显示的内容 |
| label1 | Text | “文件名:” | 标签显示的内容 |
| richTextBox1 | | “” | 文本框默认为空 |
| button1 | Text | “选择” | 按钮显示的内容 |
| button2 | Text | “保存” | 按钮显示的内容 |
| button3 | Text | “清除” | 按钮显示的内容 |

（2）任务主要代码如下：

```
//命名空间
using System.IO;
using System.Collections;

//选择按钮
private void button1_Click(……参数省略)
{
    OpenFileDialog ofile=new OpenFileDialog();   //创建打开对话框对象
    ofile.Filter="TXT file(*.txt)|*.txt|All files(*.*)|*.*";
                                  //设置打开的文件类型
    if (ofile.ShowDialog()==DialogResult.OK)
    {
        this.textBox1.Text=ofile.FileName;     //显示打开文件的文件名
        StreamReader readf=new StreamReader(ofile.FileName, Encoding.
Default);                         //创建 StreamReader 对象
        this.richTextBox1.Text=readf.ReadToEnd();
                                  //将文件内容整体读入 richTextBox 文本框中
```

```
            readf.Close();          //关闭 StreamReader 对象
        }
    }

    //保存按钮
    private void button2_Click(object sender, EventArgs e)
    {
        SaveFileDialog sfile=new SaveFileDialog();   //创建保存对话框对象
        sfile.Filter="TXT file(*.txt)|*.txt|All files(*.*)|*.*";
                                    //设置文件类型
        if (sfile.ShowDialog()==DialogResult.OK)
        {
            StreamWriter writef=new StreamWriter(sfile.FileName, false);
                                    //创建 StreamWriter 对象
            writef.WriteLine(this.richTextBox1.Text);
                                    //将 richTextBox 文本框内容写入文件中
            writef.Close();         //关闭 StreamWriter 对象
            MessageBox.Show("保存成功");
        }
    }

    //清除按钮
    private void button3_Click(object sender, EventArgs e)
    {
        this.richTextBox1.Clear();
    }
```

## 实践提高

### 实践一 登录日志

实践操作：编写一个用户登录的程序。输入用户名和密码，选择登录身份。“确定”按钮实现模拟登录功能，并将登录信息（登录时间、登录身份、是否成功等）写入一个日志文件 log.txt 中（默认路径为 d:\）。正确的教师用户名：teacher，密码 123。正确的学生用户名：student，密码：456。对于内容输入的异常情况需要判断处理。程序运行界面如图 8-10～图 8-12 所示。（独立练习）

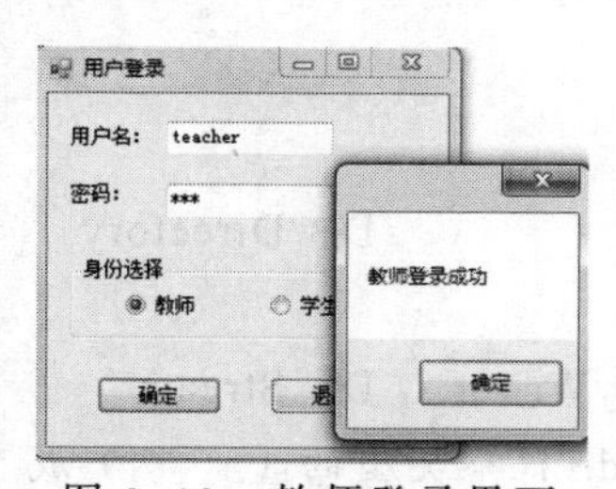


图 8-10 教师登录界面

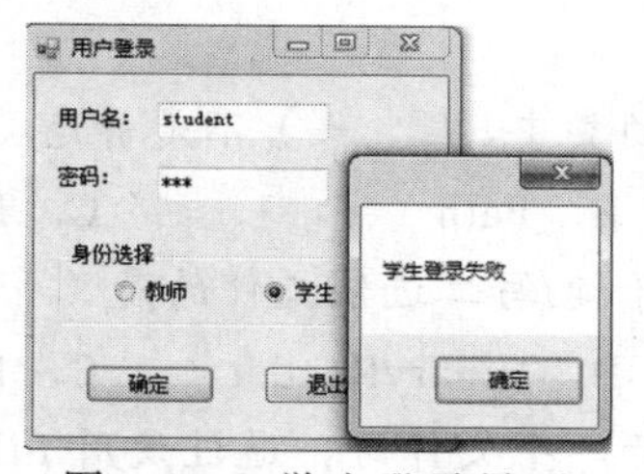


图 8-11 学生登录界面

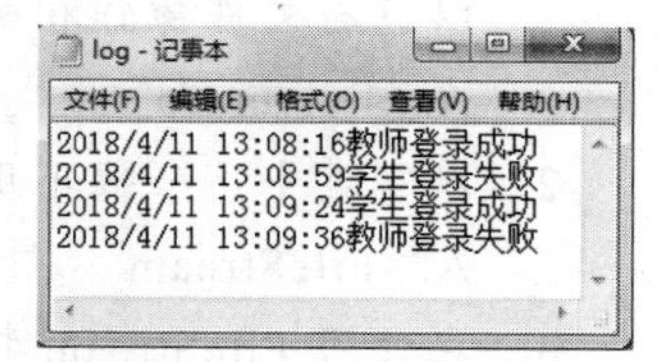


图 8-12 结果数据界面

操作步骤（主要源程序）：

## 实践二 信息录入及查询

实践操作：编写一个简单信息录入及查询的程序。将输入的姓名和学号存入指定的文本文件中（姓名存一行，学号存一行），文件名和路径在程序中自行指定。并能根据输入的姓名查询该生的学号，将查询结果显示在一个列表框中。对于内容输入的异常情况需要判断处理。程序运行界面如图 8-13、图 8-14 所示。（独立练习）

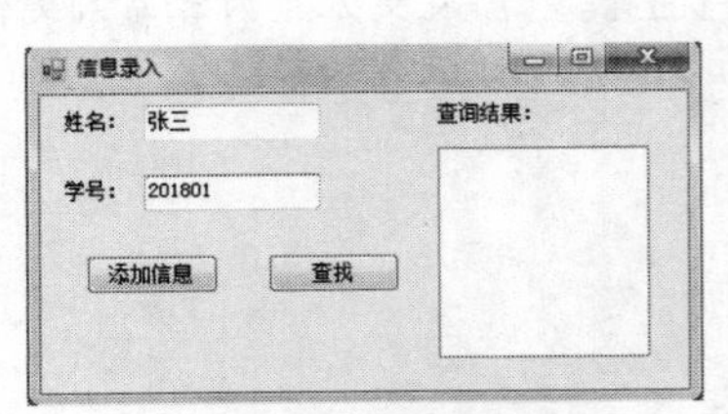


图 8-13 数据添加界面

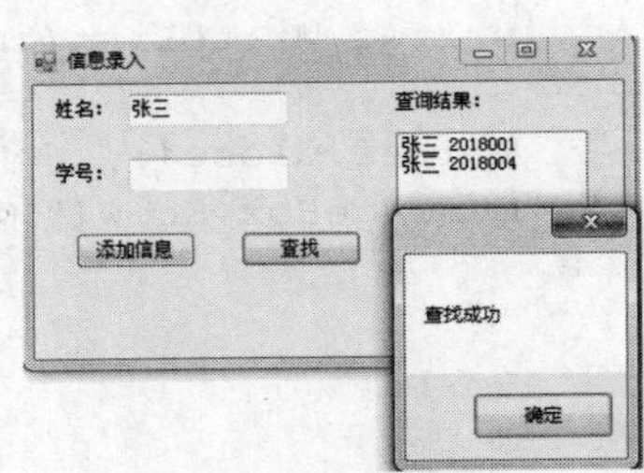


图 8-14 查询界面

操作步骤（主要源程序）:

## 理论巩固

### 一、选择题

1. 以下与文件操作相关的类中，（ ）不是静态类。

A. Driveinfo　　B. Path　　C. File　　D. Directory

2. 以下类中，一般不用于读/写二进制文件的是（ ）。

A. FileStream　　B. BinaryReader　　C. BinaryWriter　　D. Stream

3. 在使用 FileStream 打开一个文件时，通过使用 FileMode 枚举类型的（ ）成员来指定操作系统打开一个现有文件并把文件读写指针定位在文件尾部。

A. Append　　B. Create　　C. CreateNew　　D. Truncate

4. 指定操作系统读取文件方式中的 FileMode.Create 的含义是（ ）。

A. 打开现有文件

B. 指定操作系统应创建文件，如果文件存在，将出现异常

C. 打开现有文件，若文件不存在，出现异常

D. 指定操作系统应创建文件，如果文件存在，将被改写

5. 下列的（　　）类主要用来读取文本文件。

A. StreamReader　　B. StreamWriter　　C. BinaryReader　D. BinaryWriter

6. 使用 BinaryReader 类的（　　）方法可读取浮点类型数据。

A. Read　　B. ReadDouble　　C. ReadLine　　D. ReadString

7. 使用 DriveInfo 类的（　　）方法可获取本地计算机上所有逻辑驱动器的名称。

A. DriveFormat　　B. DriveType　　C. GetType　　D. GetDrives

8. 目录管理类和文件管理类可使用（　　）属性或方法判断指定的目录或文件是否存在。

A. Exists　　B. Create　　C. Extension　　D. Open

9. StreamWriter 的（　　）方法可以向文本文件写入一行带回车和换行的文本。

A. Write　　B. Close　　C. WriteLine　　D. Peek

10. .NET Framework 类库中，（　　）类实现打开文件对话框。

A. OpenFileDialog　　B. OpenFile

C. SaveFileDialog　　D. FolderBrowserDialog

11. .NET Framework 类库中，（　　）类实现保存文件对话框。

A. OpenFileDialog　　B. OpenFile

C. SaveFileDialog　　D. FolderBrowserDialog

12. 在 C#中，将路径名“c\Documents\”存入字符串 path 中的正确语句是（　　）类。

A. path="c\\Documents\\"　　B. path="c//Documents//"

C. path="c\Documents\"　　D. path="c\/Documents\/"

13. OpenFileDialog 的（　　）属性表示选定的文件名。

A. AddExtension　　B. Filename　　C. Fillter　　D. Title

14. 保存通用对话框为检查用户是否单击了“保存”按钮而退出该对话框，应检查 SaveFileDialog.ShowDialog 的返回值是否等于（　　）。

A. DialogResult.OK　　B. DialogResult.Cancel

C. DialogResult.Yes　　D. DialogResult.No

15. （　　）是所有流的抽象基类，其下派生出来的有 FileStream 类等。

A. Stream　　B. MeoryStream　　C. StreamReader　D. StreamWriter

**二、填空题**

1. 流包括三个基本操作，分别是________、________和________。

2. 在从流读取或向流中写入数据时，通常使用________类来读取纯文本数据，使用________类向磁盘写入纯文本数据。

3. 在向流中写入数据时，StreamWriter 对象的默认字符编码格式是________。

4. OpenFileDialog 的________属性用于获取或设置文件类型筛选器。

5. 为了向二进制文件写入信息，应使用________类来实现操作。

### 三、程序阅读题

1. 下列代码段在“计算”按钮 Click 事件内。阅读该代码段，判断单击“计算”按钮后，文本框内显示内容。程序界面如图 8-15 所示。

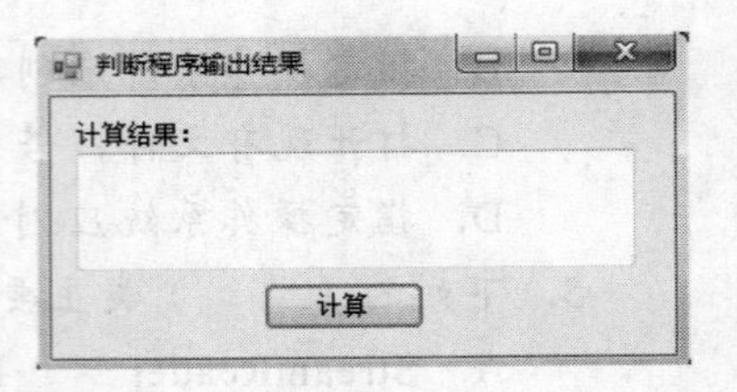


图 8-15 判断程序输出结果

```
string filename="c:\\myfile.dat";
Random r=new Random();
FileStream fw=new FileStream(@filename, FileMode.Create);
BinaryWriter bw=new BinaryWriter(fw);
for(int i=1;i<=10;i++)
{
   bw.Write(i);
}
bw.Close();
fw.Close();

int sum=0,n;
FileStream fr=new FileStream(@filename,FileMode.OpenOrCreate);
BinaryReader br=new BinaryReader(fr);
fr.Position=0;
while(fr.Position<fr.Length)
{
    n = br.ReadInt32();
    this.textBox1.Text+=n.ToString()+"  ";
    sum +=n;
}
this.textBox1.Text+="\r\n"+"sum="+sum.ToString();
br.Close();
fr.Close();
```

## 模块小结

本模块主要介绍了.NET 类库中定义的一系列用于文件存储管理和读/写操作的类。其中文件流是对物理文件的封装，使用读写器可以对文件流进行读/写。读/写的方式包括文本方式和二进制方式。

通过本模块的学习，重点掌握以下知识点：

① 文件和流的概念。

② 与文件存储管理相关的类：驱动器管理类（DriveInfo）、目录管理类（Directory 和 DirectoryInfo）和文件管理类（File 和 FileInfo）。

③ 与文件读写相关的类：文本流类（StreamReader、StreamWriter）、二进制流类（BinaryReader、BinaryWriter）。

④ 通用对话框：打开文件通用对话框（OpenFileDialog）和保存文件通用对话框（SaveFileDialog）。

模块九

# 简单数据库编程 »»

## 知识提纲

- 数据库基础。
- SQL 基础知识。
- ADO.NET 概述。
- ADO.NET 数据库访问技术。
- ASP.NET 数据绑定技术。
- ASP.NET 数据绑定控件。

## 知识导读

数据库是按照数据结构来组织、存储和管理数据的仓库，是存储在一起的相关数据的集合。使用数据库可以减少数据的冗余度，节省数据的存储空间。其具有较高的数据独立性和易扩充性，实现了数据资源的充分共享。计算机系统中只能存储二进制的数据，而数据存在的形式却是多种多样的。数据库可以将多样化的数据转换成二进制的形式，使其能够被计算机识别。同时，可以将存储在数据库中的二进制数据以合理的方式转化为人们可以识别的逻辑数据。

## 一、数据库基础

数据库的一些基本概念。

### 1. 数据

数据是客观事物的反映和记录，是用以载荷信息的物理符号。数据不等同于数字，数据包括两大类，即数值型数据和非数值型数据。

### 2. 信息

信息是指有意义的数据，即在数据上定义的有意义的描述。

### 3. 数据处理

数据处理就是将数据转换为信息的过程。数据处理包括：数据的收集、整理、存储、加工、分类、维护、排序、检索和传输等一系列活动的总和。

### 4. 数据库

数据库是数据库系统的核心，是被管理的对象。

5. 数据库管理系统

数据库管理系统（Database Management System，DBMS）负责对数据库进行管理和维护，它是数据库系统的主要软件系统，是管理的部门。它借助于操作系统实现对数据的存储管理。

一般来说，DBMS 应包括如下几个功能：

数据定义语言（Data Definition Language，DDL）：用来描述和定义数据库中各种数据及数据之间的联系。

数据管理语言（Data Manipulation Language，DML）：用来对数据库中的数据进行插入、查找、修改和删除等操作。

数据控制语言（Data Control Language，DCL）：用来完成系统控制、数据完整性控制及并发控制等操作。

6. 数据库系统

数据库系统（Database System，DBS）是由组织、动态地存储大量关联数据、方便多用户访问的计算机硬件、软件和数据资源组成的系统，一般由计算机硬件、数据库、数据库管理系统以及开发工具和各类人员（如数据库管理员、用户和开发人员等）构成，如图 9-1 所示。

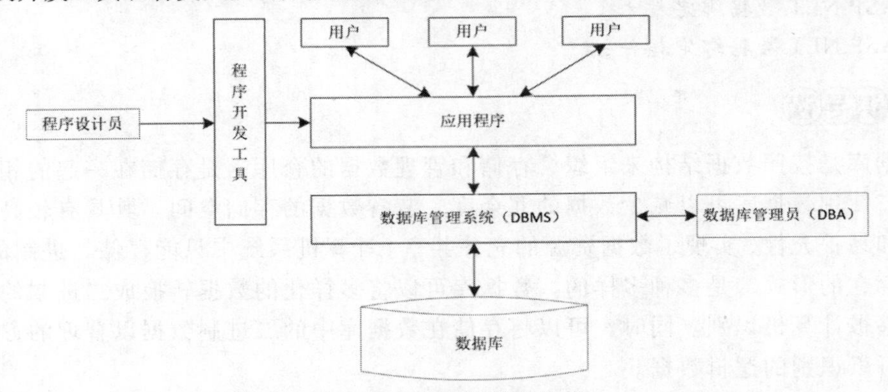


图 9-1 数据库系统构成

随着数据库技术的发展，为了进一步提高数据库存储数据的高效性和安全性，随即产生了关系型数据库。关系型数据库是由许多数据表组成的，数据表又是由许多条记录组成的，而记录又是由许多的字段组成的，每个字段对应一个对象。根据实际的要求，设置字段的长度、数据类型、是否必须存储数据。

数据库的种类有很多，常见的分类有以下几种：按照是否支持联网分为单机版数据库和网络版数据库；按照存储的容量分为小型数据库、中型数据库、大型数据库和海量数据库；按照是否支持关系分为非关系型数据库和关系型数据库。

数据库中的表是组织和管理数据的基本单位。数据库的数据保存在一个个数据表中。数据表是由行和列组成的二维结构，表中的一行称为一条记录，表中的一列称为一个字段。

## 二、SQL 基础

SQL 是一种数据库查询和程序设计语言，用于存取数据以及查询、更新和管理关系型数据库系统。SQL 的含义是“结构化查询语言（Structured Query Language）”。目前，SQL 语言有两个不同的标准，分别是美国国家标准学会（American National Standards Institude，ANSI）

和国际标准化组织（International Oranization for Standardization，ISO）。SQL 是一种计算机语言，可以用它与数据库交互。SQL 本身不是一个数据库管理系统，也不是一个独立的产品。但 SQL 是数据库管理系统不可缺少的组成部分，它是与 DBMS 通信的一种语言和工具。由于它功能丰富，语言简洁，使用方法灵活，所以备受用户和计算机业界的青睐，被众多计算机公司和软件公司采用。经过多年的发展，SQL 语言已成为关系型数据库的标准语言。

SQL 是一个非程序语言，我们使用 SQL 语言通常不需要指定对数据的存取方法，而只是关心我们要得到什么结果。SQL 语言的语句个数很少，学起来比较容易。最常用的 SQL 语句如表 9-1 所示。

表 9-1　最常用的 SQL 语句

| SQL 语句 | 说　明 | SQL 语句 | 说　明 |
|---|---|---|---|
| SELECT | 从一个或多个表中挑选记录 | UPDATE | 在一个表中修改一条或多条记录 |
| INSERT | 向一个表中插入一条记录 | DELETE | 从一个表中删除一条或多条记录 |

## 三、ADO.NET 简介

ADO.NET（ActiveX Data Object.NET）是一组向.NET 程序员公开数据访问服务的类。ADO.NET 为创建分布式数据共享应用程序提供了一组丰富的组件。它提供了一系列的方法，用于支持对 Microsoft SQL Server 和 XML 等数据源进行访问，还提供了通过 OLE DB 和 XML 公开的数据源提供一致访问的方法。数据客户端应用程序可以使用 ADO.NET 来连接到这些数据源，并查询、添加、删除和更新所包含的数据。

## 四、ADO.NET 数据库访问技术

ADO.NET 支持两种访问数据的模型：无连接模型和连接模型。无连接模型将数据下载到客户机上，并在客户机上将数据封装到内存中，然后可以像访问本地关系数据库一样访问内存中的数据（例如 DataSet）。连接模型依赖于逐记录的访问，这种访问要求打开并保持与数据源的连接。

ADO.NET 对象模型中有 5 个主要的数据库访问和操作对象，分别是 Connection（连接）、Command（控制）、DataAdapter、DataReader（数据修改）、DataSet 对象。

其中，Connection 对象主要负责连接数据库，Command 对象主要负责生成并执行 SQL 语句，DataReader 对象主要负责读取数据库中的数据，DataAdapter 对象主要负责在 Command 对象执行完 SQL 语句后生成并填充 DataSet 和 DataTable。DataSet 对象主要负责存储和更新数据。

## 五、ASP.NET 数据绑定技术

在 ASP.NET 平台软件开发中，要频繁与各种各样的数据交互，这些数据常常来源于文本、自定义类型、XML、数据库等。访问这些数据有很多方法，数据绑定技术就是其中最常用也是最实用的方法。

## 六、数据库绑定控件

ASP.NET 技术依靠两种类型的服务器控件实现数据访问：数据源控件和数据绑定控件。

数据源控件负责连接和访问数据库；数据绑定控件负责将从数据库中获取的数据显示出来。

在增删改的时候，数据库应该发生改变，但要查看数据库中的内容是否已改变很不方便，我们可以采用数据表控件来实现这一功能。

## 任务驱动

### 任务一　数据库的创建及删除

操作任务：数据库主要用于存储数据及数据库对象（如表、索引）。下面以 Microsoft SQL Server 2014 为例，介绍如何通过管理器来创建和删除数据库。

#### 1．创建数据库

在 Windows 7 操作系统的开始界面中找到 SQL Server 2014 的 SQL Server Management Studio，单击打开如图 9-2 所示的“连接到服务器”对话框。在该对话框中选择登录的服务器名称和身份验证方式，然后输入登录用户名和登录密码。

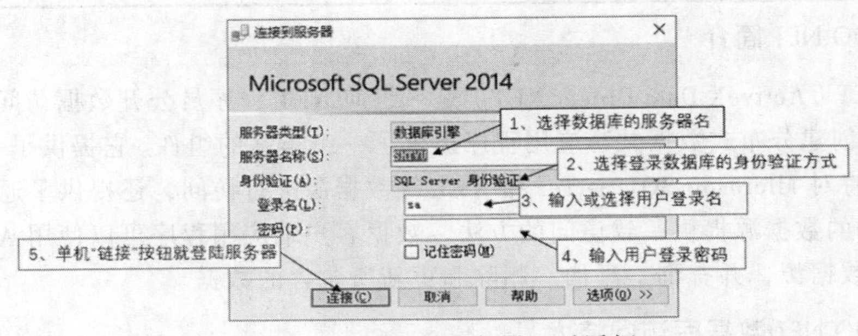


图 9-2　“连接到服务器”对话框

（1）单击“连接”按钮，连接到指定的 SQL Server 2014 服务器，然后展开服务器节点，选中“数据库”节点，右击，在弹出的快捷菜单中选择“新建数据库”命令，如图 9-3 所示。

（2）打开如图 9-4 所示的“新建数据库”对话框。在该对话框中输入新建数据库的名称，选择数据库所有者和存放路径。这里的数据库所有者一般为默认。

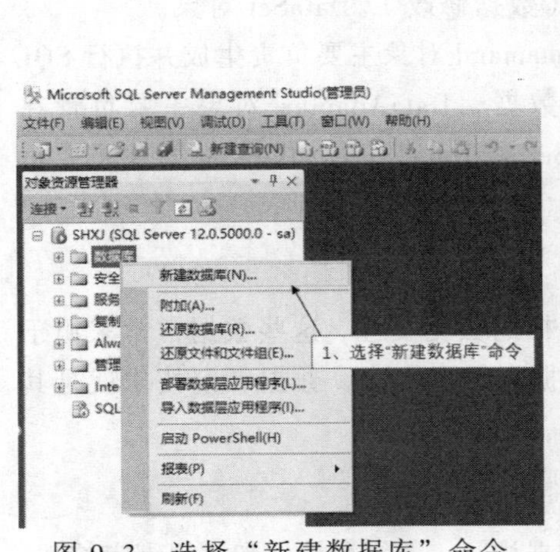


图 9-3　选择“新建数据库”命令

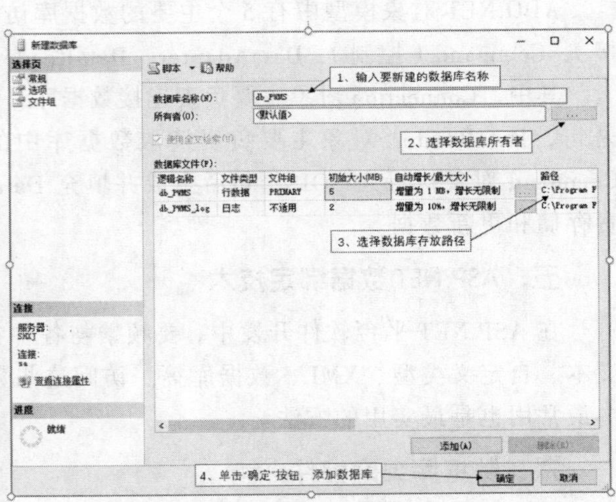


图 9-4　“新建数据库”对话框

（3）单击“确定”按钮，即可新建一个数据库，如图 9-5 所示。

### 2. 删除数据库

删除数据库的方法很简单，只需在要删除的数据库上右击，在弹出的快捷菜单中选择“删除”命令即可，如图 9-6 所示。

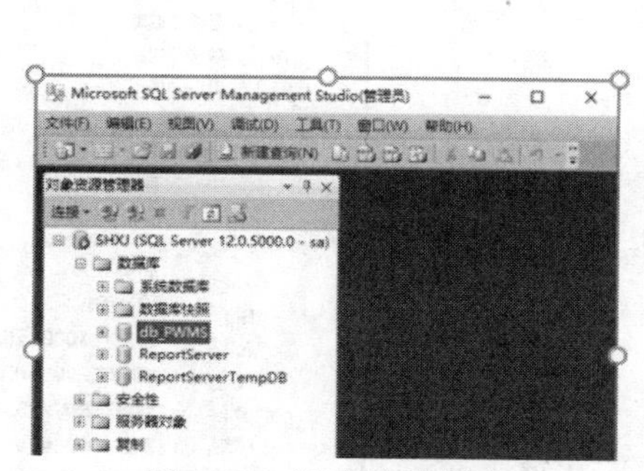

图 9-5 新建的数据库

图 9-6 删除数据库

如果数据库以后还要被使用，可以将数据库进行分离操作，在数据库上右击，在弹出的快捷菜单中选择“任务”→“分离”命令。

## 任务二 数据表的创建及删除

操作任务：数据库创建完毕，接下来要在数据库中创建数据表。下面以上述数据库为例，介绍如何在数据库中创建和删除数据表。

### 1. 创建数据表

（1）单击数据库名左侧的“+”，打开该数据库的子项目，在子项目中的“表”项上右击，在弹出的快捷菜单中选择“新建表”命令，如图 9-8 所示。

（2）在 SQL Server 2014 管理器的右边显示一个新表，这里输入要创建的表中所需要的字段，并设置主键，如图 9-9 所示。

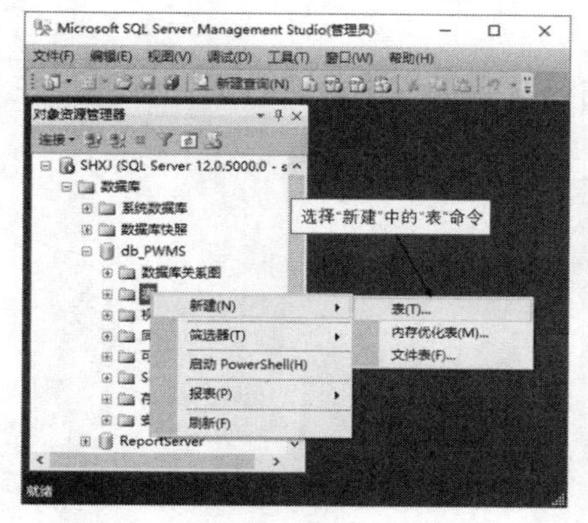


图 9-8 选择“新建表”命令

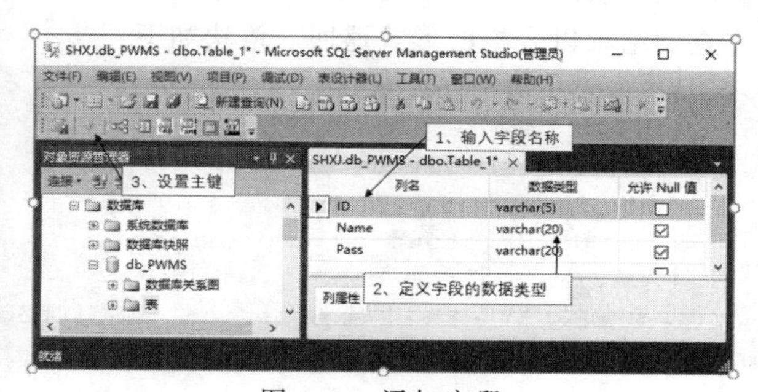


图 9-9 添加字段

（3）单击“保存”按钮，弹出“选择名称”对话框，如图 9-10 所示，输入要新建的数据表的名称，单击“确定”按钮，即可在数据库中添加一个数据表。

## 2. 删除数据表

如果要删除数据库中的某个数据表，只需右击数据表，在弹出的快捷菜单中选择“删除”命令即可完成删除任务，如图 9-11 所示。

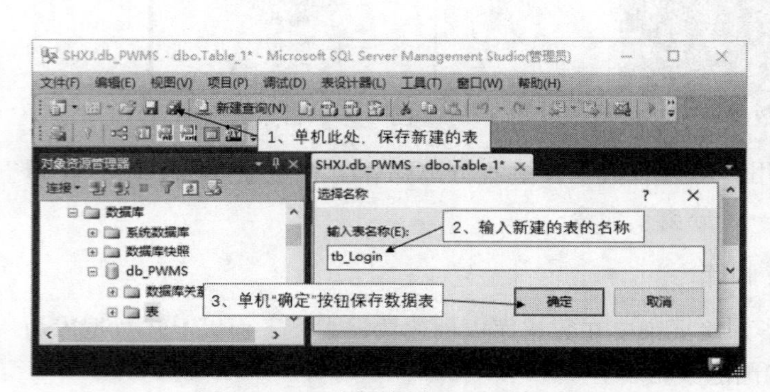


图 9-10　“选择名称”对话框

图 9-11　删除数据表

# 任务三　简单 SQL 语句的应用

操作任务：通过 SQL 语句，可以实现对数据库进行查询、插入、更新和删除操作。使用的 SQL 语句分别是 SELECT 语句、INSERT 语句、UPDATE 语句和 DELETE 语句。下面简单介绍这几种语句及其应用。

## 1. 查询数据

通常使用 SELECT 语句查询数据。SELECT 语句是从数据库中检索数据并查询，并将查询结果以表格的形式返回。语法如下：

```
SELECT select_list
[ INTO new_table ]
FROM table_source
[ WHERE search_condition ]
[ GROUP BY group_by_expression ]
[ HAVING search_condition ]
[ ORDER BY order_expression [ASC|DESC]]
```

语法中的参数说明如表 9-2 所示。

表 9-2 SELECT 语句参数说明

| 参数 | 说明 |
| --- | --- |
| Select_list | 指定由查询返回的列。它是一个逗号分隔的表达式列表。每个表达式同时定义格式（数据类型和大小）和结果集列的数据来源。每个选择列表表达式通常是对从中获取数据的源表或视图的列的引用，但也可能是其他表达式，例如常量或 T-SQL 函数。在选择列表中使用 * 表达式指定返回源表中的所有列 |
| INTO new_table_name | 创建新表并将查询行从查询插入新表中。new_table_name 指定新表的名称 |
| FROM table_list | 指定从其中检索行的表。这些来源可能包括基表、视图和链接表。FROM 子句还可包含连接说明，该说明定义了 SQL Server 用来在表之间进行导航的特定路径。FROM 子句还用在 DELETE 和 UPDATE 语句中，以定义要修改的表 |
| WHERE search_conditions | WHERE 子句指定用于限制返回的行的搜索条件。WHERE 子句还用在 DELETE 和 UPDATE 语句中以定义目标表中要修改的行 |
| GROUP BY group_by_list | GROUP BY 子句根据 group_by_list 列中的值将结果集分成组。例如，student 表在“性别”中有两个值。GROUP BY ShipVia 子句将结果集分成两组，每组对应于 ShipVia 的一个值 |
| HAVING search_condition | HAVING 子句是指定组或聚合的搜索条件。逻辑上讲，HAVING 子句从中间结果集对行进行筛选，这些中间结果集是用 SELECT 语句中的 FROM、WHERE 或 GROUP BY 子句创建的。HAVING 子句通常与 GROUP BY 子句一起使用，尽管 HAVING 子句前面不必有 GROUP BY 子句 |
| ORDER BY order_list [ ASC \| DESC ] | ORDER BY 子句定义结果集中的行排列的顺序。order_list 指定组成排序列表的结果集的列。ASC 和 DESC 关键字用于指定行是按升序还是按降序排序。ORDER BY 之所以重要，是因为关系理论规定除非已经指定 ORDER BY，否则不能假设结果集中的行带有任何序列。如果结果集行的顺序对于 SELECT 语句来说很重要，那么在该语句中就必须使用 ORDER BY 子句 |

为使读者更好地了解 SELECT 语句的用法，下面举例说明如何使用 SELECT 语句。

例如：数据库 db_CSharp 的数据表 tb_test 中存储了一些商品的信息，使用 SELECT 语句查询数据表 tb_test 中商品的新旧程度为“二手”的数据，代码如下：

```
SELECT * FROM tb_test WHERE 新旧程度
='二手'
```

查询结果如图 9-12 所示。

|  | 编号 | 商品名称 | 商品价格 | 商品类型 | 商品产地 | 新旧程度 |
| --- | --- | --- | --- | --- | --- | --- |
| 1 | 1 | 电动自行车 | 300 | 交通工具 | 国产 | 全新 |
| 2 | 2 | 手机 | 1300 | 家电 | 国产 | 二手 |
| 3 | 3 | 电脑 | 9000 | 家电 | 国产 | 二手 |
| 4 | 4 | 背包 | 350 | 服饰 | 国产 | 全新 |
| 5 | 5 | MP4 | 299 | 家电 | 国产 | 全新 |
| 6 | 6 | 电视机 | 1350 | 家电 | 国产 | 全新 |

<查询之前的所有商品信息>

|  | 编号 | 商品名称 | 商品价格 | 商品类型 | 商品产地 | 新旧程度 |
| --- | --- | --- | --- | --- | --- | --- |
| 1 | 2 | 手机 | 1300 | 家电 | 国产 | 二手 |
| 2 | 3 | 电脑 | 9000 | 家电 | 国产 | 二手 |

<查询新旧程度是"二手"的商品信息>

图 9-12 SELECT 语句查询数据

**2. 添加数据**

在 SQL 语句中，使用 INSERT 语句向数据表中添加数据。

语法如下：

```
INSERT[INTO]
{ table_name WITH(<table_hint_limited>[…n])
```

```
    |view_name
    |rowset_function_limited
    }
    {[(column_list)]
       {VALUES
        ({DEFAULT|NULL|expression}[,..n])
        |derived_table
        |execute_statement
       }
    }
    |DEFAULT VALUES
```

语法中的参数说明如表 9-3 所示。

表 9-3 INSERT 语句参数说明

| 参　数 | 说　明 |
|---|---|
| [INTO] | 一个可选的关键字，可以将它用在 INSERT 和目标表之前 |
| table_name | 将要接收数据的表或 table 变量的名称 |
| view_name | 视图的名称及可选的别名。通过 view_name 来引用的视图必须是可更新的 |
| (column_list) | 要在其中插入数据的一列或多列的列表。必须用圆括号将 column_list 括起来，并且用逗号进行分隔 |
| VALUES | 引入要插入的数据值的列表。对于 column_list（如果已指定）中或者表中的每个列，都必须有一个数据值。必须用圆括号将值列表括起来。如果 VALUES 列表中的值、表中的值与表中列的顺序不相同，或者未包含表中所有列的值，那么必须使用 column_list 明确地指定存储每个传入值的列 |
| DEFAULT | 强制 SQL Server 装载为列定义的默认值。如果对于某列并不存在默认值，并且该列允许 NULL，那么就插入 NULL |
| expression | 一个常量、变量或表达式。表达式不能包含 SELECT 或 EXECUTE 语句 |
| derived_table | 任何有效的 SELECT 语句，它将返回装载到表中的数据行 |

例如：使用 INSERT 语句，向数据表 tb_test 中添加一条新的商品信息，代码如下：

```
INSERT INTO tb_test(商品名称,商品价格,商品类型,商品产地,新旧程度) VALUES('洗衣机',890,'家电','进口','全新')
```

程序的运行结果如图 9-13 所示。

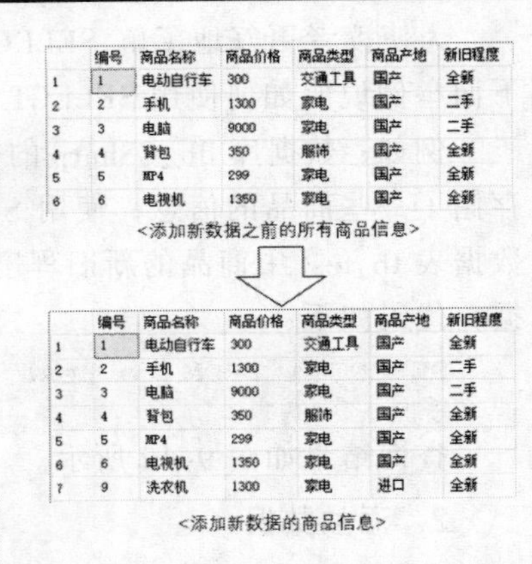

| | 编号 | 商品名称 | 商品价格 | 商品类型 | 商品产地 | 新旧程度 |
|---|---|---|---|---|---|---|
| 1 | 1 | 电动自行车 | 300 | 交通工具 | 国产 | 全新 |
| 2 | 2 | 手机 | 1300 | 家电 | 国产 | 二手 |
| 3 | 3 | 电脑 | 9000 | 家电 | 国产 | 二手 |
| 4 | 4 | 背包 | 350 | 服饰 | 国产 | 全新 |
| 5 | 5 | MP4 | 299 | 家电 | 国产 | 全新 |
| 6 | 6 | 电视机 | 1350 | 家电 | 国产 | 全新 |

<添加新数据之前的所有商品信息>

| | 编号 | 商品名称 | 商品价格 | 商品类型 | 商品产地 | 新旧程度 |
|---|---|---|---|---|---|---|
| 1 | 1 | 电动自行车 | 300 | 交通工具 | 国产 | 全新 |
| 2 | 2 | 手机 | 1300 | 家电 | 国产 | 二手 |
| 3 | 3 | 电脑 | 9000 | 家电 | 国产 | 二手 |
| 4 | 4 | 背包 | 350 | 服饰 | 国产 | 全新 |
| 5 | 5 | MP4 | 299 | 家电 | 国产 | 全新 |
| 6 | 6 | 电视机 | 1350 | 家电 | 国产 | 全新 |
| 7 | 9 | 洗衣机 | 1300 | 家电 | 进口 | 全新 |

<添加新数据的商品信息>

图 9-13　INSERT 语句添加数据

3. 更新数据

使用 UPDATE 语句更新数据，可以修改一个列或者几个列中的值，但一次只能修改一个表。语法如下：

```
UPDATE
{ table_name WITH(<table_hint_limited>[,…n])
|view_name
|rowset_function_limited
}
SET
{column_name={expression|DEFAULT|NULL}
```

```
|@variable=expression
|@variable=column=expression}[,…n]
{{[FROM{<table_source>}[,…n]]
  [WHERE
    <search_condition>]}
  |
  [WHERE CURRENT OF
  {{[GLOBAL]cursor_name}|cursor_variable_name}
  ]}
  [OPTION(<query_hint>[,…n])]
```

语法中的参数说明如表 9-4 所示。

表 9-4 UPDATE 语句参数说明

| 参　数 | 说　明 |
| --- | --- |
| table_name | 需要更新的表的名称。如果该表不在当前服务器或数据库中，或不为当前用户所有，那么这个名称可用链接服务器、数据库和所有者名称来限定 |
| WITH(<table_hint_limited>[,…n]) | 指定目标表所允许的一个或多个表提示。需要有 WITH 关键字和圆括号。不允许有 READPAST、NOLOCK 和 READUNCOMMITTED |
| view_name | 要更新的视图的名称。通过 view_name 来引用的视图必须是可更新的。用 UPDATE 语句进行的修改，至多只能影响视图的 FROM 子句所引用的基表中的一个 |
| rowset_function_limited | OPENQUERY 或 OPENROWSET 函数，视提供程序功能而定 |
| SET | 指定要更新的列或变量名称的列表 |
| column_name | 含有要更改数据的列的名称。column_name 必须驻留于 UPDATE 子句中所指定的表或视图中。标识列不能进行更新 |
| expression | 变量、字面值、表达式或加上括弧的返回单个值的 subSELECT 语句。expression 返回的值将替换 column_name 或@variable 中的现有值 |
| DEFAULT | 指定使用对列定义的默认值替换列中的现有值。如果该列没有默认值并且定义为允许空值，也可用来将列更改为 NULL |
| @variable | 已声明的变量，该变量将设置为 expression 所返回的值 |
| FROM <table_source> | 指定用表来为更新操作提供准则 |
| WHERE | 指定条件来限定所更新的行 |
| <search_condition> | 为要更新行指定需满足的条件。搜索条件也可以是联接所基于的条件。对搜索条件中可以包含的谓词数量没有限制 |
| CURRENT OF | 指定更新在指定游标的当前位置进行 |
| GLOBAL | 指定 cursor_name 指的是全局游标 |
| cursor_name | 要从中进行提取的开放游标的名称。如果同时存在名为 cursor_name 的全局游标和局部游标，则在指定了 GLOBAL 时，cursor_name 指的是全局游标。如果未指定 GLOBAL，则 cursor_name 指局部游标。游标必须允许更新 |
| cursor_variable_name | 游标变量的名称。cursor_variable_name 必须引用允许更新的游标 |
| OPTION(<query_hint>[,…n]) | 指定优化程序提示用于自定义 SQL Server 的语句处理 |

例如：由于进口商品价格上调，所以洗衣机的价格随之上调，使用 UPDATE 语句更新数据表 tb_test 中洗衣机的商品价格，代码如下：

```
//UPDATE 语句更新数据表 tb_test 中洗衣机的商品价格
UPDATE tb_test SET 商品价格=1500 WHERE 商品名称='洗衣机'
```

程序的运行结果如图 9-14 所示。

| | 编号 | 商品名称 | 商品价格 | 商品类型 | 商品产地 | 新旧程度 |
|---|---|---|---|---|---|---|
| 1 | 1 | 电动自行车 | 300 | 交通工具 | 国产 | 全新 |
| 2 | 2 | 手机 | 1300 | 家电 | 国产 | 二手 |
| 3 | 3 | 电脑 | 9000 | 家电 | 国产 | 二手 |
| 4 | 4 | 背包 | 350 | 服饰 | 国产 | 全新 |
| 5 | 5 | MP4 | 299 | 家电 | 国产 | 全新 |
| 6 | 6 | 电视机 | 1350 | 家电 | 国产 | 全新 |
| 7 | 9 | 洗衣机 | 1300 | 家电 | 进口 | 全新 |

<更新数据之前的所有商品信息>

| | 编号 | 商品名称 | 商品价格 | 商品类型 | 商品产地 | 新旧程度 |
|---|---|---|---|---|---|---|
| 1 | 1 | 电动自行车 | 300 | 交通工具 | 国产 | 全新 |
| 2 | 2 | 手机 | 1300 | 家电 | 国产 | 二手 |
| 3 | 3 | 电脑 | 9000 | 家电 | 国产 | 二手 |
| 4 | 4 | 背包 | 350 | 服饰 | 国产 | 全新 |
| 5 | 5 | MP4 | 299 | 家电 | 国产 | 全新 |
| 6 | 6 | 电视机 | 1350 | 家电 | 国产 | 全新 |
| 7 | 9 | 洗衣机 | 1500 | 家电 | 进口 | 全新 |

<将洗衣机的商品价格更新为1500>

图 9-14　更新商品信息

**4. 删除数据**

使用 DELETE 语句删除数据，可以使用一个单一的 DELETE 语句删除一行或多行。当表中没有行满足 WHERE 子句中指定的条件时，就没有行会被删除，也没有错误产生。

语法如下：

```
DELETE
[ FROM ]
    { table_name WITH(<table_hint_limited>[,...n])
     | view_name
     | rowset_function_limited
    }
    [ FROM {<table_source>} [ ,...n ] ]
[ WHERE
    { <search_condition>
    | { [CURRENT OF
          { { [GLOBAL] cursor_name }
              |cursor_variable_name
          }
        ] }
    }
]
[ OPTION(<query_hint> [,...n] ) ]
```

语法中的参数说明如表 9-5 所示。

表 9-5　DELETE 语句的参数说明

| 参　数 | 说　明 |
|---|---|
| table_name | 需要更新的表的名称。如果该表不在当前服务器或数据库中，或不为当前用户所有，那么这个名称可用链接服务器、数据库和所有者名称来限定 |
| WITH(<table_hint_limited>[,…n]) | 指定目标表所允许的一个或多个表提示。需要有 WITH 关键字和圆括号。不允许有 READPAST、NOLOCK 和 READUNCOMMITTED |
| view_name | 要更新的视图的名称。通过 view_name 来引用的视图必须是可更新的。用 UPDATE 语句进行的修改，至多只能影响视图的 FROM 子句所引用的基表中的一个 |
| rowset_function_limited | OPENQUERY 或 OPENROWSET 函数，视提供程序功能而定 |
| FROM<table_source> | 指定用表来为更新操作提供准则 |
| WHERE | 指定条件来限定所更新的行 |
| <search_condition> | 为要更新行指定需满足的条件。搜索条件也可以是连接所基于的条件。对搜索条件中可以包含的谓词数量没有限制 |

续表

| 参　　数 | 说　　明 |
|---|---|
| CURRENT OF | 指定更新在指定游标的当前位置进行 |
| GLOBAL | 指定 cursor_name 指的是全局游标 |
| cursor_name | 要从中进行提取的开放游标的名称。如果同时存在名为 cursor_name 的全局游标和局部游标，则在指定了 GLOBAL 时，cursor_name 指的是全局游标。如果未指定 GLOBAL，则 cursor_name 指局部游标。游标必须允许更新 |
| cursor_variable_name | 游标变量的名称。cursor_variable_name 必须引用允许更新的游标 |
| OPTION(<query_hint>[,…n]) | 指定优化程序提示用于自定义 SQL Server 的语句处理 |

例如：删除数据表 tb_test 中商品名称为“洗衣机”，并且商品产地是“进口”的商品信息，代码如下：

```
DELETE FROM tb_test WHERE 商品名称='洗衣机' AND 商品产地='进口'
```

程序的运行结果如图 9-15 所示。

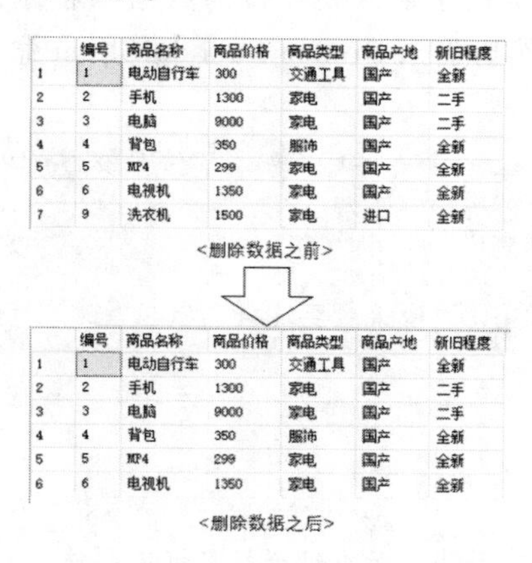

| | 编号 | 商品名称 | 商品价格 | 商品类型 | 商品产地 | 新旧程度 |
|---|---|---|---|---|---|---|
| 1 | 1 | 电动自行车 | 300 | 交通工具 | 国产 | 全新 |
| 2 | 2 | 手机 | 1300 | 家电 | 国产 | 二手 |
| 3 | 3 | 电脑 | 9000 | 家电 | 国产 | 二手 |
| 4 | 4 | 背包 | 350 | 服饰 | 国产 | 全新 |
| 5 | 5 | MP4 | 299 | 家电 | 国产 | 全新 |
| 6 | 6 | 电视机 | 1350 | 家电 | 国产 | 全新 |
| 7 | 9 | 洗衣机 | 1500 | 家电 | 进口 | 全新 |

<删除数据之前>

| | 编号 | 商品名称 | 商品价格 | 商品类型 | 商品产地 | 新旧程度 |
|---|---|---|---|---|---|---|
| 1 | 1 | 电动自行车 | 300 | 交通工具 | 国产 | 全新 |
| 2 | 2 | 手机 | 1300 | 家电 | 国产 | 二手 |
| 3 | 3 | 电脑 | 9000 | 家电 | 国产 | 二手 |
| 4 | 4 | 背包 | 350 | 服饰 | 国产 | 全新 |
| 5 | 5 | MP4 | 299 | 家电 | 国产 | 全新 |
| 6 | 6 | 电视机 | 1350 | 家电 | 国产 | 全新 |

<删除数据之后>

图 9-15　DELETE 语句删除数据

## 任务四　连接数据库：Connection 对象

操作任务：Connection 对象是一个连接对象，主要功能是建立与物理数据库的连接。其主要包括 4 种访问数据库的对象类，也可称为数据提供程序。下面分别介绍它们的应用。

- SQL Server 数据提供程序，位于 System.Data.SqlClient 命名空间。
- ODBC 数据提供程序，位于 System.Data.Odbc 命名空间。
- OLEDB 数据提供程序，位于 System.Data.OleDb 命名空间。
- Oracle 数据提供程序，位于 System.Data.OracleClient 命名空间。

以 SQL Server 数据库为例，如果要连接 SQL Server 数据库，必须使用 System.Data.SqlClient 命名空间下的 SqlConnection 类。所以首先要通过 using System.Data.SqlClient 命令引用命名空间，连接数据库之后，通过调用 SqlConnection 对象的 Open 方法打开数据库。通过 SqlConnection 对象的 State 属性判断数据库的连接状态。

语法如下：

```
public override ConnectionState State { get; }
```

属性值：ConnectionState 枚举。

ConnectionState 枚举的值及说明如表 9-6 所示。

表 9-6　ConnectionState 枚举的值及说明

| 枚　举　值 | 说　　明 |
|---|---|
| Broken | 与数据源的连接中断。只有在连接打开之后才可能发生这种情况。可以关闭处于这种状态的连接，然后重新打开 |
| Closed | 连接处于关闭状态 |
| Connecting | 连接对象正在与数据源连接 |
| Executing | 连接对象正在执行命令 |
| Fetching | 连接对象正在检索数据 |
| Open | 连接处于打开状态 |

例如：创建一个 Windows 应用程序，在窗体中添加一个 TextBox 控件、一个 Button 控件和一个 Label 控件，分别用于输入要连接的数据库名称、执行连接数据库的操作以及显示数据库的连接状态，然后引入 System.Data.SqlClient 命名空间，使用 SqlConnection 类连接数据库。代码如下：

```
    private void button1_Click(object sender, EventArgs e)
    {
        if(textBox1.Text=="")                               //判断是否输入数据库名称
        {
            MessageBox.Show("请输入要连接的数据库名称"); //弹出提示信息
        }
        else                                                  //否则
        {
            try                                               //调用 try…catch 语句
            {
                //声明一个字符串用于存储连接数据库字符串
                string ConStr="server=.;database="+textBox1.Text.Trim() +
";uid=sa;pwd=";
                //创建一个 SqlConnection 对象
                SqlConnection conn=new SqlConnection(ConStr);
                conn.Open();                                  //打开连接
                if(conn.State==ConnectionState.Open)  //判断当前连接的状态
                {
                    //显示状态信息
                    label2.Text="数据库【"+textBox1.Text.Trim()+"】已经连接并
打开";
                }
            }
            catch
            {
                MessageBox.Show("连接数据库失败");          //出现异常弹出提示
            }
        }
    }
```

程序的运行结果如图 9-16 所示。

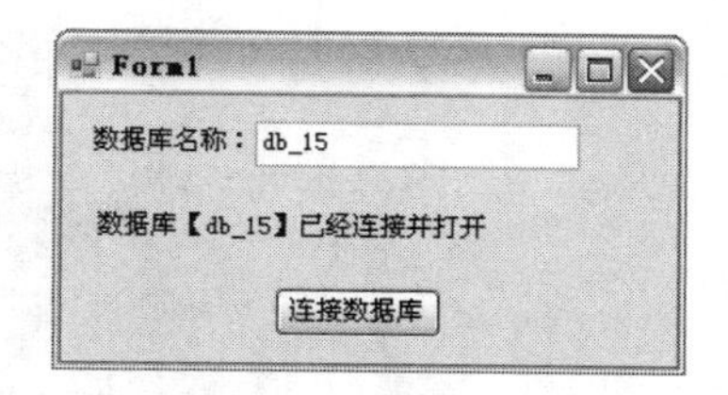

图 9-16 连接数据库

当对数据库操作完毕后，要关闭与数据库的连接，释放占用的资源。通过调用 SqlConnection 对象的 Close 方法或 Dispose 方法关闭与数据库的连接，这两种方法的主要区别是：Close 方法用于关闭一个连接，而 Dispose 方法不仅关闭一个连接，还清理连接所占用的资源。当使用 Close 方法关闭连接后，可以再调用 Open 方法打开连接，不会产生任何错误。而如果使用 Dispose 方法关闭连接，就不可以再次直接用 Open 方法打开连接，必须重新初始化连接再打开。

例如：创建一个 Windows 应用程序，首先向窗体中添加一个 TextBox 控件和一个 RichTextBox 控件，分别用于输入连接的数据库名称和显示连接信息及错误提示。然后再添加 3 个 Button 控件，分别用于连接数据库、调用 Close 方法关闭连接，再调用 Open 方法打开连接以及调用 Dispose 方法关闭并释放连接，然后调用 Open 方法打开连接。代码如下：

```
    SqlConnection conn;                              //声明一个 SqlConnection 对象
    private void button1_Click(object sender, EventArgs e)
    {
        if(textBox1.Text=="")                        //判断是否输入数据库名称
        {
            MessageBox.Show("请输入数据库名称");        //如果没有输入则弹出提示
        }
        else                                         //否则
        {
            try                                      //调用 try…catch 语句
            {
                //建立连接数据库字符串
                string str="server=.;database="+textBox1.Text.Trim()+";uid=sa;
pwd=";
                conn=new SqlConnection(str);         //创建一个 SqlConnection 对象
                conn.Open();                         //打开连接
                if(conn.State==ConnectionState.Open) //判断当前连接状态
                {
                    MessageBox.Show("连接成功"); //弹出提示
                }
            }
            catch(Exception ex)
            {
                MessageBox.Show(ex.Message);         //出现异常弹出错误信息
                textBox1.Text="";                    //清空文本框
            }
        }
    }
    private void button2_Click(object sender, EventArgs e)
    {
```

```
    try                                              //调用 try…catch 语句
    {
        string str="";                               //声明一个字符串变量
        conn.Close();                                //使用 Close 方法关闭连接
        if(conn.State==ConnectionState.Closed)       //判断当前连接是否关闭
        {
            str="数据库已经成功关闭\n";                //如果关闭则弹出提示
        }
        conn.Open();                                 //重新打开连接
        if(conn.State==ConnectionState.Open)         //判断连接是否打开
        {
            str+="数据库已经成功打开\n";               //弹出提示
        }
        richTextBox1.Text=str;        //向 richTextBox1 中添加提示信息
    }
    catch(Exception ex)
    {
        richTextBox1.Text=ex.Message;//出现异常，将异常添加到 richTextBox1 中
    }
}
private void button3_Click(object sender, EventArgs e)
{
    try                                      //调用 try…catch 语句
    {
        conn.Dispose();                      //使用 Dispose 方法关闭连接
        conn.Open();                         //重新使用 Open 方法打开会出现异常
    }
    catch(Exception ex)
    {
        richTextBox1.Text=ex.Message;  //将异常显示在 richTextBox1 控件中
    }
}
```

程序的运行结果如图 9-17 和图 9-18 所示。

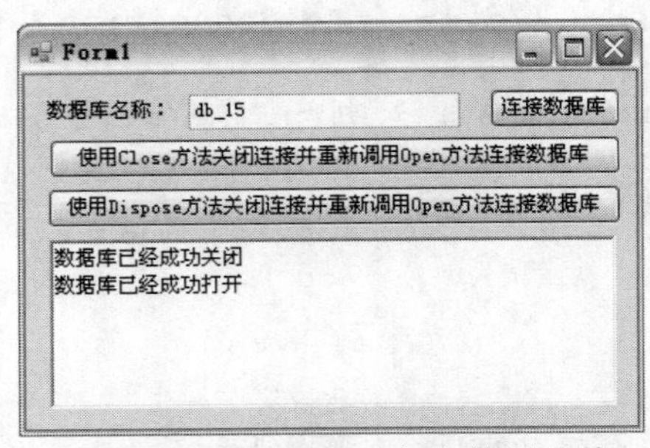


图 9-17　调用 Close 方法关闭连接

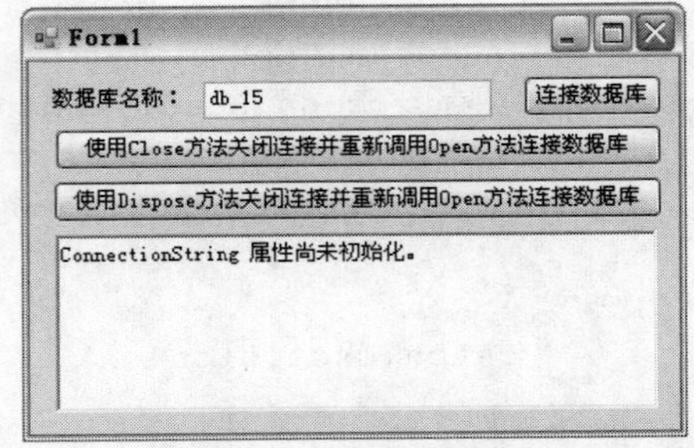


图 9-18　调用 Dispose 方法关闭并释放连接

## 任务五　执行 SQL 语句：Command 对象

操作任务：Command 对象是一个数据命令对象，主要功能是向数据库发送查询、更新、删除、修改操作的 SQL 语句。下面分别介绍 Command 对象及其应用。Command 对象主要有以下几种方式。

（1）SqlCommand：用于向 SQL Server 数据库发送 SQL 语句，位于 System.Data.SqlClient 命名空间。

（2）OleDbCommand：用于向使用 OLEDB 公开的数据库发送 SQL 语句，位于 System.Data.OleDb 命名空间。例如，Access 数据库和 MySQL 数据库都是 OLEDB 公开的数据库。

（3）OdbcCommand：用于向 ODBC 公开的数据库发送 SQL 语句，位于 System.Data.Odbc 命名空间。有些数据库没有提供相应的连接程序，则可以配置好 ODBC 连接后，使用 OdbcCommand。

（4）OracleCommand：用于向 Oracle 数据库发送 SQL 语句，位于 System.Data.OracleClient 命名空间。

Command 对象有 3 个重要的属性，分别是 Connection 属性、CommandText 属性和 CommandType 属性。Connection 属性用于设置 SqlCommand 使用的 SqlConnection。CommandText 属性用于设置要对数据源执行的 SQL 语句或存储过程。CommandType 属性用于设置指定 CommandText 的类型。CommandType 属性的值是 CommandType 枚举值，CommandType 枚举有 3 个枚举成员，分别介绍如下：

（1）StoredProcedure：存储过程的名称。

（2）TableDirect：表的名称。

（3）Text：SQL 文本命令。

如果要设置数据源的类型，便可以通过设置 CommandType 属性来实现，下面通过实例演示如何使用 Command 对象的这 3 个属性，以及如何设置数据源类型。

例如：创建一个 Windows 应用程序，向窗体中添加一个 Button 控件、一个 TextBox 控件和一个 Label 控件，分别用于执行 SQL 语句、输入要查询的数据表名称以及显示数据表中数据的数量，在 Button 控件的 Click 事件中设置 Command 对象的 Connection 属性、CommandText 属性和 CommandType 属性。代码如下：

```
SqlConnection conn;                                    //声明一个 SqlConnection 变量
private void Form1_Load(object sender, EventArgs e)
{
    //实例化 SqlConnection 变量 conn
    conn=new SqlConnection("server=.;database=db_CSharp;uid=sa;pwd=");
    conn.Open();                                       //打开连接
}
private void button1_Click(object sender, EventArgs e)
{
    try                                                //调用 try…catch 语句
    {
        //判断是否打开连接或者文本框不为空
        if(conn.State==ConnectionState.Open||textBox1.Text!="")
        {
            SqlCommand cmd=new SqlCommand();     //创建一个 SqlCommand 对象
            cmd.Connection=conn;                 //设置 Connection 属性
            //设置 CommandText 属性，设置 SQL 语句
            cmd.CommandText="select count(*) from "+textBox1.Text.Trim();
            //设置 CommandType 属性为 Text，使其只执行 SQL 语句文本形式
            cmd.CommandType=CommandType.Text;
```

```
            //使用 ExecuteScalar 方法获取指定数据表中的数据数量
            int i=Convert.ToInt32(cmd.ExecuteScalar());
            label2.Text="数据表中共有: "+i.ToString()+"条数据";
        }
    }
    catch(Exception ex)
    {
        MessageBox.Show(ex.Message);
    }
}
```

图 9-19　SqlCommand 对象执行查询语句

程序的运行结果如图 9-19 所示。

## 任务六　读取数据：DataReader 对象

操作任务：DataReader 对象是数据读取器对象，提供只读向前的游标，如果应用程序需要每次从数据库中取出最新的数据，或者只是需要快速读取数据，并不需要修改数据，那么就可以使用 DataReader 对象进行读取。对于不同的数据库连接，有不同的 DataReader 类型。下面对 DataReader 对象及其应用进行介绍。

在 System.Data.SqlClient 命名空间下时，可以调用 SqlDataReader 类。

在 System.Data.OleDb 命名空间下时，可以调用 OleDbDataReader 类。

在 System.Data.Odbc 命名空间下时，可以调用 OdbcDataReader 类。

在 System.Data.Oracle 命名空间下时，可以调用 OracleDataReader 类。

在使用 DataReader 对象读取数据时，可以使用 ExecuteReader 方法，根据 SQL 语句的结果创建一个 SqlDataReader 对象。

(1) 使用 ExecuteReader 方法创建一个读取 tb_command 表中所有数据的 SqlDataReader 对象。

代码如下：

```
conn=new SqlConnection("server=.;database=db_CSharp;uid=sa;pwd=");
                                                    //连接数据库
conn.Open();                                        //打开数据库
SqlCommand cmd=new SqlCommand();                    //创建 SqlCommand 对象
cmd.Connection=conn;                                //设置对象的连接
cmd.CommandText="SELECT * FROM tb_command";   //设置 SQL 语句
cmd.CommandType=CommandType.Text;                   //设置以文本形式执行 SQL 语句
//使用 ExecuteReader 方法创建 SqlDataReader 对象
SqlDataReader sdr=cmd.ExecuteReader();
```

如果要读取数据表中的数据，通过 ExecuteReader 方法，根据 SQL 语句创建一个 SqlDataReader 对象后，再调用 SqlDataReader 对象的 Read 方法读取数据。Read 方法使 SqlDataReader 前进到下一条记录，SqlDataReader 的默认位置在第一条记录前面。因此，必须调用 Read 方法访问数据。对于每个关联的 SqlConnection，一次只能打开一个 SqlDataReader，在第一个关闭之前，打开另一个的任何尝试都将失败。

语法如下：

```
public override bool Read()
```

返回值：如果存在多个行，则为 true；否则为 false。

在使用完 SqlDataReader 对象后，要使用 Close 方法关闭 SqlDataReader 对象。

语法格式如下：

```
public override void Close()
```

（2）关闭 SqlDataReader 对象。

代码如下：

```
//实例化 SqlConnection 变量 conn
SqlConnection conn=new SqlConnection("server=.;database=db_CSharp;uid=sa;pwd=");
//打开连接
conn.Open();
//创建一个 SqlCommand 对象
SqlCommand cmd=new SqlCommand("SELECt * FROM "+textBox1.Text.Trim(),conn);
//使用 ExecuteReader 方法创建 SqlDataReader 对象
SqlDataReader sdr=cmd.ExecuteReader();
sdr.Close();
```

## 任务七　显示数据：DataGridView 控件

操作任务：对 DataGridView 控件及其应用进行介绍。

使用 DataGridView 控件（见图 9-20），可以显示和编辑来自多种不同类型数据源的表格数据。它可以通过设置属性直接绑定数据库里的某一个表，或表的部分。这时需要再编写代码，将 datatable 赋给它的属性值 DataSource。

进行 DataGridView 设置一般需要经历 4 个步骤：

（1）创建连接的对象 SqlConnection。

（2）创建适配器的对象 SqlDataAdapter。

（3）填充数据集 Fill()。

（4）DataGridView 控件绑定数据。

将 DataGridView 控件放置到窗体中。为了能够显示数据，将 DataGridView 控件拖到界面中，进行布局，如图 9-21 所示。

图 9-20　DataGridView 控件

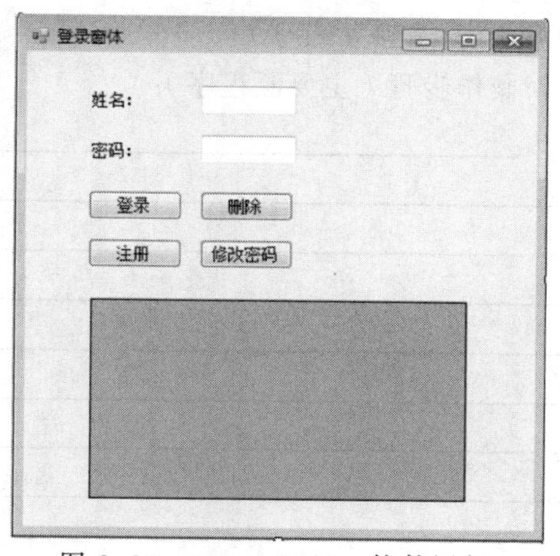


图 9-21　DataGridView 控件添加

用户表显示实际上是查询表的结果，即 DataTable。

核心代码如下：

```
private static DataTable GetDataTable(string sql)
{
    DataSet ds=new DataSet();  //内存数据库初始化
    SqlConnection cn=new SqlConnection("server=.;database=person;integrated
security=true");
    cn.Open();                   //打开数据库
    SqlDataAdapter da=new SqlDataAdapter(sql, cn);
                                 //初始化 SqlDataAdapter
    da.Fill(ds)                  //执行 sql 语句，将数据返回到内存数据库
    cn.Close();                  //关闭数据库
    return ds.Tables[0];         //返回数据库中仅有的一张表，默认从零开始
}
```

数据绑定代码如下：

```
public void BindData()
{
    string sql="SELECT*FROM users";
    dataGridView1.DataSource=GetDataTable(sql);}
```

加载窗体事件和实时显示。为了在窗体一启动时就能够显示数据，需要在 FrmLogin_Load 事件中调用数据绑定模块。代码如下：

```
private void FrmLogin_Load(object sender, EventArgs e)
{   BindData();}
```

同时，为了能够实时显示增删改数据，在相应的用户注册、删除以及更新操作后，添加了 BindData()代码，进行实时数据的刷新。

## 实践提高

### 实践　新建 Web 应用程序

实践操作：新建 Web 应用程序 Test，并添加 3 个页面，分别实现添加、编辑、删除数据功能。（独立练习）

操作步骤（主要源程序）：

## 模块小结

本模块介绍了数据库的基础知识、SQL 基础知识、ADO.NET 技术等。在 ADO.NET 中提供了连接数据库对象（Connection 对象）、执行 SQL 语句对象（Command 对象）、读取数据对象（DataReader 对象）、数据适配器对象（DataAdapter 对象）以及数据集对象（DataSet 对象）。使用 DataGridView 控件，并介绍了具体的数据绑定代码过程。通过本模块学好 ADO.NET，就可以很好地操作数据了。

# 模块十

# 综合实例 »»

## 知识提纲

- Windows 窗体应用程序的开发过程。
- 使用多线程技术执行任务。
- ADO.NET 数据库开发技术的使用。
- 运用合理的控制流程编写高效的代码。

## 知识导读

随着计算机技术的发展及计算机软件的广泛应用，对于高校而言，运用计算机进行学生成绩管理，实现学生成绩管理的规范化、系统化将大大提高学校学生成绩管理的效率。因此，借助计算机技术和数据库管理系统，开发一个对学生成绩进行电子化管理的学生成绩管理系统是很有必要的。

为了提高学生成绩管理的效率，实现成绩管理的规范化和自动化，结合高校学生成绩管理流程，本模块将开发完成本学生成绩管理系统。通过本课程的学习，学生能够运用 ASP.NET 开发一个实用的学生成绩管理系统。本项目使用 Visual Studio 2017 和 SQL Server 2014 完成开发。本案例运用到的知识点，前面都已经讲过，这里进行合并与整合。

## 任务驱动

### 任务一　学生成绩管理系统分析

本系统是一个基于 C/S 结构的应用系统，主要由学生管理，院系管理、课程管理、成绩管理和系统管理等功能模块组成。各个模块的具体功能划分如下：

#### 1. 学生管理模块

实现学生信息的录入、修改和查询等任务。

#### 2. 院系管理模块

对院系信息进行管理，实现院系信息的添加、修改、查询及班级信息的添加、修改和查询操作。

#### 3. 课程管理模块

主要负责对课程信息的添加、修改和查询等操作。

### 4．成绩管理模块

主要负责课程成绩的录入、修改、查询和统计以及学生成绩的查询和统计等操作。

### 5．系统管理模块

主要实现密码的修改、数据的备份、恢复及退出系统操作。

## 任务二 学生成绩管理系统设计

综合系统各项功能要求，本系统需要设计以下 6 个数据表。

（1）用户表（tb_user）：用来存储用户的信息（见表 10-1）。

表 10-1 用户表

| 字段名称 | 数据类型 | 字段长度 | 说明 |
| --- | --- | --- | --- |
| userid | char | 5 | 用户 ID |
| username | nvarchar | 20 | 用户姓名 |
| userpassword | nvarchar | 30 | 用户密码 |

（2）学生表（tb_student）：用来存储学生信息，包括学号、姓名、性别、出生日期、院系编号、班级编号、家庭住址等信息（见表 10-2）。

表 10-2 学生表

| 字段名称 | 数据类型 | 字段长度 | 说明 |
| --- | --- | --- | --- |
| studentid | char | 13 | 学号（主键） |
| studentname | nvarchar | 20 | 学生姓名 |
| gender | nvarchar | 2 | 学生性别 |
| brithday | nvarchar | 10 | 出生日期 |
| collegeid | char | 2 | 院系编号 |
| classid | char | 6 | 班级编号 |
| address | nvarchar | 100 | 家庭地址 |

（3）院系表（tb_college）：用来存储院系编号、院系名称信息（见表 10-3）。

表 10-3 院系表

| 字段名称 | 数据类型 | 字段长度 | 说明 |
| --- | --- | --- | --- |
| collegeid | char | 5 | 院系编号（主键） |
| collegename | nvarchar | 50 | 院系名称 |

（4）班级表（tb_class）：用来存储班级编号、班级名称及所属院系等信息（见表 10-4）。

表 10-4 班级表

| 字段名称 | 数据类型 | 字段长度 | 说明 |
| --- | --- | --- | --- |
| classid | char | 5 | 班级编号（主键） |
| classname | nvarchar | 50 | 班级名称 |
| collegeid | char | 5 | 所属院系 |

（5）课程表（tb_course）：用来存储课程相关信息，包含课程编号、课程名称等信息（见表 10-5）。

表 10-5 课程表

| 字段名称 | 数据类型 | 字段长度 | 说明 |
|---|---|---|---|
| courseid | char | 5 | 课程编号（主键） |
| coursename | nvarchar | 50 | 课程名称 |

（6）成绩表（tb_grade）：用来存储学生成绩，包含编号、课程编号、学生序号、学期和成绩等相关信息（见表 10-6）。

表 10-6 成绩表

| 字段名称 | 数据类型 | 字段长度 | 说明 |
|---|---|---|---|
| studentid | char | 12 | 学号（外键） |
| courseid | char | 5 | 课程编号（外键） |
| result | nvarchar | 5 | 成绩 |
| term | nvarchar | 5 | 学期 |

本系统采用 SQL Server 2014 作为数据库。首先启动 SQL Server Management Studio，建立数据库 db_student，然后在该数据库下建立相应的数据表。

## 任务三 学生成绩管理系统开发实现

本系统采用三层架构模式，表现层采用 WinForm 设计完成用户交互界面；业务逻辑层用来存放针对具体问题对数据进行逻辑处理的相关代码；数据访问层用来存放对原始数据操作的代码，它封装了所有与数据库交互的操作，并为业务逻辑层提供数据服务。

### 1. 用户登录模块的设计与实现

用户登录模块用于接收用户输入的用户名和密码。界面设计如图 10-1 所示。用户输入的用户名和密码，单击“登录”按钮进行登录。通过验证后，进入主窗体，否则给出提示信息。

登录模块主要代码如下：

```
private void btnLogin_Click(object sender, EventArgs e)
{
    string id=this.txtName.Text.Trim();
    string pass=this.txtPasswd.Text.Trim();

    if (string.IsNullOrEmpty (id)||string.IsNullOrEmpty (pass))
    {
        MessageBox.Show("用户名或密码不能为空！","登录提示");
        this.txtName.Focus();
    }
    else
    {
```

```
            GradeModel.User user=new GradeModel.User();  //新建用户对象
            user.UserID=id;
            user.UserPass=pass;
            user.UserName="";

            GradeBLL.UserBLL  userBLL=new GradeBLL.UserBLL();

            if(userBLL.Login(user))
            {
                this.DialogResult=DialogResult.OK;
            }
            else
            {
                MessageBox.Show("用户名或密码错误","登录提示");
                return;
            }
        }
    }
```

2. 系统主窗体界面设计与实现

当用户登录成功后，进入主窗体，界面设计如图 10-2 所示。

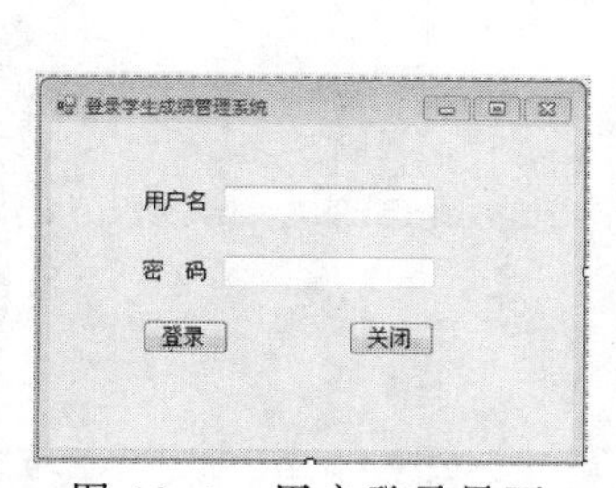


图 10-1 用户登录界面

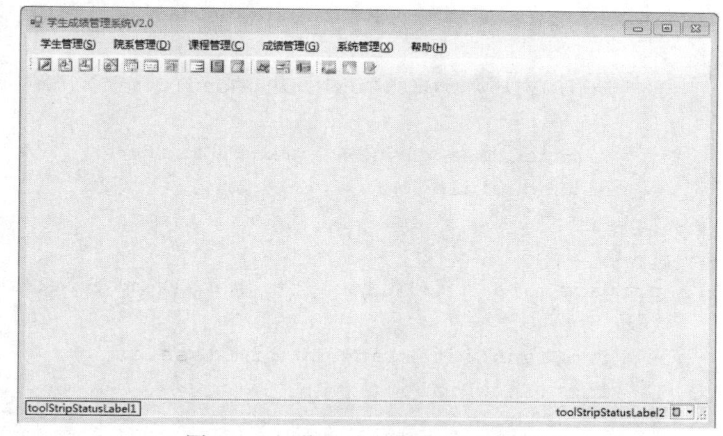


图 10-2 学生成绩管理系统主窗体

主窗体是用户和系统交互的核心，主要通过菜单栏和工具栏联系其他模块功能，利用状态栏显示相关信息，菜单栏中的各项菜单调用相应的子窗体，下面以“学生管理-添加学生信息”为例进行说明。核心代码如下：

```
private void 添加学生ToolStripMenuItem_Click(object sender, EventArgs e)
{
    frmAddStudent student=new frmAddStudent();
    student.ShowDialog();
}

private void 编辑学生ToolStripMenuItem_Click(object sender, EventArgs e)
```

```
{
    frmEditStudent frmEdit=new frmEditStudent();
    frmEdit.ShowDialog();
}

private void 查询学生ToolStripMenuItem_Click(object sender, EventArgs e)
{
    frmInquiryStudent student=new frmInquiryStudent();
    student.ShowDialog();
}

private void 添加院系ToolStripMenuItem_Click(object sender, EventArgs e)
{
    frmAddCollge college=new frmAddCollge();
    college.ShowDialog();
}

private void 院系列表ToolStripMenuItem_Click(object sender, EventArgs e)
{
    frmCollegeList list=new frmCollegeList();
    list.ShowDialog();
}

private void 添加班级ToolStripMenuItem_Click(object sender, EventArgs e)
{
    frmAddClass cl=new frmAddClass();
    cl.ShowDialog();
}

private void 班级列表ToolStripMenuItem_Click(object sender, EventArgs e)
{
    frmClassList list=new frmClassList();
    list.ShowDialog();
}

private void 添加课程ToolStripMenuItem_Click(object sender, EventArgs e)
{
    frmAddCourse course=new frmAddCourse();
    course.ShowDialog();
}

private void 课程列表ToolStripMenuItem_Click(object sender, EventArgs e)
{
    frmCourseList list=new frmCourseList();
    list.ShowDialog();
}
```

```
private void 添加成绩ToolStripMenuItem_Click(object sender, EventArgs e)
{
    frmAddGrade grade=new frmAddGrade();
    grade.ShowDialog();
}

private void 成绩更改ToolStripMenuItem_Click(object sender, EventArgs e)
{
    frmEditGrade grade=new frmEditGrade();
    grade.ShowDialog();
}

private void 成绩查询ToolStripMenuItem_Click(object sender, EventArgs e)
{
    frmInqueryGrade grade=new frmInqueryGrade();
    grade.ShowDialog();
}
```

工具栏提供了一种直观的快捷访问菜单项的方式，单击 Click 事件处理程序指定为某个菜单项的单击事件处理程序即可。

**3. 学生管理模块的实现**

学生管理模块主要用来添加、编辑、删除、查询学生的基本信息，包括添加学生信息、编辑学生信息和查询学生信息 3 个模块。

（1）添加学生信息。

添加学生模块用来录入学生的基本信息，界面设计如图 10-3 所示。

“提交”按钮的 Click 事件核心代码如下：

```
private void btnAdd_Click_1(object sender, EventArgs e)
{
    //建立学生对象
    GradeModel.Student student=new GradeModel.Student();
    //给学生对象赋值
    student.StudentID=this.cboClass.SelectedValue.ToString(). Trim()
+ this.txtID.Text.Trim();
    student.StudentName=this.txtName.Text.Trim();
    student.Gender=this.rboMale.Checked ? "男" : "女";
    student.Birthday=this.txtBirthday.Text.Trim();
    student.CollegeID=this.cboCollege.SelectedValue.ToString().Trim();
    student.ClassID=this.cboClass.SelectedValue.ToString().Trim();
    student.Address=this.txtAddress.Text.Trim();

    GradeBLL.StudentBLL bllStudent=new GradeBLL.StudentBLL();

    if(bllStudent.AddStudent(student)>0)
        MessageBox.Show("添加学生信息成功！","添加学生");
```

```
    else
        MessageBox.Show("添加学生信息失败，请联系管理员！","添加学生");
}
```

（2）编辑学生信息。

编辑学生信息模块按照输入的学生序号在数据库中检索学生的信息，并显示在窗体的界面中。单击“更新”按钮将修改后的数据写入数据库中，单击“删除”按钮将学生信息从数据库中删除。运行结果如图 10-4 所示。

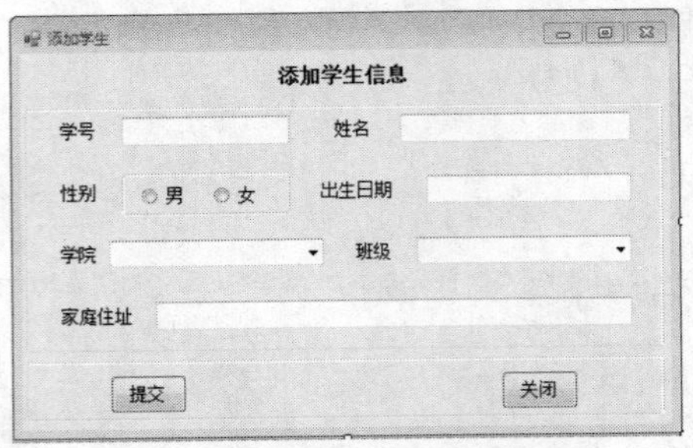


图 10-3　添加学生信息界面

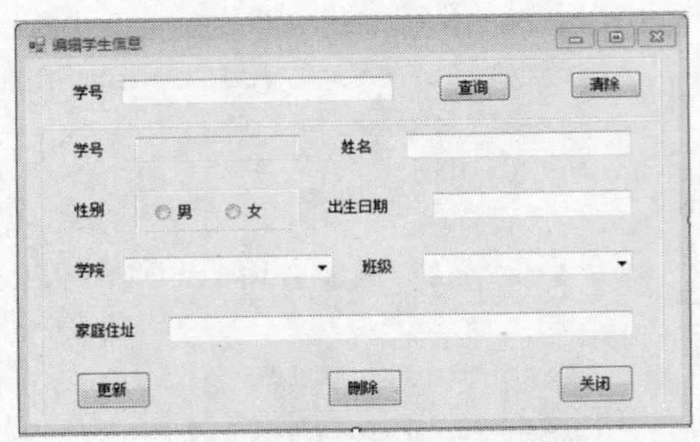


图 10-4　编辑学生信息界面

“更新”按钮的单击事件核心代码如下：

```
private void btnUpdate_Click(object sender, EventArgs e)
{
    DialogResult  result=MessageBox.Show("您确定要修改吗？","提示",
MessageBoxButtons.YesNo, MessageBoxIcon.Information);
    if (result==DialogResult.Yes)   //用户选择"确定"
    {
        //建立学生实体
        GradeModel.Student student=new GradeModel.Student();
        //学生实体赋值
        student.StudentID=this.txtID.Text.Trim();
        student.StudentName=this.txtName.Text.Trim();
        student.Gender=this.rboMale.Checked ? "男" : "女";
        student.Birthday=this.txtBirthday.Text.Trim();
        student.CollegeID=this.cboCollege.SelectedValue.
ToString().Trim();
        student.ClassID=this.cboClass.SelectedValue.
ToString().Trim();
        student.Address=this.txtAddress.Text.Trim();
        //生成学生管理对象
        GradeBLL.StudentBLL bllStudent=new GradeBLL.StudentBLL();

        if(bllStudent.UpdateStudent(student)>0)
            MessageBox.Show("修改学生信息成功！","提示");
        else
            MessageBox.Show("修改学生信息失败！","提示");
    }
}
```

“删除”按钮的单击事件核心代码如下：

```
private void btnDelete_Click(object sender, EventArgs e)
{
  DialogResult result=MessageBox.Show("您确定要修改吗？","提示",
MessageBoxButtons.YesNo, MessageBoxIcon.Information);

  if (result==DialogResult.Yes)   //用户选择"确定"
  {
     //生成学生管理对象
     GradeBLL.StudentBLL bllStudent=new GradeBLL.StudentBLL();

     if(bllStudent.DeleteStudent(this.txtID.Text.Trim())>0)
        MessageBox.Show("删除学生成功！","提示");
     else
        MessageBox.Show("删除学生失败！","提示");
  }
}
```

（3）查询学生信息。

查询学生信息模块可以查询所选班级的学生详细信息，运行界面如图 10-5 所示。当用户在左边的的树形导航栏中选择一个班级后，在右边的表格中就会显示出学生的详细信息。

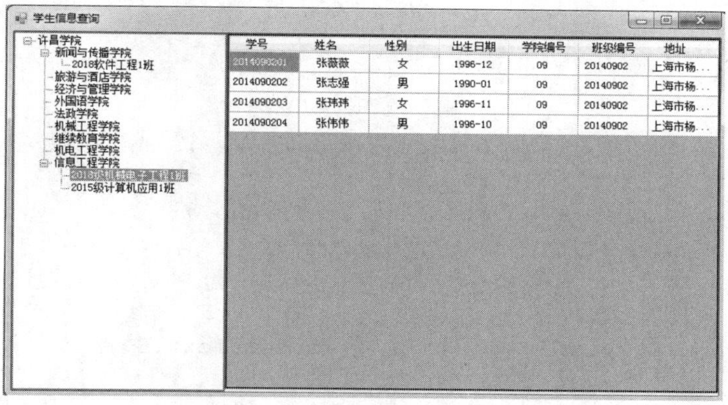

图 10-5 查询学生信息界面

查询学生模块的核心代码如下：

```
private void LoadTreeView()
{
   TreeNode root=new TreeNode("上海开放大学");
   root.Tag="";
   this.tvwCollege.Nodes.Add(root);

   //生成院系列表
   GradeBLL.CollegeBLL bllCollege=new GradeBLL.CollegeBLL();
   List<GradeModel.College> listCollege=bllCollege.CollegeList();

   foreach(var col in listCollege )
   {
```

```
            //生成院系节点
            TreeNode collegeNodes=root.Nodes.Add(col.CollegeName);
            collegeNodes.Tag=col.CollegeID;
            //生成班级节点
            GradeBLL.ManageClass school=new GradeBLL.ManageClass();
            //获取班级列表
            List<GradeModel.School> schoolList=school.GetClassList(col.CollegeID);
            foreach(var sh in schoolList)
            {
                //生成班级节点
                TreeNode classNode=collegeNodes.Nodes.Add(sh.ClassName);
                classNode.Tag=sh.ClassID;
            }
        }

    }

    private void frmInquiryStudent_Load(object sender, EventArgs e)
    {
        this.dataGridView1.RowsDefaultCellStyle.Alignment=DataGridView
ContentAlignment.MiddleCenter;

        LoadTreeView();
        this.tvwCollege.ExpandAll();
    }

    private void tvwCollege_AfterSelect(object sender, TreeViewEventArgs e)
    {
        TreeNode nodes=e.Node.Parent as TreeNode;
        string name=e.Node.Text.ToString();
        string id=e.Node.Tag.ToString();

        if (name.Equals("上海开放大学")||nodes.Text.Equals("上海开放大学"))
        {
            MessageBox.Show("请选择一个班级！","提示");
        }
        else
        {
            GradeBLL.StudentBLL bllStudent=new GradeBLL.StudentBLL();

            this.dataGridView1.DataSource=bllStudent.StudentList(id);
        }

    }
```

**4. 成绩管理模块的实现**

学生成绩管理模块主要用来实现学生成绩的添加、修改和查询操作，包含添加成绩、修改成绩和查询成绩 3 个子模块。

（1）添加学生成绩。

添加学生成绩可以完成指定学期某门课程的整体成绩录入。运行界面设计如图 10-6 所示。

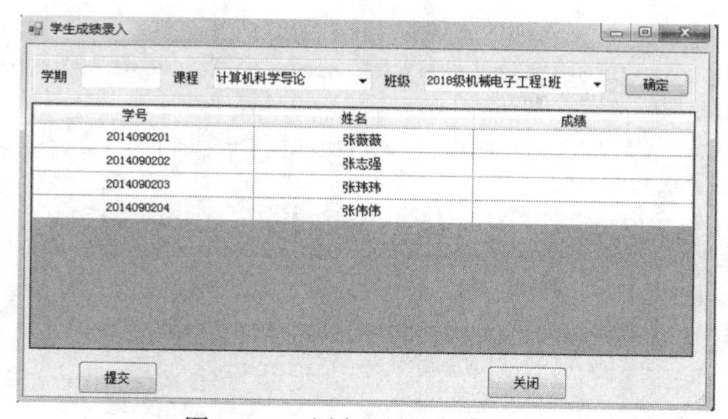


图 10-6　添加学生成绩界面

添加成绩模块核心代码如下：

```
private void button1_Click(object sender, EventArgs e)
{
    //建立成绩列表
    List<GradeModel.Grade> gradeList=new List<GradeModel.Grade>();
    //获取数据
    string term=this.textBox1.Text.Trim();
    string cid=this.comboBox1.SelectedValue.ToString().Trim(); //课程编号
    //遍历表格
    foreach(DataGridViewRow row in dgvGrade.Rows)
    {
        //读取单元格内容
        string sid=(string)(dgvGrade.Rows[row.Index].Cells[0].Value);
        string result=(string)(dgvGrade.Rows[row.Index]. Cells[2].Value);
        //建立学生对象
        GradeModel.Grade model=new GradeModel.Grade();
        model.SID=sid;
        model.CID=cid;
        model.Result=result;
        model.Term=term;
        //将成绩添加到列表
        gradeList.Add(model);
    }

    //建立成绩管理实体
    GradeBLL.GradeBll bllGrade=new GradeBLL.GradeBll();
    if (bllGrade.AddGrade(gradeList))
        MessageBox.Show("添加成绩成功！","提示");
    else
        MessageBox.Show("添加成绩失败！","提示");
}
```

```
private void button2_Click(object sender, EventArgs e)
{
    this.Close();
}
//查询按钮
private void button3_Click(object sender, EventArgs e)
{
    string classid=this.comboBox2.SelectedValue.ToString().Trim();
    //建立学生管理对象
    GradeBLL.StudentBLL bllStudent=new GradeBLL.StudentBLL();
    //获取学生列表
    List<GradeModel.Student> listStudent=bllStudent.StudentList(classid);
    //绑定学生
    this.dgvGrade.DataSource=listStudent;
}

private void frmAddGrade_Load(object sender, EventArgs e)
{
    LoadCourse();
    LoadClass();
    this.dgvGrade.AutoGenerateColumns=false;  //禁止自动生成列
}

private void LoadCourse()
{
    //建立课程管理对象
    GradeBLL.CourseBll  bllCourse=new GradeBLL.CourseBll();
    //获取课程列表
    List<GradeModel.Course> listCourse=bllCourse.CourseList();
    //将课程绑定到课程组合框
    this.comboBox1.DataSource=listCourse;
    this.comboBox1.DisplayMember="CourseName";
    this.comboBox1.ValueMember="CourseID";
}

private void LoadClass()
{
    //建立班级管理对象
    GradeBLL.ManageClass  bllClass=new GradeBLL.ManageClass();
    //获取班级列表
    List<GradeModel.School> listClass=bllClass.GetAllClassList();
    //将班级绑定到班级组合框
    this.comboBox2.DataSource=listClass;
    this.comboBox2.DisplayMember="ClassName";
    this.comboBox2.ValueMember="ClassID";
}
```

（2）修改学生成绩。

修改学生成绩模块，主要实现根据输入的学期和课程成绩，查询相关课程的成绩并显示出来。界面设计如图 10-7 所示。

单击“确定”按钮，根据设置的查询条件查询学生成绩，并使用 DataGridView 控件进行显示。单击“提交”按钮，将修改后的数据写入学生成绩表。核心代码如下：

```
private void button1_Click(object sender, EventArgs e)
{
    //建立成绩列表
    List<GradeModel.Grade> gradeList=new List<GradeModel.Grade>();
    //获取数据
    string term=this.textBox1.Text.Trim();
    string cid=this.comboBox1.SelectedValue.ToString().Trim();
                                                //课程编号
    //遍历表格
    foreach (DataGridViewRow row in dgvGrade.Rows)
    {
        //读取单元格内容
        string sid=(string)(dgvGrade.Rows[row.Index].Cells[0].Value);
        string result=(string)(dgvGrade.Rows[row.Index]. Cells[2].Value);
        //建立学生对象
        GradeModel.Grade model=new GradeModel.Grade();
        model.SID=sid;
        model.CID=cid;
        model.Result=result;
        model.Term=term;
        //将成绩添加到列表
        gradeList.Add(model);
    }

    //建立成绩管理实体
    GradeBLL.GradeBll bllGrade=new GradeBLL.GradeBll();

    if (bllGrade.UpdateGrade(gradeList))
        MessageBox.Show("修改成绩成功！","提示");
    else
        MessageBox.Show("修改成绩失败！","提示");
}

private void button3_Click(object sender, EventArgs e)
{
    string term=this.textBox1.Text.Trim();
    string cid=this.comboBox1.SelectedValue.ToString().Trim();

    //建立成绩管理实体
    GradeBLL.GradeBll bllGrade=new GradeBLL.GradeBll();
    //绑定表格
    this.dgvGrade.DataSource=bllGrade.GradeTables(cid,term);

}

private void frmEditGrade_Load(object sender, EventArgs e)
```

```
{
   this.dgvGrade.AutoGenerateColumns=false;        //禁止自动生成列
    LoadCourse();
}
private void LoadCourse()
{
    //建立课程管理对象
    GradeBLL.CourseBll bllCourse=new GradeBLL.CourseBll();
    //获取课程列表
    List<GradeModel.Course> listCourse=bllCourse.CourseList();
    //将课程绑定到课程组合框
    this.comboBox1.DataSource=listCourse;
    this.comboBox1.DisplayMember="CourseName";
    this.comboBox1.ValueMember="CourseID";
}
```

（3）查询学生成绩。

查询学生成绩是根据学号查询满足条件的学生信息。界面设计如图 10-8 所示。

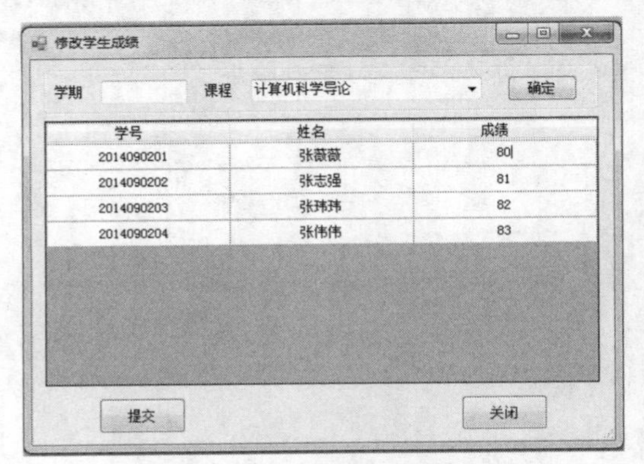


图 10-7　修改学生成绩界面

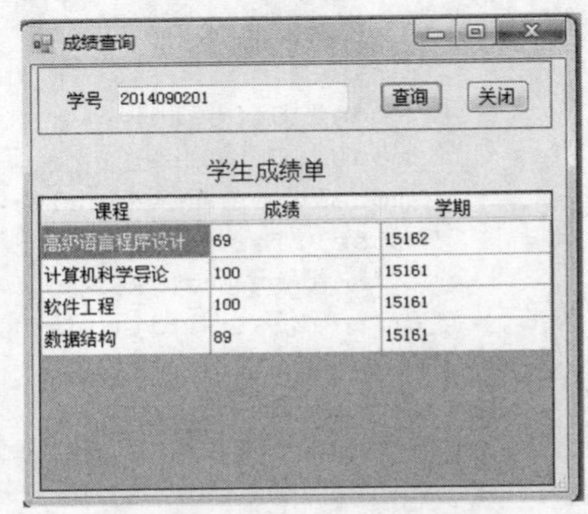


图 10-8　查询学生成绩界面

输入学生学号，单击“查询”按钮进行查询。根据学生学号在成绩表中查找相关信息，并显示在窗体相应的空间中。该模块核心代码如下：

```
private void button1_Click(object sender, EventArgs e)
{
    string id=this.txtSID.Text.Trim();
    if(string.IsNullOrEmpty(id))
    {
        MessageBox.Show("学号不能为空！","系统提示");
        return;
    }
    else
    {
        GradeBLL.GradeBll bllGrade=new GradeBLL.GradeBll();
        this.dataGridView1.DataSource=bllGrade.StudentGrade TablesByID(id);
    }

}
```

其他部分核心代码可以参考源程序进行查看。

### 5. 业务逻辑层的实现

业务逻辑层是界面层和数据层的桥梁，它响应界面层的用户请求，执行任务从数据层抓取数据，并将必要得数据传送给表示层。本系统中，业务逻辑层是一个类库项目，由若干个类文件组成。

（1）业务逻辑层的用户类 UserBLL 类核心代码如下：

```
public class UserBLL
{
    GradeDAL.User users=new User();
    public bool Login(GradeModel.User user)
    {
        return users.Login(user);
    }
    public int UpdateUser(GradeModel.User user)
    {
        return users.UpdateUser(user);
    }
}
```

（2）业务逻辑层的学生类 StudentBLL 类核心代码如下：

```
public class StudentBLL
{
    GradeDAL.StudentDal bllStudent=new GradeDAL.StudentDal();
    public GradeModel.Student GetStudentByID(string id)
    {
        return bllStudent.GetStudentByID(id);
    }
    public List<GradeModel.Student>StudentList(string cid)
    {
        return bllStudent.StudentList(cid);
    }
    public int AddStudent(GradeModel.Student student)
    {
        return bllStudent.AddStudent(student);
    }
    public int UpdateStudent(GradeModel.Student student)
    {
        return bllStudent.UpdateStudent(student);
    }
    public int DeleteStudent(string id)
    {
        return bllStudent.DeleteStudent(id);
    }
}
```

（3）业务逻辑层的院系类 CollegeBLL 类核心代码如下：

```
public class CollegeBLL
{
    GradeDAL.CollegeDal  bllCollege=new GradeDAL.CollegeDal ();
    public int AddCollege(GradeModel.College c)
    {
```

```
        return bllCollege.AddCollege(c);
    }
    public int UpdateCollege(GradeModel.College c)
    {
        return bllCollege.UpdateCollege(c);
    }
    public List<GradeModel.College>CollegeList()
    {
        return bllCollege.CollegeList();
    }
    public GradeModel.College GetCollege(string con)
    {
        return bllCollege.GetCollege(con);
    }
    public int DeleteCollege(string id)
    {
        GradeDAL.GradeDal dalGrade=new GradeDAL.GradeDal();
        object obj ="";
        if(Convert.ToInt32(obj)==0)
        {
            return bllCollege.DelteCollege(id);
        }
        else
        {
            return -1;
        }
    }
}
```

（4）业务逻辑层的班级类 ManageClass 类核心代码如下：

```
public class ManageClass
{
    GradeDAL.SchooDal dalSchool=new SchooDal();
    public int AddClass(GradeModel.School sl)
    {
        return dalSchool.AddClass(sl);
    }
    public int DeleteClass(string id)
    {
        GradeDAL.StudentDal student=new GradeDAL.StudentDal();
        object obj=student.CountStudentByClass(id);
        if(Convert.ToInt32(obj)==0)
        {
            return dalSchool.DelteClass(id);
        }
        else
        {
            return -1;
        }
```

```
        }
        public int UpdataClass(GradeModel.School sl)
        {
            return dalSchool.UpdateClass(sl);
        }
        public List<GradeModel.School>GetClassList(string con)
        {
            return dalSchool.GetClassList(con);
        }
        public List<GradeModel.School>GetAllClassList()
        {
            return dalSchool.GetAllClass();
        }
    }
```

（5）业务逻辑层的课程类 CourseBll 类核心代码如下：

```
public class CourseBll
{
    GradeDAL.CourseDal dalCourse=new GradeDAL.CourseDal();
    public int AddCourse(GradeModel.Course c)
    {
        return dalCourse.AddCourse(c);
    }
    public int UpdateCourse(GradeModel.Course c)
    {
        return dalCourse.UpdateCourse(c);
    }
    public List<GradeModel.Course>CourseList()
    {
        return dalCourse.CourseList();
    }
    public int DeleteCourse(string id)
    {
        GradeDAL.SchooDal dalSchool=new GradeDAL.SchooDal();
        object obj=dalSchool.GetClassByCollegeID(id);
        if(Convert.ToInt32(obj)==0)
        {
            return dalCourse.DelteCourse(id);
        }
        else
        {
            return -1;
        }
    }
}
```

（6）业务逻辑层的成绩类 GradeBll 类核心代码如下：

```
public class GradeBll
{
    GradeDAL.GradeDal dalGrade=new GradeDAL.GradeDal();
    public bool AddGrade(List<GradeModel.Grade>list)
```

```
    {
        return dalGrade.AddGrade(list);
    }
    public bool UpdateGrade(List<GradeModel.Grade>list)
    {
        return dalGrade.UpdateGrade(list);
    }
    public  DataTable  GradeTables(string cid,string term)
    {
        return dalGrade.GradeTables(cid, term);
    }
    public DataTable StudentGradeTablesByID(string sid)
    {
        return dalGrade.StudentGradeTablesByID(sid);
    }
}
```

6. 数据访问层的实现

数据访问层定义、维护数据的完整性、安全性，它响应逻辑层的请求访问数据。

（1）在数据访问层类库项目 GradeDAL 中，添加 SQLHelper.cs。代码如下：

```
public class SQLHelper
{
private static string connString=ConfigurationManager.Connection Strings
["edu.xcu.GradeManagement"].ConnectionString;
public static string ConnectionString
{
    get { return connString; }
    set { connString=value; }
}
```

（2）在数据访问层类库项目 GradeDAL 中，添加 User.cs，用于操作用户表。代码如下：

```
public class User
{
    //判断用户名和密码是否正确
    public bool Login(GradeModel.User user)
    {
        StringBuilder strSQL=new StringBuilder();
        strSQL.Append("SELECT*FROM [tb_User] WHERE UserID=@UserID AND
UserPass=@UserPass");
        SqlParameter[] para={ new SqlParameter("@UserID", user.UserID),
new SqlParameter("@UserPass",user.UserPass) };
        object obj=SQLHelper.ExecuteScalar(strSQL.ToString(), CommandType.
Text, para);
        if(obj!=null)
            return true;
        else
            return false;
    }
    public int UpdateUser(GradeModel.User user)
    {
        StringBuilder strSQL=new StringBuilder();
```

```
            strSQL.Append("UPDATE [tb_User] SET UserPass=@UserPass WHERE 
UserID=@UserID");
            SqlParameter[] paras={ new SqlParameter("@UserID", user.UserID), 
new SqlParameter("@UserPass", user.UserPass) };
            int rows=SQLHelper.ExecuteNonQuery(strSQL.ToString(), Command
Type.Text, paras);
            return rows;
        }
    }
```

（3）在数据访问层类库项目 GradeDAL 中，添加 StudentDal.cs，用于操作学生表。代码如下：

```
    public class StudentDal
    {
        //根据学号检索学生
        public GradeModel.Student GetStudentByID(string id)
        {
            //构造 SQL 命令
            string strSQL=string.Format("SELECT StudentID,StudentName, Gender,
Birthday,CollegeID,ClassID,Address  FROM [tb_Student] WHERE StudentID=
'{0}' ", id);
            //实例化学生对象
            GradeModel.Student student=new GradeModel.Student();
             using (SqlDataReader dr=SQLHelper.ExecuteReader (strSQL.ToString()))
            {
                //判断是否有数据
                if(dr.HasRows)
                {
                    //循环读取数据
                    dr.Read();
                    student.StudentID=dr["StudentID"].ToString().Trim();
                    student.StudentName=dr["StudentName"].ToString().Trim();
                    student.Gender=dr["Gender"].ToString().Trim();
                    student.Birthday=dr["Birthday"].ToString().Trim();
                    student.CollegeID=dr["CollegeID"].ToString().Trim();
                    student.ClassID=dr["ClassID"].ToString().Trim();
                    student.Address=dr["Address"].ToString().Trim();
                }
            }
            return student;
        }
        public object CountStudentByClass(string cid)
        {
            string strSQL=string.Format("SELECT count(*) FROM [tb_Student] 
WHERE ClassID=@ClassID");
            SqlParameter[] parameters=new SqlParameter[] { new SqlParameter
("@ClassID",cid) };
             return SQLHelper.ExecuteScalar(strSQL, CommandType.Text, parameters);
        }
        //返回学生列表
        public List<GradeModel.Student>StudentList(string cid)
```

```
    {
        //创建一个学生集合
        List<GradeModel.Student>list=new List<GradeModel.Student>();
        //构造查询语句
        string strSQL=string.Format("SELECT StudentID,StudentName, Gender,
Birthday,CollegeID,ClassID,Address FROM [tb_Student] WHERE ClassID='{0}'",
cid);
        using(SqlDataReader dr=SQLHelper.ExecuteReader(strSQL))
        {
            //判断是否有数据
            if(dr.HasRows)
            {
                //循环读取数据
                while(dr.Read())
                {
                    //创建学生实体对象
                    GradeModel.Student stu=new GradeModel.Student();
                    stu.StudentID=dr["StudentID"].ToString();
                    stu.StudentName=dr["StudentName"].ToString();
                    stu.Gender=dr["Gender"].ToString();
                    stu.Birthday=dr["Birthday"].ToString();
                    stu.CollegeID=dr["CollegeID"].ToString();
                    stu.ClassID=dr["ClassID"].ToString();
                    stu.Address=dr["Address"].ToString();
                    //将学生对象添加到列表
                    list.Add(stu);
                }
            }
        }
        return list;
    }
    //删除学生
    public int DeleteStudent(string id)
    {
        string strSQL=string.Format("DELETE FROM [tb_Student] WHERE
StudentID=@StudentID");
        SqlParameter[] parameters=new SqlParameter[] { new SqlParameter
("@StudentID", id) };
        return SQLHelper.ExecuteNonQuery(strSQL.ToString(), CommandType.
Text, parameters);
    }
    //添加学生
    public int AddStudent(GradeModel.Student student)
    {
        StringBuilder strSQL=new StringBuilder();
        strSQL.Append("INSERT INTO [tb_Student](StudentID,StudentName,
Gender,Birthday,CollegeID,ClassID,Address)");
        strSQL.Append(" VALUES(@StudentID,@StudentName,@Gender,@Birthday,
@CollegeID,@ClassID,@Address)");
```

```
            SqlParameter[] parameters=new SqlParameter[] { new SqlParameter
("@StudentID", student.StudentID), new SqlParameter("@StudentName", student.
StudentName),new SqlParameter("@Gender", student.Gender),new SqlParameter
("@Birthday", student.Birthday), new SqlParameter("@ClassID", student.
ClassID),new SqlParameter("@CollegeID", student.CollegeID),new SqlParameter
("@Address", student.Address) };
            return SQLHelper.ExecuteNonQuery(strSQL.ToString(),CommandType. Text,
parameters);
        }
        //修改学生信息
        public int UpdateStudent(GradeModel.Student student)
        {
            //构造 SQL 语句
            StringBuilder strSQL=new StringBuilder();
            strSQL.Append("UPDATE [tb_Student] SET");
            strSQL.Append("StudentName=@StudentName,Gender=@Gender, Birthday=
@Birthday,");
            strSQL.Append("CollegeID=@CollegeID,ClassID=@ClassID, Address=
@Address");
            strSQL.Append("WHERE StudentID=@StudentID ");
            //参数数组
            SqlParameter[] parameters=new SqlParameter[] { new SqlParameter
("@StudentID", student.StudentID), new SqlParameter("@StudentName", student.
StudentName), new SqlParameter("@Gender", student.Gender), new SqlParameter
("@Birthday", student.Birthday), new SqlParameter("@ClassID", student.
ClassID),new SqlParameter("@CollegeID", student.CollegeID),new SqlParameter
("@Address", student.Address) };
            //执行 SQL 语句
            return SQLHelper.ExecuteNonQuery(strSQL.ToString(), CommandType. Text,
parameters);
        }
    }
```

（4）在数据访问层类库项目 GradeDAL 中，添加 CollegeDal.cs，用于操作院系表。代码如下：

```
    public class CollegeDal
    {
        //添加院系
        public int AddCollege(GradeModel.College college)
        {
            StringBuilder SQL=new StringBuilder();
            SQL.Append("INSERT INTO [tb_College](CollegeID,CollegeName)");
            SQL.Append("  VALUES(@CollegeID,@CollegeName)");
            SqlParameter[] parameters=new SqlParameter[] { new SqlParameter
("@CollegeID", college.CollegeID), new SqlParameter("@CollegeName", college.
CollegeName) };
            return SQLHelper.ExecuteNonQuery(SQL.ToString(), CommandType.
Text, parameters);
        }
```

```
        //更改院系信息
        public int UpdateCollege(GradeModel.College college)
        {
            string strSQL=string.Format("UPDATE [tb_College] SET CollegeName=
@CollegeName WHERE CollegeID=@CollegeID");
            SqlParameter[] parameters=new SqlParameter[] { new SqlParameter
("@CollegeID", college.CollegeID), new SqlParameter ("@CollegeName", college.
CollegeName) };
            return SQLHelper.ExecuteNonQuery(strSQL.ToString(), CommandType.
Text, parameters);
        }
        //删除院系
        public int DelteCollege(string id)
        {
            string  strSQL=string.Format("DELETE  FROM[tb_College]  WHERE
CollegeID=@CollegeID");
            SqlParameter[] parameters=new SqlParameter[] { new SqlParameter
("@CollegeID", id) };
            return SQLHelper.ExecuteNonQuery(strSQL.ToString(), CommandType.
Text, parameters);
        }
        //获取院系列表
        public List<College> CollegeList()
        {
            //创建院系集合
            List<College> listCollege=new List<College>();
            //构造 SQL 语句
            string strSQL=string.Format("SELECT [CollegeID], [CollegeName]
FROM [tb_College]");
            using(SqlDataReader dr=SQLHelper.ExecuteReader(strSQL))
            {
                //判断是否有数据
                if (dr.HasRows)
                {
                    //循环读取数据
                    while(dr.Read())
                    {
                        College col=new College();
                        col.CollegeID=dr["CollegeID"].ToString();
                        col.CollegeName=(string)(dr["CollegeName"]);
                        listCollege.Add(col);
                    }
                }
            }
            return (listCollege.Count>0? listCollege:null);
        }
        public GradeModel.College GetCollege(string con)
        {
            GradeModel.College depart=new College();
            StringBuilder strSQL=new StringBuilder();
```

```
        strSQL.Append("SELECT [CollegeID],[CollegeName] FROM [tb_College]
WHERE 1=1");
        if (string.IsNullOrEmpty(con))
        {
            strSQL.Append("AND"+con);
        }
        using (SqlDataReader dr=SQLHelper.ExecuteReader(strSQL.ToString()))
        {
            //判断是否有数据
            if (dr.HasRows)
            {
                //循环读取数据
                dr.Read();
                depart.CollegeID=dr["CollegeID"].ToString();
                depart.CollegeName=dr["CollegeName"].ToString();
            }
        }
        return depart;
    }
}
```

（5）在数据访问层类库项目 GradeDAL 中，添加 CourseDal.cs，用于操作课程表。代码如下：

```
public class CourseDal
{
    //添加课程
    public int AddCourse(GradeModel.Course c)
    {
        StringBuilder SQL=new StringBuilder();
        SQL.Append("INSERT INTO [tb_Course](CourseID,CourseName)");
        SQL.Append("  VALUES(@CourseID,@CourseName)");
        SqlParameter[] parameters=new SqlParameter[] { new SqlParameter
("@CourseID", c.CourseID), new SqlParameter("@CourseName", c.CourseName) };
        return SQLHelper.ExecuteNonQuery(SQL.ToString(), CommandType.
Text, parameters);
    }
    //更改课程信息
    public int UpdateCourse(GradeModel.Course c)
    {
        string strSQL=string.Format("UPDATE [tb_Course] SET CourseName=
@CourseName WHERE CourseID=@CourseID");
        SqlParameter[] parameters=new SqlParameter[] { new SqlParameter
("@CourseID", c.CourseID), new SqlParameter("@CourseName", c.CourseName) };
        return SQLHelper.ExecuteNonQuery(strSQL.ToString(), CommandType.
Text, parameters);
    }
    //删除课程
    public int DelteCourse(string id)
```

```
        {
            string strSQL=string.Format("DELETE FROM [tb_Course] WHERE CourseID=@CourseID");
            SqlParameter[] parameters=new SqlParameter[] { new SqlParameter("@CourseID", id) };
            return SQLHelper.ExecuteNonQuery(strSQL.ToString(), CommandType.Text, parameters);
        }
        //获取课程列表
        public List<GradeModel.Course> CourseList()
        {
            //创建课程集合
            List<GradeModel.Course> list=new List<GradeModel.Course>();
            //构造 SQL 语句
            string strSQL=string.Format("SELECT [CourseID], [CourseName] FROM [tb_Course]");
            using(SqlDataReader dr=SQLHelper.ExecuteReader(strSQL))
            {
                //判断是否有数据
                if(dr.HasRows)
                {
                    //循环读取数据
                    while(dr.Read())
                    {
                        GradeModel.Course c=new GradeModel.Course();
                        c.CourseID=dr["CourseID"].ToString();
                        c.CourseName=dr["CourseName"].ToString();
                        list.Add(c);
                    }
                }
            }
            return (list.Count>0?list:null);
        }
    }
```

（6）在数据访问层类库项目 GradeDAL 中，添加 GradeDal.cs，用于操作课程表。代码如下：

```
    public class GradeDal
    {
        public bool AddGrade(List<GradeModel.Grade> list)
        {
          //建立命令列表
            List<string> listSQL=new List<string>();
            //遍历成绩列表
            foreach(var grade in list)
            {
                //构建 SQL 命令
```

```
            string strSQL=string.Format("INSERT INTO [tb_Grade] (SID,
CID,Result,Term) VALUES('{0}','{1}','{2}','{3}')", grade.SID, grade.CID,
grade.Result, grade.Term);
            //将命令添加到列表
            listSQL.Add(strSQL);
        }
        return SQLHelper.ExecuteTransaction(listSQL);
    }
    //修改成绩
    public bool UpdateGrade(List<GradeModel.Grade>list)
    {
        //建立命令列表
        List<string> listSQL=new List<string>();
        //遍历成绩列表
        foreach (var grade in list)
        {
            //构建SQL命令
            string strSQL=string.Format("UPDATE [tb_Grade] SET Result=
'{0}' WHERE SID='{1}' AND CID='{2}' AND Term='{3}'", grade.Result, grade.
SID, grade.CID, grade.Term);
            //将命令添加到列表
            listSQL.Add(strSQL);
        }
        return SQLHelper.ExecuteTransaction(listSQL);
    }
    //获取成绩表
    public DataTable  GradeTables(string cid,string term)
    {
        string strSQL=string.Format("SELECT [SID],[StudentName], [Result]
FROM [tb_Grade] INNER JOIN [tb_Student] ON SID=StudentID WHERE CID='{0}'
AND Term='{1}'", cid, term);
        return SQLHelper.ExecuteDataTable(strSQL);
    }
    //获取指定学生成绩表
    public DataTable StudentGradeTablesByID(string sid)
    {
        string  strSQL=string.Format("SELECT  [CourseName],[Result],
[Term]  FROM  [tb_Grade]  INNER  JOIN  [tb_Course]  ON  CID=CourseID  WHERE
SID='{0}'", sid);
        return SQLHelper.ExecuteDataTable(strSQL);
    }
}
```

通过以上学习，完成了学生成绩管理系统的设计、开发和实现。

## 实践提高

### 实践　完善“学生成绩管理系统”

实践操作：根据每位学生的学习情况，对“学生管理系统”现有功能进行完善，或者增加新的功能。例如：登录界面添加进行角色分类；登录界面添加图片验证码；用户密码修改操作；登录或者操作日志；增加成绩打印和统计模块；等等。

操作步骤：

________________________________________

________________________________________

________________________________________

________________________________________

________________________________________

________________________________________

________________________________________

________________________________________

## 模块小结

通过本课程的学习，学生能够运用 ASP.NET 开发一个实用的学生成绩管理系统。

本项目开发、设计旨在提升学生的动手能力，加强大家对专业理论知识的理解和实际应用。能够让学生了解和熟悉软件项目开发的完整流程。

本项目既是对前面所学知识的小结，又为学生开发各类管理系统提供一个简易模板。学生可以在此基础上进一步深入学习，走向程序开发之路。

# 参考答案

## 模块一

### 一、选择题

1. C　2. B　3. C　4. C　5. D　6. A　7. B　8. B　9. A
10. A　11. D　12. B

### 二、填空题

1. 引入了.NET框架
2. 可视化编程技术
3. 工具箱
4. Console.ReadLine（）
5. Console.WriteLine（）

## 模块二

### 一、选择题

1. B　2. A　3. D　4. A　5. A　6. D　7. B　8. B　9. B
10. A　11. D　12. D　13. D　14. B　15. D

### 二、填空题

1. Load　2. MaxLength　3. const　4. x%5==0||x%9==0　5. 20

### 三、程序阅读题

1. 13　2. 856　3. 869

## 模块三

### 一、选择题：

1. D　2. C　3. B　4. C　5. A　6. B　7. B　8. B　9. C
10. B　11. C　12. C　13. C　14. B　15. A

### 二、填空题

1. 20,30,30　2. 2　3. 30　4. 55　5. 1

### 三、程序阅读题

第1题

```
i<=50
i%7==0
sum.Tostring();
```

第2题

```
year%4==0&&year%100!=0||year%400==0
```

## 模块四

一、选择题：

1. B　2. B　3. B　4. B　5. D　6. B　7. A　8. B　9. B

10. B　11. A　12. B　13. C　14. C　15. B

二、填空题

1. object　2. array　3. 一维数组、二维数组、多维数组　4. n=1　5. 0

三、程序阅读题

1. a,b,c

2. 30,60,80

## 模块五

一、选择题：

1. A　2. C　3. A　4. B　5. C　6. D　7. A　8. D　9. D

10. D　11. C　12. C　13. A　14. D　15. B

二、填空题

1. Interval　2. 前景色　3. Text

4. CheckedStateChanged 事件和 Click 事件　5. remove

三、程序阅读题

1. 190,90

2. 弹出窗体 Form2

## 模块六

一、选择题

1. C　2. C　3. A　4. D　5. C　6. A　7. B　8. D　9. C

10. B　11. C　12. A　13. D　14. A　15. A

二、填空题

1. 接口　2. value　3. get　4. Car　5. private

三、程序阅读题

1. 240　2. 1　3. 625

## 模块七

一、选择题：

1. A　2. B　3. A　4. C　5. D　6. D　7. A　8. C　9. A

10. B　11. B　12. D　13. A　14. A　15. D

**二、填空题**

1. 发生异常　　2. finally　　3. 语法错误、运行错误和逻辑错误

4. 格式异常　　5. SystemExcepton

**三、程序阅读题**

1. FormatExcepton（格式异常）

2. 100000，3.14，2018-4-21

## 模块八

**一、选择题**

1. A　2. D　3. A　4. D　5. A　6. B　7. D　8. A　9. C

10. A　11. C　12. A　13. B　14. A　15. A

**二、填空题**

1. 读取　2. StreamReader　3. UTF-8　4. Fillter　5. BinaryWriter

**三、程序阅读题**

第 1 题

```
"1 2 3 4 5 6 7 8 9 10
sum=55"
```

## 模块九

**一、选择题**

1. D　2. C　3. C　4. D　5. C　6. A　7. D　8. B　9. B

10. C　11. B　12. A　13. D　14. D　15. B

**二、填空题**

1. DataAdapter　2. Connection　3. System.Data　4. Update　5. 联机模式

# 参考文献

[1] 刘秋香，等．Visual C#.NET 程序设计[M]．2 版．北京：清华大学出版社，2017.

[2] 刘秋香，等．Visual C#.NET 程序设计[M]．北京：清华大学出版社，2011.

[3] 陈海建．程序设计基础实践教程[M]．上海：复旦大学出版社，2014.

[4] Mark Michaelis．C#本质论[M]．北京：人民邮电出版社，2014.

[5] 史荧中．C#可视化程序设计案例教程[M]．北京：机械工业出版社，2013.

[6] 沃森．C#入门经典[M]．北京：清华大学出版社，2008.

[7] 徐成敖．C#专业项目实例开发[M]．北京：中国水利水电出版社，2007.

[8] 斯特姆．C#函数式程序设计[M]．北京：清华大学出版社，2013.

[9] 马骏．C#程序设计及应用教程[M]．北京：人民邮电出版社，2014.

[10] 孙践知，等．C#程序设计[M]．北京：清华大学出版社，2010.

[11] 姜桂洪，等．Visual C#.NET 程序设计实践与题解[M]．北京：清华大学出版社，2011.

[12] 童爱红，等．VB.NET 应用教程[M]．2 版．北京：清华大学出版社，北京交通大学出版社，2011.

[13] 陈国君．Java 程序设计基础[M]．5 版．北京：清华大学出版社，2015.

[14] 明日科技．C#从入门到精通[M]．北京：清华大学出版社，2017.

[15] 郑宇军，等．C#语言程序设计基础[M]．北京：清华大学出版社，2014.

[16] 谢修娟，等．C#程序设计教程[M]．北京：中国铁道出版社，2016.

[17] 谭浩强．C 语言程序设计[M]．4 版．北京：清华大学出版社，2010.

[18] 李佳，等．C#开发技术大全[M]．北京：清华大学出版社，2009.

[19] 王小科，等．C#开发实战 1200 例（第 I 卷）[M]．北京：清华大学出版社，2011.

[20] 王小科，等．C#开发实战 1200 例（第 II 卷）[M]．北京：清华大学出版社，2011.

[21] 张宗霞．C#程序设计任务式教程[M]．北京：机械工业出版社，2017.